Hands-On Simulation Modeling
with Python Second Edition

Develop simulation models for improved efficiency and precision
in the decision-making process

Giuseppe Ciaburro

黒川利明 [訳]

朝倉書店

私の家族，息子の Luci と Simone，妻の Tiziana，そして両親の思い出に捧ぐ

Hands-On Simulation Modeling with Python — Second Edition
By Giuseppe Ciaburro

Copyright © Packt Publishing 2022.
First published in the English language under the title "Hands-On Simulation Modeling with Python — Second Edition — (9781804616888)"

Japanese translation rights arranged with Packt Publishing Ltd through Japan UNI Agency, Inc., Tokyo

まえがき

本書は，Pythonを使った様々な計算論的統計シミュレーションの全体を理解するためのガイドだ．

本書では，様々なトピックを扱う前に，様々な手法や技法を理解するのに必要な基本を学ぶことから始める．シミュレーションモデルを扱っている開発者なら，その知識を活用して実際的なガイドとして使える．本書では，ハンズオン方式で，余計な時間をかけずにプロダクションに実行できるような実装方式や方法論を身につけられる．

基本的な概念，実際的な例，自己評価に使える問題などがステップバイステップで，完全に与えられているので，関連するアプリケーションについての概観とともに数値シミュレーションアルゴリズムを様々に検討していける．シミュレーションモデルの開発にPythonを活用する方法を学ぶとともに，Pythonのパッケージの使い方も理解できる．さらに，マルコフ意思決定過程，モンテカルロ法，ブートストラップ技法などの数値シミュレーションアルゴリズムとその諸概念を学ぶ．

本書を読めば，シミュレーションモデルが作成できるようになる．

対 象 読 者

本書は，データサイエンティスト，シミュレーションエンジニア，基本的な計算手法は知っているがモンテカルロ法や統計シミュレーションのような様々なシミュレーション技法をPythonで実装したいという人々に適している．

本 書 の 内 容

1章「シミュレーションモデル入門」では，シミュレーションモデルとは何かを，その様々な種類と，この世界でのシミュレーションモデルの応用例を混じえて紹介する．

2章「ランダム性と乱数の理解」では，確率過程と乱数シミュレーションの諸概念を紹介して検討する．擬似乱数と非一様乱数の区別を学び，乱数分布の様々な評価方法を学ぶ．さらに，暗号化技法についてもいくつか学ぶ．

3章「確率とデータ生成プロセス」では，確率論の概念と，ある事象を引き起こす原因の確率計算の方法を学ぶ．さらに，確率の離散分布と連続分布，データ生成のための様々なツールや技法について学ぶ．

4章「モンテカルロシミュレーション」では，モンテカルロシミュレーションとそ

のアプリケーションを扱う．正規分布に従う一連の数をランダムに生成する方法を学ぶ．さらに，実際にモンテカルロ手法を実装する方法と感度分析や交差エントロピーの基本を学ぶ．

5 章「シミュレーションに基づいたマルコフ決定過程」では，マルコフ過程とは何かをしっかり把握してエージェントと環境との間の相互作用を理解する．ベルマン方程式の使い方を学び，さらに，マルコフ連鎖とは何かとその使い方，ランダムウォークのシミュレーション方法を学ぶ．

6 章「リサンプリング手法」では，信頼区間と母集団のパラメータの標準誤差の頑健な推定を得る方法を学ぶ．統計において歪みや標準誤差を推定する方法，統計的に有意な検定を行う方法，予測モデルの検証を行う方法を学ぶ．

7 章「シミュレーションを使ってシステムを改善し最適化する」では，最適化技法の基本概念とその実装方法を学ぶ．数値最適化と確率的最適化の技法の違いを理解する．確率勾配降下法の実装方法，欠測変数や潜在変数の推定方法，モデルパラメータの最適化方法を学ぶ．さらに，実際のアプリケーションで最適化手法の使い方を学ぶ．

8 章「進化システム入門」では，ソフトコンピューティング，遺伝プログラミング，さらに様々な進化システムの基本概念を学ぶ．探索や最適化に遺伝アルゴリズムを適用する方法やセルオートマトンモデルの活用方法を学ぶ．

9 章「金融工学にシミュレーションモデルを活用する」では，金融分野でシミュレーション手法を活用する実際的なユースケースを学ぶ．

10 章「ニューラルネットワークを使って物理現象をシミュレーションする」では，人工ニューラルネットワークとその実装方法，さらに，ニューラルネットワークアルゴリズムの動作について色々と学ぶ．また，グラフニューラルネットワーク，翼の自己雑音のような物理現象やコンクリートの物理特性をニューラルネットワークを使ってシミュレーションする方法を学ぶ．

11 章「プロジェクト管理でのモデル化とシミュレーション」では，プロジェクト管理の諸概念を学び，プロジェクト管理のシミュレーションモデルの実際的なユースケースを学ぶ．

12 章「動的な系における故障診断のシミュレーションモデル」では，様々なシステムにおける故障診断と UAV のような様々なシステムの故障検知と故障診断のユースケースを学ぶ．

13 章「次は何か」では，シミュレーションモデルについて学んだことをまとめて，それを活用した実際の主要アプリケーションを色々と検討する．さらに，シミュレーションモデリングの将来についても学ぶ．

本書の活用法

本書で使うのは Python3 の適当な版（最新版は 3.12）で，OS は Windows, macOS,

Linux のいずれも適当な版で稼働するはずだ．スマホやタブレット環境でも Python のプログラムを実行できるが，読者が自分で確認しながら試すしかない．

PDF 版を使っている読者には，本書で紹介するコードを自分で入力するか，下記 GitHub リポジトリからダウンロードすることを薦める．コピペでは，エラーが起こることがある．

コード例ファイルのダウンロード

コード例ファイルは，付属の GitHub リポジトリ https://github.com/PacktPublishing/Hands-On-Simulation-Modeling-with-Python-Second-Edition からダウンロードできる．コードをアップデートしたときには，この GitHub リポジトリを更新する．

本書の表記法

`Code in text` のような書体は，本文中のコード，データベーステーブル名，フォルダ名，ファイル名，ファイル拡張子，パス名，ダミーの URL，ユーザ入力，ツイッターのハンドル名に使う．例：`numpy` ライブラリは多次元行列に役立つ数値関数を含む Python ライブラリだ．

コードブロックは次のようになる．

```
np.random.seed(4)
n = 1000
sqn = 1/np.math.sqrt(n)
z_values = np.random.randn(n)
```

> Tips or important notes はこのような囲みで示す．

著者紹介

　Giuseppe Ciaburro は，環境物理工学の博士号，化学工学と音響・騒音制御工学の修士号を保持．カンパニア大学ルイジ・ヴァンヴィテッリ研究所建築環境制御研究室勤務．最初は燃焼，その後音響・騒音制御で 20 年以上のプログラミングの実務経験がある．プログラミング経験の中心は Python と R で，MATLAB の使用経験も豊富だ．音響学と騒音制御の専門家であり，ITC 専門コースで 20 年の指導経験があり，e ラーニング教材も書いている．単行本や学術雑誌，学術会議にも寄稿している．現在，音響学と騒音制御における機械学習の応用を研究中．最近，スタンフォード大学が発表した世界トップ 2% の科学者リストに選出された．

　謝辞：　本書刊行に際して助けてくれた Packt 出版部のスタッフに感謝する．

レビューア紹介

　Srikanth Sivaramakrishnan は自動車業界で 10 年以上ダイナミックシミュレーション，制御システム，データ分析，統計技法，機械学習を車両ダイナミクス，タイヤモデリング，制御システムに応用した経験があるシミュレーションエンジニアだ．複数の自動車工学の専門誌や学会で発表したりレビューアを行ったりしている．現在は，GM でモータースポーツ・シミュレーションのリード・エンジニアを務めている．バージニア工科大学で機械工学の修士号，インドのティルチラッパリの国立工科大学で工学士号取得．

目　　次

第 I 部　数値シミュレーションで開始　　1

1. シミュレーションモデル入門 ……………………………………… 2
   - 1.1　技 術 要 件 ……………………………………………………… 2
   - 1.2　シミュレーションモデル入門 ………………………………… 2
     - 1.2.1　意思決定ワークフロー …………………………………… 3
     - 1.2.2　モデル化とシミュレーションの違い …………………… 4
     - 1.2.3　シミュレーションモデルの賛否両論 …………………… 4
     - 1.2.4　シミュレーションモデル用語 …………………………… 5
   - 1.3　シミュレーションモデルの分類 ……………………………… 6
     - 1.3.1　静的モデルと動的モデルの比較 ………………………… 6
     - 1.3.2　決定論的モデルと確率的モデルの比較 ………………… 7
     - 1.3.3　連続モデルと離散モデルとの比較 ……………………… 7
   - 1.4　シミュレーションに基づいた問題への取り組み …………… 8
     - 1.4.1　問 題 分 析 ………………………………………………… 8
     - 1.4.2　データ収集 ………………………………………………… 8
     - 1.4.3　シミュレーションモデルのセットアップ ……………… 9
     - 1.4.4　シミュレーションソフトウェアの選択 ………………… 9
     - 1.4.5　ソフトウェアソリューションの検証 …………………… 11
     - 1.4.6　シミュレーションモデルの検証 ………………………… 11
     - 1.4.7　シミュレーションと結果の分析 ………………………… 12
   - 1.5　離散イベントシミュレーション（DES）の検討 …………… 12
     - 1.5.1　有限状態マシン（FSM） ………………………………… 14
     - 1.5.2　状態遷移表（STT） ……………………………………… 15
     - 1.5.3　状態遷移グラフ（STG） ………………………………… 15
   - 1.6　動的システムのモデル化 ……………………………………… 15
     - 1.6.1　作業場の機械の管理 ……………………………………… 16
     - 1.6.2　調和振動子 ………………………………………………… 17
     - 1.6.3　捕食者・被食者モデル …………………………………… 18

目　次

- 1.7 実世界のシステムを分析するための効率的なシミュレーション 19
- 1.8 ま と め 21

2. ランダム性と乱数の理解 22
- 2.1 技 術 要 件 22
- 2.2 確 率 過 程 23
  - 2.2.1 確率過程の種類 23
  - 2.2.2 確率過程の例 24
  - 2.2.3 ベルヌーイ過程 24
  - 2.2.4 ランダムウォーク 25
  - 2.2.5 ポワソン過程 26
- 2.3 乱数シミュレーション 27
  - 2.3.1 確 率 分 布 27
  - 2.3.2 乱数の性質 29
- 2.4 擬似乱数生成器 29
  - 2.4.1 乱数生成器の得失 29
  - 2.4.2 乱数生成アルゴリズム 30
  - 2.4.3 線形合同法 30
  - 2.4.4 一様分布の乱数 32
  - 2.4.5 ラグ付きフィボナッチ法 33
- 2.5 一様分布の検定 36
  - 2.5.1 カイ二乗検定 37
  - 2.5.2 一様性検定 40
- 2.6 乱数分布の汎用的な手法の検討 43
  - 2.6.1 逆 関 数 法 43
  - 2.6.2 採択棄却法 45
- 2.7 Python による乱数生成 45
  - 2.7.1 random モジュールの紹介 46
  - 2.7.2 実数値分布の生成 49
- 2.8 セキュリティのためのランダム性の要件 49
  - 2.8.1 パスワードに基づく認証システム 50
  - 2.8.2 ランダムパスワード生成器 51
- 2.9 暗号用乱数生成器 53
  - 2.9.1 暗号技術入門 53
  - 2.9.2 ランダム性と暗号技術 54
  - 2.9.3 暗号化/復号化メッセージ生成器 55

2.10　ま　と　め ………………………………………………… 58

3. 確率とデータ生成プロセス …………………………………… 59
　　3.1　技 術 要 件 …………………………………………………… 59
　　3.2　確率概念の説明 ……………………………………………… 60
　　　　3.2.1　事象の種類 …………………………………………… 60
　　　　3.2.2　確率の計算 …………………………………………… 60
　　　　3.2.3　確率の定義と例 ……………………………………… 61
　　3.3　ベイズの定理の理解 ………………………………………… 63
　　　　3.3.1　複 合 確 率 …………………………………………… 63
　　　　3.3.2　ベイズの定理 ………………………………………… 64
　　3.4　確率分布の検討 ……………………………………………… 65
　　　　3.4.1　確率密度関数と確率関数 …………………………… 66
　　　　3.4.2　平均と分散 …………………………………………… 66
　　　　3.4.3　一 様 分 布 …………………………………………… 67
　　　　3.4.4　二 項 分 布 …………………………………………… 70
　　　　3.4.5　正 規 分 布 …………………………………………… 72
　　3.5　合成データの生成 …………………………………………… 74
　　　　3.5.1　実データと人工的データ …………………………… 74
　　　　3.5.2　合成データの生成手法 ……………………………… 76
　　3.6　Keras を用いたデータ生成 ………………………………… 77
　　　　3.6.1　データ拡張 …………………………………………… 77
　　3.7　検定力分析のシミュレーション …………………………… 82
　　　　3.7.1　統計的検定の検出力 ………………………………… 82
　　　　3.7.2　検定力分析 …………………………………………… 83
　　3.8　ま　と　め …………………………………………………… 86

第 II 部　シミュレーションモデリングアルゴリズムと技法　　87

4. モンテカルロシミュレーション ……………………………… 88
　　4.1　技 術 要 件 …………………………………………………… 88
　　4.2　モンテカルロシミュレーション入門 ……………………… 89
　　　　4.2.1　モンテカルロシミュレーションの要素 …………… 89
　　　　4.2.2　最初のモンテカルロアプリケーション …………… 90
　　　　4.2.3　モンテカルロアプリケーション …………………… 90
　　　　4.2.4　モンテカルロ法を用いた π の値の推定 …………… 90

4.3 中心極限定理の理解 ... 94
4.3.1 大数の法則 ... 94
4.3.2 中心極限定理 ... 95
4.4 モンテカルロシミュレーションの応用 ... 97
4.4.1 確率分布の生成 ... 97
4.4.2 数値最適化 ... 98
4.4.3 プロジェクト管理 ... 99
4.5 モンテカルロ法を使う数値積分 ... 99
4.5.1 問題の定義 ... 100
4.5.2 数値解 ... 101
4.5.3 最小最大検出 ... 102
4.5.4 モンテカルロ法 ... 103
4.5.5 可視化表現 ... 105
4.6 感度分析の概念の検討 ... 106
4.6.1 局所方式と大域方式 ... 108
4.6.2 感度分析手法 ... 108
4.6.3 感度分析の実際 ... 108
4.7 交差エントロピー手法 ... 111
4.7.1 交差エントロピーの導入 ... 111
4.7.2 Pythonでの交差検証 ... 112
4.7.3 損失関数としてのバイナリ交差エントロピー ... 114
4.8 まとめ ... 116

5. シミュレーションに基づいたマルコフ決定過程 ... 117
5.1 技術要件 ... 117
5.2 エージェントに基づくモデルの紹介 ... 118
5.3 マルコフ過程の概観 ... 119
5.3.1 エージェント–環境インタフェース ... 120
5.3.2 MDP の検討 ... 121
5.3.3 割引累積報酬の理解 ... 124
5.3.4 探索概念と活用概念の比較 ... 124
5.4 マルコフ連鎖の紹介 ... 125
5.4.1 遷移行列 ... 126
5.4.2 遷移図式 ... 126
5.5 マルコフ連鎖の応用 ... 127
5.5.1 ランダムウォーク（酔歩） ... 127

- 5.5.2　1次元ランダムウォーク 128
- 5.5.3　1次元ランダムウォークのシミュレーション 129
- 5.5.4　気象予報をシミュレーション 131
- 5.6　ベルマン方程式の説明 135
  - 5.6.1　動的計画法の概念 135
  - 5.6.2　最適化原理 136
  - 5.6.3　ベルマン方程式 136
- 5.7　マルチエージェントシミュレーション 137
- 5.8　シェリングの分離モデル 138
  - 5.8.1　Pythonのシェリングモデル 139
- 5.9　ま と め 143

6. リサンプリング手法 144

- 6.1　技 術 要 件 144
- 6.2　リサンプリング手法の紹介 145
  - 6.2.1　サンプリング概念一覧 145
  - 6.2.2　サンプリングを行う理由 146
  - 6.2.3　サンプリングについての賛否 147
  - 6.2.4　確率サンプリング 147
  - 6.2.5　サンプリングのやり方 147
- 6.3　ジャックナイフ技法の検討 148
  - 6.3.1　ジャックナイフ法の定義 148
  - 6.3.2　変動係数の推定 149
  - 6.3.3　Pythonによるジャックナイフサンプリングの実装 150
- 6.4　ブートストラッピングの謎を解く 153
  - 6.4.1　ブートストラッピングの紹介 154
  - 6.4.2　ブートストラップ定義問題 154
  - 6.4.3　Pythonによるブートストラップリサンプリング 155
  - 6.4.4　ジャックナイフとブートストラップの比較 157
- 6.5　ブートストラッピング回帰の適用 158
- 6.6　並べ替え検定の説明 163
- 6.7　並べ替え検定を行う 164
- 6.8　交差検証技法への取り組み 168
  - 6.8.1　検証集合方式 169
  - 6.8.2　1つ抜き交差検証 169
  - 6.8.3　k分割交差検証 170

6.8.4　Python を使った交差検証 ························· 170
　6.9　ま　　と　　め ··· 172

7. シミュレーションを使ってシステムを改善し最適化する ············ 174
　7.1　技　術　要　件 ··· 174
　7.2　数値最適化技法の紹介 ····································· 175
　　　7.2.1　最適化問題の定義 ································· 175
　　　7.2.2　局所最適性の説明 ································· 176
　7.3　勾配降下法の検討 ······································· 177
　　　7.3.1　降下法の定義 ····································· 177
　　　7.3.2　勾配降下アルゴリズムの方式 ························ 177
　　　7.3.3　学習率の理解 ····································· 179
　　　7.3.4　試行錯誤法の説明 ································· 180
　　　7.3.5　Python による勾配降下の実装 ······················· 180
　7.4　ニュートン–ラフソン法の理解 ······························ 183
　　　7.4.1　解を求めるためにニュートン–ラフソン法を使う ········ 183
　　　7.4.2　数値最適化に対するニュートン–ラフソン法の方式 ······ 184
　　　7.4.3　ニュートン–ラフソン法の適用 ······················· 185
　　　7.4.4　割　線　法 ······································· 188
　7.5　確率的勾配降下法の知識を深める ··························· 188
　7.6　期待値最大化（EM）アルゴリズムの方式 ····················· 189
　　　7.6.1　ガウス混合問題のための EM アルゴリズム ············ 191
　7.7　シミュレーテッドアニーリング（SA）法の理解 ················ 195
　　　7.7.1　反復改善アルゴリズム ····························· 196
　　　7.7.2　SA の実際 ······································· 196
　7.8　Python による多変量最適化発見手法 ························ 201
　　　7.8.1　ネルダー–ミード法 ································ 201
　　　7.8.2　パウエルの共役方向法 ····························· 204
　　　7.8.3　他の最適化方法論のまとめ ·························· 205
　7.9　ま　　と　　め ··· 206

8. 進化システム入門 ··· 207
　8.1　技　術　要　件 ··· 207
　8.2　SC 入　門 ··· 207
　　　8.2.1　ファジー論理（FL） ······························· 208
　　　8.2.2　人工的ニューラルネットワーク（ANN） ··············· 209

　　　　8.2.3　進化計算 ………………………………………………… 209
　8.3　遺伝プログラミングの理解 …………………………………………… 209
　　　　8.3.1　遺伝アルゴリズム（GA）入門 …………………………… 210
　　　　8.3.2　GAの基本 ………………………………………………… 210
　　　　8.3.3　遺伝演算子 ………………………………………………… 211
　8.4　遺伝アルゴリズムの探索と最適化への適用 ………………………… 214
　8.5　記号的回帰（SR）の実行 ……………………………………………… 218
　8.6　CA（セルオートマトン）モデルの検討 ……………………………… 222
　　　　8.6.1　ライフゲーム ……………………………………………… 224
　　　　8.6.2　CAのウルフラム・コード ………………………………… 225
　8.7　ま と め ………………………………………………………………… 228

第III部　実世界の問題解決にシミュレーションを応用する　　229

9.　金融工学にシミュレーションモデルを活用する ………………………… 230
　9.1　技 術 要 件 ……………………………………………………………… 230
　9.2　幾何学的なブラウン運動モデルの理解 ……………………………… 230
　　　　9.2.1　標準ブラウン運動の定義 ………………………………… 231
　　　　9.2.2　ランダムウォークとしてウィーナー過程を扱う ……… 232
　　　　9.2.3　標準ブラウン運動の実装 ………………………………… 232
　9.3　モンテカルロ法を使った株価予測 …………………………………… 234
　　　　9.3.1　アマゾン株価のトレンドの検討 ………………………… 234
　　　　9.3.2　時系列で株価傾向を扱う ………………………………… 238
　　　　9.3.3　ブラック–ショールズモデル入門 ……………………… 239
　　　　9.3.4　モンテカルロシミュレーションの適用 ………………… 240
　9.4　ポートフォリオ管理のリスクモデルの研究 ………………………… 243
　　　　9.4.1　リスク尺度としての分散 ………………………………… 244
　　　　9.4.2　バリュー・アット・リスク指標の紹介 ………………… 244
　　　　9.4.3　NASDAQの株式資産のVaRを推定する ……………… 245
　9.5　ま と め ………………………………………………………………… 251

10.　ニューラルネットワークを使って物理現象をシミュレーションする …… 252
　10.1　技 術 要 件 ……………………………………………………………… 252
　10.2　ニューラルネットワークの基本的入門 ……………………………… 252
　　　　10.2.1　生物のニューラルネットワークの理解 ………………… 253
　　　　10.2.2　ANNの検討 ……………………………………………… 254

- 10.3 フィードフォワードニューラルネットワークの理解 ・・・・・・・・・・・・・・ 258
  - 10.3.1 ニューラルネットワークの訓練の検討 ・・・・・・・・・・・・・・・・・ 259
- 10.4 ANN を使った翼の自己雑音シミュレーション ・・・・・・・・・・・・・・・・ 260
  - 10.4.1 pandas を使ってデータをインポート ・・・・・・・・・・・・・・・・・ 261
  - 10.4.2 sklearn を使ったデータスケーリング ・・・・・・・・・・・・・・・・ 264
  - 10.4.3 matplotlib を用いてデータを可視化する ・・・・・・・・・・・・・・ 266
  - 10.4.4 データの分割 ・・・・・・・・・・・・・・・・・・・・・・・・・・・・・・・・・・・・・・ 269
  - 10.4.5 多重線形回帰の説明 ・・・・・・・・・・・・・・・・・・・・・・・・・・・・・・・ 270
  - 10.4.6 多層パーセプトロン回帰モデルの理解 ・・・・・・・・・・・・・・・・ 272
- 10.5 深層ニューラルネットワークへの取り組み ・・・・・・・・・・・・・・・・・・ 275
  - 10.5.1 畳み込みニューラルネットワークをよく理解する ・・・・・・・・ 275
  - 10.5.2 リカレントニューラルネットワークの検証 ・・・・・・・・・・・・・ 276
  - 10.5.3 長期短期記憶ネットワークの分析 ・・・・・・・・・・・・・・・・・・・ 277
- 10.6 グラフニューラルネットワーク（GNN）の検討 ・・・・・・・・・・・・・・・ 277
  - 10.6.1 グラフ理論入門 ・・・・・・・・・・・・・・・・・・・・・・・・・・・・・・・・・・ 278
  - 10.6.2 隣接行列 ・・・・・・・・・・・・・・・・・・・・・・・・・・・・・・・・・・・・・・・ 279
  - 10.6.3 GNN ・・・ 279
- 10.7 ニューラルネットワーク技法を使ったシミュレーションモデリング ・・・ 279
  - 10.7.1 コンクリート品質予測モデル ・・・・・・・・・・・・・・・・・・・・・・ 280
- 10.8 まとめ ・・・ 285

11. プロジェクト管理でのモデル化とシミュレーション ・・・・・・・・・・・・・・・ 287

- 11.1 技術要件 ・・・ 287
- 11.2 プロジェクト管理入門 ・・・・・・・・・・・・・・・・・・・・・・・・・・・・・・・・・・ 287
  - 11.2.1 what-if 分析の理解 ・・・・・・・・・・・・・・・・・・・・・・・・・・・・・・ 288
- 11.3 簡単な森林管理問題 ・・・・・・・・・・・・・・・・・・・・・・・・・・・・・・・・・・・ 289
  - 11.3.1 マルコフ過程のまとめ ・・・・・・・・・・・・・・・・・・・・・・・・・・・・ 289
  - 11.3.2 最適化プロセスの検討 ・・・・・・・・・・・・・・・・・・・・・・・・・・・ 290
  - 11.3.3 MDPtoolbox の紹介 ・・・・・・・・・・・・・・・・・・・・・・・・・・・・・ 291
  - 11.3.4 簡単な森林管理の例の定義 ・・・・・・・・・・・・・・・・・・・・・・・ 291
  - 11.3.5 MDPtoolbox を使って管理問題に取り組む ・・・・・・・・・・・・ 294
  - 11.3.6 火災発生の確率を変える ・・・・・・・・・・・・・・・・・・・・・・・・・ 297
- 11.4 モンテカルロ森林管理を使ったプロジェクトのスケジュール管理 ・・・ 299
  - 11.4.1 スケジューリンググリッドの定義 ・・・・・・・・・・・・・・・・・・・ 299
  - 11.4.2 タスクの時間を推定する ・・・・・・・・・・・・・・・・・・・・・・・・・ 300
  - 11.4.3 プロジェクトスケジューリングのアルゴリズムを開発する ・・・ 301

	11.4.4	三角分布の検討	302
11.5		まとめ	306

12. 動的な系における故障診断のシミュレーションモデル　307
- 12.1 技術要件　307
- 12.2 故障診断入門　307
  - 12.2.1 故障診断手法の理解　308
  - 12.2.2 機械学習ベースの方式　310
- 12.3 モーターギアボックスの故障診断モデル　312
- 12.4 無人航空機の故障診断システム　321
- 12.5 まとめ　328

13. 次は何か　329
- 13.1 シミュレーションモデルに関する基本概念のまとめ　329
  - 13.1.1 乱数生成　330
  - 13.1.2 モンテカルロ法の応用　331
  - 13.1.3 マルコフ意思決定過程について　331
  - 13.1.4 リサンプリング手法の分析　333
  - 13.1.5 数値最適化技法の検討　334
  - 13.1.6 シミュレーションのための人工ニューラルネットワーク使用　334
- 13.2 実生活へのシミュレーションモデルの応用　335
  - 13.2.1 ヘルスケアでのモデリング　335
  - 13.2.2 金融アプリケーションでのモデリング　336
  - 13.2.3 物理現象のモデリング　337
  - 13.2.4 故障診断システムのモデリング　337
  - 13.2.5 公共交通機関のモデリング　338
  - 13.2.6 人間の振る舞いのモデリング　339
- 13.3 シミュレーションモデリングの次のステップ　339
  - 13.3.1 計算能力の増加　340
  - 13.3.2 機械学習に基づいたモデル　341
  - 13.3.3 シミュレーションモデルの自動生成　341
- 13.4 まとめ　342

訳者あとがき　345

索引　347

第 I 部

数値シミュレーションで開始

第Ⅰ部では，シミュレーションモデルの基本概念を学ぶ．まず数値シミュレーションの基本概念と基本要素を理解する．

第Ⅰ部は次の章からなる．
- 第1章　シミュレーションモデル入門
- 第2章　ランダム性と乱数の理解
- 第3章　確率とデータ生成プロセス

1

── シミュレーションモデル入門 ──

　シミュレーションモデルは情報とデータを処理し，分析，性能評価，意思決定プロセスに対する効果的なサポートを提供して，入力に対する実システムの反応を予測する道具である．シミュレーションという用語は，システムの振る舞いを再現することを指す．シミュレーションにおいては，縮尺した実モデルやコンピュータを使った数値モデルを使う．実モデルの例には，飛行機の縮尺モデルがある．これは風洞実験で性能評価に用いられる．

　動的システムの性能に関する情報を得るために使うことができる理論法則を物理学者が開発しているのだが，その法則を実システムに適用するのには時間がかかりすぎることがよくある．このような場合には，ある条件下でのシステムの振る舞いをシミュレーションできる数値シミュレーションモデルが便利だ．この精密なモデルでは，システムの機能を簡単にすぐわかるようテストすることが可能で，時間と費用の両面でかなりのリソースを節約できる．

　本章では次のような内容を扱う．
- シミュレーションモデル入門
- シミュレーションモデルの分類
- シミュレーションに基づいた問題への取り組み
- 離散イベントシミュレーション（DES）の検討
- 動的システムのモデル化
- 実世界のシステムを分析するための効率的なシミュレーション

1.1 技術要件

　この第 1 章はシミュレーション技法の入門だ．話題を理解するには，代数と数理モデルについての基本知識が必要だ．

1.2 シミュレーションモデル入門

　シミュレーションでは，システムの特性を複製するように開発したデジタルモデルを使う．システムの機能は，確率分布を使ってランダムに生成されたシステムのイベ

ントでシミュレーションされて，統計的な観測ができる．特に，確率的なシステムの設計や操作手順の定義においてはシミュレーションが重要な役割を果たす．

実システムに直接関わらないので，入力パラメータを変えるだけで多くのシナリオをシミュレーションでき，コストと時間を節約できる．このようにして，迅速に代替ポリシーや設計上のオプションを試みることができ，大変に複雑なモデルシステムであっても，その振る舞いや時間的変化を調べ，扱うことができる．

> 実システムを扱うのに高コストがかかったり，技術的に不可能だったり，そもそも実システムがまだ存在しない場合に，シミュレーションが使われる．シミュレーションは，入力に対して実システムに何が起こるかを予測する．入力パラメータを変え様々なシナリオを再現し，どれが最も好ましいかを様々な観点で評価し決めることができる．

1.2.1 意思決定ワークフロー

意思決定プロセスでは，最初にすることは変更を要する問題の特定，したがって何を決定するのかを識別することだ．次に，その問題を分析して決定のために何を検討すれば良いかを見つける．つまり，関連要素を選び出し，それらの関係を明らかにして，達成目標を定義する．この時点で，形式モデルが作られる．これはシステムの振る舞いを理解し，何を決定すべきかを明らかにするためのシミュレーションを可能にする．図 1.1 は，問題シナリオの観測から始まる意思決定プロセスのワークフローを示す．

図 **1.1** 意思決定ワークフロー

モデル構築は次のような双方向プロセスだ．
- 概念モデルの定義
- モデルと実システムとの比較による継続的インタラクション

さらに，学習には参加的な特性もあり，様々なアクターが関与して進行する．モデルはまた，現状を修正し，望ましい解決を生み出すための組織的な活動を分析し提案することを可能にする．

1.2.2 モデル化とシミュレーションの違い

最初に，モデル化とシミュレーションとの違いを明らかにしよう．モデルは物理的なシステムの表現であり，シミュレーションはモデル化したシステムがある条件下でどのように働くかを見るプロセスである．

モデル化とは，設計方法論であり，システムのモデルを実装してその機能を表現することを基礎としている．これによって，システムの振る舞いと，変動や変更がその振る舞いに与える効果を予測することが可能になる．モデルが実際のシステムを単純化した表現だったとしても，実際のシステムの機能の本質には十分近いものでなければならない．同時に，あまりに複雑で扱いにくいものであってはならない．

> シミュレーションは，モデルを操作して，ある条件下でその振る舞いを評価できるようにするプロセスだ．シミュレーションはモデル化の基本ツールとなる．なぜなら，必ずしも物理的なプロトタイプをつくらなくても，開発者はプロジェクトの仕様通りにモデル化したシステムについて，その機能を検証できるからだ．

シミュレーションでは，物理的な実験に伴うコストを心配せず，あらゆる操作条件を，たとえ実現不可能なものでも実行して検討できる．

シミュレーションは，実システムの概念モデルを論理的・数学的・手続き的な用語に置き換えたものだ．この概念モデルは，評価対象のシステムで生じる一連のプロセスで定義され，それらの全体がシステムの動作論理の理解を可能とするのだ．

1.2.3 シミュレーションモデルの賛否両論

シミュレーションは，オペレーションズリサーチからアプリケーション業界まで，様々な分野で広く利用されるツールだ．この技法を成功させるには，そこに含まれる複雑な手続きのそれぞれが持つ難しさを克服することで成功する．シミュレーションモデルには次のように賛否両論がある．まず，シミュレーションモデルの使用により得られる具体的な利点を述べる．

- 直接経験できない状況下でシステムの振る舞いを再生できる．
- たとえ実システムが複雑なものでもそれを表しており，不確実性の源についても考慮できる．
- データに関して限られたリソースしか必要としない．
- 限られた時間内で実験できる．
- 得られたモデルは簡単に解釈できる．

複雑なシナリオを実行できる技法だが，当然ながら次のような限界もある．

- シミュレーションはシステムの振る舞いを示すが，正確な結果ではない．
- シミュレーションの出力の分析は面倒なことがあり，どれが最良の設定であるか決めるのが難しいこともある．

- シミュレーションモデルの実装には手間がかかるだけでなく，有意の結果を出すシミュレーションの実行には長時間かかることもある．
- シミュレーションによって返される結果は，入力データの質に依存する．不正確な入力データの場合，正確な結果は得られない．
- シミュレーションモデルの複雑さは，対象システムの複雑さに依存する．

このような限界はあっても，シミュレーションモデルは複雑なシナリオを分析する最良の解を表す．

1.2.4　シミュレーションモデル用語

本項では，モデルを構成しシミュレーションプロセスを特徴づける要素を分析する．それぞれについて簡単な説明を行い，その意味と数値シミュレーションプロセスにおける役割を理解してもらう．

a.　システム

検討対象の文脈がシステムを通して表される．システムは，お互いに作用する一連の要素からなる．要素に関わる問題とはシステムの境界を決めること，すなわち，実際の要素のどれをシステムに含めて，どれを含めないか，さらに，要素間の関係はどうなっているかだ．

b.　状態変数

各時刻においてシステムは一連の変数で記述される．これらの変数は状態変数と呼ばれる．例えば，気象システムでは，温度が状態変数だ．離散系では，変数が瞬間的に変化し，変化する回数は有限である．連続系では，時間とともに変数が連続的に変動する．

c.　イベント

イベントは，ある時刻に少なくとも1つの状態変数の値を変化させる事象と定義される．気象システムではブリザードの襲来が，温度を急激に下げるのでイベントになる．また，外部イベントと内部イベントがある．

d.　パラメータ

パラメータはモデル構築時に欠かせない要素を表す．これらはモデルシミュレーションプロセスの中で調整され，結果が必要な収束範囲に収まるようにする．これらは感度分析を通じて反復的に調整され，またモデルのキャリブレーションを行う段階で変更することができる．

e.　キャリブレーション

キャリブレーションはモデルのパラメータを調整して結果が観測されたデータと一番良く合うようにするプロセスだ．モデルのキャリブレーションでは，正確度を可能な限り高めるようにする．良いキャリブレーションを行うには，データの誤差をなくすか最小にするような，実際を最も良く記述する理論モデルを選ぶ．モデルパラメータの選択は決定的で，過去に解析された既知のデータに適用した場合に結果の偏差が最小になるようにする．

f. 正　確　度

正確度とは，一連の計算値から推測されるシミュレーション結果と実際のデータとが対応する程度であり，モデルの平均値と真の値または参照値との差に注目する．正確度は，シミュレーションによる予測に期待される品質の定量的な評価になる．正確度の評価にはいくつかの指標がある．広く使われているものに，MAE（mean absolute error, 平均絶対誤差），MAPE（mean absolute percentage error, 平均絶対パーセント誤差），MSE（mean square error, 平均二乗誤差）がある．

g. 感　　　度

モデルの感度は，選ばれた入力パラメータの変動にモデルの出力がどれだけ影響されるかの程度を示す．感度分析はモデルの出力に影響を与えるパラメータを特定するものだ．これによって，モデルの出力値をより実際的に，すなわち実世界の条件や制約を入れて評価するには，どのパラメータをさらに検討する必要があるかがわかる．さらに，どのパラメータが出力に関係しないかもわかるので，それをモデルから取り除くことができる．また，モデルで得られる出力値の不確定さの分析を続けるときはどのパラメータを検討すべきかもわかる．

h. 検　　　証

検証は，提案されたモデルの正確度を確認するプロセスだ．モデルは，決定を支援するツールとして使うには，検証されなければならない．分析対象のモデルが概念的に意図したものに合致しているか検証する．モデルの検証は多変量解析の様々な技法に基づいて行う．これらの技法ではオブジェクトのクラス内における属性の変動性や相互依存性を検討することがある．

シミュレーションモデルとはどのようなもので，どんな側面があり，賛否両論があることも理解したので，次の節では，どのように分類するかを学ぶ．

1.3　シミュレーションモデルの分類

シミュレーションモデルは様々な基準で分類できる．最初に，静的システムと動的システムを区別する．何が違うかを見よう．

1.3.1　静的モデルと動的モデルの比較

システムとは，自由度が有限で，決定論的な法則に従って時間とともに進化するオブジェクトだ．システムは，ストレス（入力）$x(t)$ で刺激され，効果（出力）$y(t)$ を生成するブラックボックスで表される．システムの振る舞いは次の方程式で記述される．

$$y(t) = f(x(t))$$

静的モデルは，ある時刻でのシステムの表現，または時間変数が何の役割も果たさないシステムの表現モデルになる．静的モデルの例は，モンテカルロモデルだ．

図 1.2 静的システムと動的システムの表現

動的システムは，これに対して，時間とともに進化するシステムを記述する．最も単純な場合，時刻 t のシステムの状態は関数 $x(t)$ で記述される．例えば，人口動態では，$x(t)$ は時刻 t の人口を表す．システムを統御する方程式は動的であり，人口の瞬間的な変動や定まった時間間隔での変動を記述する．

1.3.2 決定論的モデルと確率的モデルの比較

モデルが決定論的であるとは，時間変化が初期条件とシステムの特性によって一意に決定されることだ．そのようなモデルでは，ランダムな要素は考慮されず，数理解析によって得られた正確な手法で解かれる．決定論的モデルでは，入力データとモデルを形成する関係とが決まれば，たとえデータ処理に要する時間が長くかかったとしても，出力は決定できる．このようなシステムでは，変換ルールがシステムの状態変化を一義的に決定する．決定論的システムの例は，生産システムや自動化システムに見られる．

他方で確率的モデルでは，ランダムな要素が進化に組み込まれている．それらの要素は統計分布に従う．このモデルの操作上の特徴は，モデルを形成する関係はひとつで全てに適合することはなく，様々な関係が存在することだ．さらに，確率密度関数があり，データとシステムの履歴との間に 1 対 1 の関係がないことがわかる．

最後の分類は，システムの時間変化の様子に関するもので，連続モデルと離散モデルとの区別だ．

1.3.3 連続モデルと離散モデルとの比較

連続モデルは変数の状態が時間の関数として連続的に変化するシステムを表す．例えば，道路を走る車は連続システムだ．位置や速度のような変数が時間とともに連続的に変化するからだ．

離散モデルでは，間に無活動の休止が挟まれた物理操作の繰り返しでシステムを記述する．これらの操作は，定義された事象（イベント）で開始終了する．システムはイベント発生時に状態が変化し，隣接するイベント間では状態が同じままだ．この種の操作はシミュレーションでは扱いやすい．

確率的，決定論的，連続的，離散的といったモデルの性質は，絶対的な特性ではなく，システム自体を観測する者の視点に依存する．これは，研究の対象と方法論，および

> 観測者の経験によって決まる．

モデルの様々な種類について詳細に分析したので，数値シミュレーションモデルの開発方法を次に学ぶ．

1.4 シミュレーションに基づいた問題への取り組み

正確な結果を返す数値シミュレーションプロセスに取り組むには，システムを実際にモデル化する前と後で一連の手続きを厳密に行うことが重要だ．シミュレーションプロセスワークフローを次のようなステップに分けることができる．

1. 問題分析
2. データ収集
3. シミュレーションモデルのセットアップ
4. シミュレーションソフトウェアの選択
5. ソフトウェアソリューションの検証
6. シミュレーションモデルの検証
7. シミュレーションと結果の分析

シミュレーションプロセス全体を完全に理解するには，シミュレーションに基づいた検討を特徴づけるこれらのステップを深く分析することが必要だ．

1.4.1 問題分析

この最初のステップの目標は，検討の目的と本質的な要素，それらにかかわる性能尺度の特定を試みることだ．シミュレーションは単なる最適化技法ではなく，最大化あるいは最小化が必要なパラメータは存在しない．しかし，入力変数に依存する一連の性能指標があって，それらを検証しなければならない．運用可能なシステムがすでにあるなら，作業は単純化され，このシステムの基本的な特性を導き出すための観測だけでよい．

1.4.2 データ収集

シミュレーションモデルの品質が入力データの品質に依存するため，これは全体でも重要なステップだ．これは前の問題分析ステップと密接な関係がある．実際，検討目的がはっきりすれば，データの収集と処理を行える．収集データの処理では，モデルで使えるフォーマットに変換する．データ源は様々だ．企業データベースから取られることもあるが，現場にある一連のセンサーから直接に測定しなければならないこともある．これらのセンサーは近年ますますスマートになってきた．これらのデータ収集処理は検討プロセス全体を重くし，その結果，全体の実行時間が長くなることが

ある．

1.4.3 シミュレーションモデルのセットアップ

シミュレーションプロセス全体でこれがもっとも重要なステップだから，十分注意しないといけない．シミュレーションモデルのセットアップには，注目する変数の確率分布がわかっていないといけない．実際，システムの動作の様々な表現シナリオを生成するには，その確率分布からシミュレーションによりランダムな観測値を生成することが不可欠だ．

例えば，在庫管理では，要求される商品の分布と，注文から受け取りまでの時間分布とが必要だ．他方生産管理で，機械がたまに故障するようなとき，機械が故障を起こすまでの時間分布と修理に要する時間分布を知ることが必要だ．

システムがまだ運用可能ではない場合，例えば，運用中の同様なシステムの観察から分布を推定するしかない．データの分析から，その分布の形が標準的な分布に近いとわかったら，その標準理論分布を使ってデータを統計的に検定して検証すれば，この標準理論分布を利用できるようになる．観測可能なデータが得られる類似のシステムが存在しない場合には，機械の仕様やその操作マニュアル，あるいは実験結果などの他の情報源を用いる必要がある．

すでに述べたように，シミュレーションモデルの構築は複雑な手続きだ．離散イベントのシミュレーションでは，モデル構築は次の手順になる．

1. 状態変数の定義
2. 状態変数が取る値の決定
3. システムの状態を変えるイベントの決定
4. シミュレーションする時間計測，すなわち，シミュレーションする時間の流れを記録するシミュレーションクロックの実装
5. ランダムにイベントを生成する手法の実装
6. イベントによる状態遷移の決定

これらの手順に従うと，シミュレーションモデルが使えるようになる．この時点では，専用ソフトウェアプラットフォームでモデルを実装する必要がある．そのやり方を見ることにしよう．

1.4.4 シミュレーションソフトウェアの選択

数値シミュレーションを行うソフトウェアプラットフォームの選択はプロジェクトの成功にとって基本的なものだ．これについては，複数のソリューションがある．その選択は，私たちのプログラミングの知識に基いて行われる．可能なソリューションを次に検討する．

- シミュレータ：これはシミュレーションのためのアプリケーション指向のパッケージだ．MATLAB, COMSOL Multiphysics, Ansys, SolidWorks, Simulink,

Arena, AnyLogic, SimScale などというシミュレーション用のインタラクティブソフトウェアパッケージが多数存在する．これらは優れたシミュレーションプラットフォームだが，アプリケーションソリューションによって性能が異なる．これらのシミュレータでは，プログラムの必要がなく，グラフィックなメニューを使うシミュレーション環境が整っている．

　これらは使いやすくて，たとえ標準的な機能だけであっても多くは優れたモデル化機能を備えている．シミュレーションした動作を表示するアニメーション機能を備えたものもあり，非専門家にシミュレーションを説明するのに役立つ．このソフトウェアソリューションの問題点は，ライセンス費用が高価で，大企業でないと使えないことと標準的でないモデル化ソリューションが難しいことだ．

- シミュレーション言語：より汎用的なソリューションが様々なシミュレーション言語で提供されている．シミュレーション言語を使うことで，プログラマはモデルの全体またはサブモデルを数行で開発できる．このような言語を使わないと，より長時間を費やして，しかもエラーが発生する確率が高くなる．シミュレーション言語の一例としては，GPSS（general-purpose simulation system, 汎用シミュレーションシステム）がある．GPSS は 1965 年に IBM が開発したジェネリックなプログラミング言語だ．GPSS では，シミュレーションクロックは離散的に進行し，特定の処理や操作などのトランザクションがシステム内で開始され，あるサービスから別のサービスに渡されるとしてシステムをモデル化する．これは主にプロセスフロー指向のシミュレーション言語として使用され，アプリケーションに適している．シミュレーション言語の別の例としては，1963 年に Fortran の拡張として開発された SimScript がある．これはイベントに基づくスクリプト言語であり，スクリプトの様々な部分が様々なイベントによってトリガされる．
- 汎用プログラミング言語など：汎用プログラミング言語は数多くの応用分野でソフトウェアを作成できるよう設計されている．特に，ドライバやカーネルなど，コンピュータのハードウェアと直接通信するシステムソフトウェアの開発に適している．これらの言語はシミュレーションに特化したものではないため，シミュレータに必要な機構やデータ構造を実装するために，プログラマに負担がかかる．他方で，高水準プログラミング言語としての機能によって，研究者が必要とする数値シミュレーションモデルを開発できる．本書では，このソリューションを採用し，Python でプログラミング開発する．このソフトウェアプラットフォームは，世界中の研究者によって作られたツール群を提供し，数値モデルのシステムの構築を非常に容易にする．さらに，Python で書かれたプロジェクトがオープンソースなので，このソリューションは安価だ．

使用するソフトウェアプラットフォームを選んだ後は，数値モデルの構築になるが，その前にソフトウェアソリューションの検証が必要だ．

1.4.5 ソフトウェアソリューションの検証

ここでは数値コードをチェックする．これはデバッグとも呼ばれ，予期せぬ障害や中断が起こらずコードが正しく論理的な流れに沿っていることを確認する．この検証は作成中にリアルタイムで行う必要がある．作成後では，概念エラーや構文エラーの修正がモデルが複雑になるにつれて困難になるためだ．

ソフトウェアの検証は理論的には単純だが，大規模シミュレーションコードのデバッグは，複数のプロセスが同じリソースに同時にアクセスする仮想的競合が起こりうるので困難だ．実行の正否は時間だけでなく，膨大な個数の潜在的論理経路で左右される．シミュレーションモデル開発では，コードをモジュールやサブルーチンに分割してデバッグしやすくする必要がある．また，一人ではなく複数人でレビューする必要がある．さらに，シミュレーションを行う際には多種多様な入力パラメータを考慮し，出力が妥当か確認する．

> 離散イベントシミュレーションプログラムを検証する最善の技法としてトラッキングがある．イベント発生後，システムの状態，イベントリストの内容，シミュレーション時間，状態変数，統計カウンターを表示し，手作業で計算した結果と比較するのだ．

トラッキングでは，イベントごとにエラーがないか調べる必要がある大量の出力が生成されることが多い．次のような問題が生じる可能性がある．

- アナリストが要求していない情報がある．
- 有用な情報が欠けている，またはある種のエラーが限られたデバッグ実行で検出されていない．

ソフトウェアの検証プロセスの次は，シミュレーションモデルの検証だ．

1.4.6 シミュレーションモデルの検証

ここでは，作成したモデルが当該システムに対して有効な結果を提供するかどうかを確認する必要がある．実システムの性能測定値が，シミュレーションモデルで生成された測定値でよく近似されているかどうかを確かめる．複雑なシステムのシミュレーションモデルは，システムの近似しかできない．シミュレーションモデルは常に一連の目標のために開発される．ある目的に有効なモデルが別の目的に有効とは限らない．

> モデル検証は，モデルとシステムの間の正確度の程度が妥当かどうかをチェックする．モデルがシステムの挙動を適切に表現しているかどうかを確認するために検証が必要だ．モデルの価値は使えるかどうかでのみ決まる．よって，検証は設定された目標に関して，シミュレーションモデルがどれだけシステムを正確に表しているかどうか判断するためのプロセスとなる．

検証は，システムの実際の機能をモデルが再現できることを確認する．すなわち，

キャリブレーションシナリオに従って校正したパラメータを用いたときにシステムの他の状況を正しくシミュレーションできることを確認する．検証段階が終われば，モデルは配備可能とみなされる．よって，新たな制御戦略や介入方式のシミュレーションに使用できる．このテーマに関する文献で広く議論されているように，モデルキャリブレーションに使用したデータとは異なるデータでモデルパラメータを検証し，分析されるシナリオに特有の現象を常に考慮しなければならない．

1.4.7　シミュレーションと結果の分析

シミュレーションは，それを実現していく過程で進化するプロセスであり，開発初期の結果をもとにして，より複雑な構成のシミュレーションに到達する．次のような細部に注意を払う必要がある．例えば，システムの性能指標を完全な形で求めたければ，定常状態に達するまでの過渡的状態にいる時間の長さを決定する必要がある．また，システムが平衡状態に達した後は，シミュレーションの時間を決定する必要がある．実際，シミュレーションはシステムの性能指標の正確な値を示すものではないことを常に念頭に置かねばならない．なぜなら，シミュレーションはシステム性能の統計的観測を生成する統計実験だからだ．この観測結果は，性能指標の推定値生成に使われる．シミュレーション時間を長くすることで，推定値の正確度を高めることができる．

シミュレーションの結果として，システムの性能指標の統計的推定値が返される．基本的なことは，測定には信頼区間が伴っており，測定値にはそれだけの変動幅があることだ．シミュレーション結果から，より良いシステム構成が直ちに特定されるが，多くの場合，それは1つとは限らない．その場合には，複数の構成を比較するためにさらに調べる必要がある．

一般的なシミュレーションに基づいた問題を分析したので，具体的な離散イベントシミュレーションにどう取り組むかを次に学ぼう．

1.5　離散イベントシミュレーション（DES）の検討

DES（discrete event simulation）は動的システムであり，状態が数値ではなく論理値または記号値をとる．システムの振る舞いは，必ずしも事前に知られていない不規則なタイミングで発生するイベントで特徴づけられる．システムの挙動は状態とイベントで記述される．

DES は，システムを時間経過に伴う離散イベントの列とみなし，各イベントが時刻 t で発生してシステムの状態を変化させると考える．よって，引き続く2つのイベントの間では状態が変化しないと考えるので，イベントがある瞬間 $t1$ で終了すると次のイベント開始の瞬間 $t2$ に移行する．

DES では，時間経過に伴うシステムの変化を，数値的に明確に定義された時間区間

内の瞬間ごとに値が変化する変数で表現する．この数値区間は一連のイベントの発生を決定する．この種のシミュレーションシステムにおけるオブジェクトは，トークンと呼ばれる個別の要素であり，それぞれが独自の特性を持ち，その特性によりモデル内での振る舞いが決まる．

DESモデルは次のように特徴づけられる．
- 状態変数は離散値をとる．
- ある状態から別の状態へ瞬間的に遷移し，それが離散的に生じる．

離散イベントモデルのシミュレーションには，システムの状態変数と，状態遷移を起こすイベントのクラスを特定する必要がある．一般に，DESでは隣り合うイベント間の状態変数は一定のままだ．

DESの例としては，レジに並ぶ客の列がある．精算のために並び，レジが1つ以上あるとする．この場合，システムの実体は，待ち行列の客とレジ係だ．イベントは，customer-approachとcustomer-leavesだけだ．cashier-serves-customerイベントは，他の2つのイベントのロジックに含めることができるからだ．イベントはシステムの状態変化を生じさせる．この場合，次のものを状態と考えることができる．
- 待ち行列の客の人数．0からnの整数で表される．
- レジ係の状態．空いている（F）か対応中（B）かを示すブーリアン変数で表される（図1.3）．

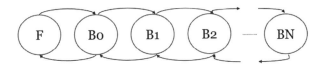

図1.3 レジ係の待ち行列に対する状態遷移図

シミュレーションには変数も必要だ．1つは，新たな客の到着頻度を表し，もう1つは，レジ係が客の対応にかかる時間を表す．

DESのすべてのイベントは，次のように分類される．
- 外部イベント．モデル化したシステムの振る舞いとは独立で，アクティブイベントのリストに常に含まれる．
- 内部イベント．システム状態の関数で，アクティブイベントのリストに含まれる場合も含まれない場合もある．

レジへの客の到着と精算終了による退去のプロセスは確率分布で完全に特徴づけられる．利用可能なデータに基づいて，活動や活動サービスでのトークンの到着間隔の確率分布を評価できることが不可欠だ．

DESモデルのもう1つの特徴は，リソースの使用とアクティビティの時間がシステムの各要素に固有であり，それらが確率分布を用いてサンプリングされることだ．モ

デル内のアクティビティの発生順序を規定する規則は，モデルの実装段階で定義され，ワークフローがどのように構成されているか，また，個々の実体の特性に依存する．

DES システムの基本要素は次のようになる．

- 状態変数：任意の瞬間におけるシステムの状態を記述する変数．DES モデルでは状態変数は離散値をとり，ある状態から別の状態への遷移は離散的な瞬間に起こる．
- イベント：少なくとも 1 つの状態変数の値が変化する原因となる瞬間的事象の発生．
- アクティビティ：2 つのイベントの間の時間的な行動．その期間はそのアクティビティが始まる時に予めわかっている．
- エンティティと論理関係：エンティティは，実世界に存在する具体的な要素であり，論理関係は異なるオブジェクトを結び付け，モデルの一般的な振る舞いを定義する．エンティティは，システム内を流れるときは動的でありうるが，静的なエンティティもありうる．エンティティは，エンティティに割り当てられたデータ値を与える属性によっても特徴づけられる．
- リソース：エンティティにサービスを提供するシステムの要素．
- シミュレーション時間：エンティティ間の論理関係を追跡するシミュレーションの時間範囲．

シミュレーション時間の進行を定義するには次の 2 つの方法がある．

- 次のイベントへの時間進行：時間がイベントに従って流れる．時間は前の瞬間から次の瞬間へ，これらの瞬間に関連するイベントに従ってのみ進行する．
- 前もって定まった増分での時間進行：時間はイベントと無関係に流れる．時間はある瞬間から次の瞬間へと，それらの瞬間に関連するイベントとは無関係に進む．

1.5.1 有限状態マシン（FSM）

DES を簡単に記述するために，FSM (finite-state machine) モデルを採用できる．これは，アルゴリズムを実行するメモリを備えたマシンの最初の抽象化だ．FSM は，マシンの特定の状況を定義する状態という基本概念を導入する．結果として，マシンは特定の入力に反応して出力する．出力は状態にも依存するので，FSM は本質的に，オートマトンに与えられた答えに影響できる内部メモリを備えたオートマトンとなる．このような性質を備えたシステムは，次のような変数の 5 つ組で形式的に記述できる．

$$FSM = f(S, I, O, \delta, s_0)$$

変数は次の通りだ．

- S は可能な状態の有限集合
- I は可能な入力値の集合
- O は可能な出力値の集合

- δ は入力と現在の状態を次の状態にリンクする関数
- s_0 は初期状態

状態には，システムの出力を計算するのに必要な情報が含まれ，一般に，システムをある状態に導いた入力列を推測することは不可能だ．

出力が現在の状態にだけ依存するシステムは，ムーアマシンと呼ばれる．出力が現在の状態と入力の両方に依存するならミーリーマシンと呼ばれる．ムーアマシンでは，出力は現在の状態に紐付けられ，ミーリーマシンでは，出力はある状態から別の状態への遷移に紐付けられる．この2つのマシンは等価であり，すなわち，片方で作られたシステムは，もう片方のモデルでも同じ出力を与えるよう作ることができる．一般に，ミーリーマシンの方が対応するムーアマシンよりも，たとえ合成するのがより複雑だとしても，状態数が少ない．

1.5.2 状態遷移表（STT）

有限状態マシンの状態は，入力または状態そのものにイベントが発生すると変化する．逐次マシンは状態遷移表（state transition table, STT）で記述できる．列のインデックスは入力値の記号，行のインデックスは，ムーアマシンの場合には，現在の状態である．そして，入力の組合せごとに次に到達する状態が示される．さらに，状態遷移表のもう1つの列が，システムの状態と対応する出力の関係を表す．

1.5.3 状態遷移グラフ（STG）

STG（state transition graph）は，有限状態マシンをラベル付き有向グラフで完全に記述する．これはプロジェクトの初期段階で，マシンの形式記述から動作モデルに移行するときに非常に役立つグラフ表現だ．グラフの節点は状態に対応する．状態Aから状態Bへの遷移が入力iに関して可能なら，グラフではAに対応する節点からBに対応する節点への弧が存在し，ラベルiを付ける（図1.3参照）．ムーアマシンの場合，出力が現在の状態のみの関数であるため，状態Aに対応する出力uの指示は節点の内側に表示される．

DESについて検討したので，動的システムをモデル化する方法を調べる．

1.6 動的システムのモデル化

本節では，生産工程をモデル化した実際の事例を分析する．これによって，システムの要素の扱い方と，生産のインスタンスをモデルの要素にどう変換するかを学ぶ．モデルは，システムの時間的な振る舞いを研究するために作られる．それは，数学的・論理的・記号的関係を用いて表現されたシステムの振る舞いについての一連の仮定からなる．これらの関係は，システムを構成するエンティティ間のものである．モデルは，システムの変化をシミュレーションして，実システムに対する変化の影響を予測

するために使われるということを思い出そう．単純なモデルは，数学的手法で解析的に解決されるが，複雑なモデルではコンピュータ上で数値シミュレーションを行い，モデルの結果を実システムのデータであるかのように扱う．

1.6.1 作業場の機械の管理

ここでは，動的システムの離散イベントシミュレーションを作成する簡単な例を見ていく．離散イベントシステムは，状態が数値ではなく論理値や記号値を取りうる動的システムであり，その振る舞いは必ずしも事前にわかっていない不規則なタイミングでつぎつぎと起こる瞬間的なイベントで特徴付けられる．このシステムの動作は，状態とイベントの観点から記述される．

作業場には A_1 と A_2 と呼ぶ 2 台の機械がある．1 日の始めに，W_1, W_2, W_3, W_4, W_5 という 5 つのジョブをこなさないといけない．表 1.1 は，各機械でジョブにかかる時間（分）を表す．

表 1.1 マシン上の作業時間の表

	A_1	A_2
W_1	30	50
W_2	0	40
W_3	20	70
W_4	30	0
W_5	50	20

0 は，そのジョブがその機械を必要としないことを示す．2 つの機械を必要とするジョブでは，A_1 で処理してから A_2 で処理しなければならない．ジョブを各機械に割り当てて実行することを決めたとする．その際に，機械が空いたなら，最初に実行可能なジョブを 1 から 5 の順番に開始する．1 台の機械で同時に他のジョブが実行可能なら，番号の若いジョブを先に実行する．

モデル化の目的は，全部の作業を終えるのに必要な最短の時間を求めることだ．システムで起こる状態変化イベントは次のとおりだ．
- ある機械でジョブが実行可能になる．
- 機械がジョブを開始する．
- 機械がジョブを終える．

これらの規則と，表 1.1 に示された実行時間から，ジョブの流れと実行時間に沿った予定イベントとを 1 つの表にまとめることができる．

表 1.2 では，イベントの時刻を順に示しており，作業場で利用できる 2 台の機械でジョブが開始終了する様子がわかる．あるジョブが終わると，規則に従って新たなジョブが各機械に送られる．このようにして，作業の締切と次の作業の開始が明確に表示される．各機械の使用時間やいつ使用可能になるかも簡単に示される．ここで示した

1.6 動的システムのモデル化

表 1.2 ジョブの流れの表

時間（分）	A_1 開始	A_1 終了	A_2 開始	A_2 終了
0	W_1		W_2	
30	W_3	W_1		
40			W_1	W_2
50	W_4	W_3		
80	W_5	W_4		
90			W_3	W_1
130		W_5		
160			W_5	W_3
180				W_5

表による解法は，簡単で直接的な，動的離散システムのシミュレーションだ．

この例は，時間が離散的かつ段階的に進む動的システムの典型的な例だ．しかし，多くの動的システムでは，時間が連続的に進むと仮定した方がうまく記述できる．次項では，連続動的システムの場合を分析する．

1.6.2 調和振動子

摩擦のない水平面上に質量 m の物体がバネ定数 k の理想バネで壁に固定されているとする．水平座標 x が 0 のとき，バネは変形していないとする．図 1.4 は，この単純な調和振動子の図式だ．

図 1.4 調和振動子の図式

質量 m の物体を平衡位置から右に動かす（$x > 0$）と，バネが伸びて左に引っ張る．逆に，物体を平衡位置より左に動かす（$x < 0$）と，バネは圧縮され右に押し戻そうとする．どちらの場合も，バネから物体に加わる力の x 軸方向の成分を次の公式で表すことができる．

$$F_x = -k \times x$$

ここで，変数は次のとおりだ．
- F_x：力の x 成分
- k：バネ定数
- x：質量 m の物体の位置を示す水平座標

力学の第 2 法則から，x 方向の加速度が次のように得られる．

$$a_x = -\frac{k}{m} \times x$$

ここで，変数は次のとおりだ．
- a_x：x 方向の加速度
- k：バネ定数
- m：物体の質量
- x：質量 m の物体の位置を示す水平座標

$dv/dt = a_x$ で速度変化を，$dx/dt = v$ で速度を表せば，動的システムの発展方程式が次のように得られる．

$$\begin{cases} \dfrac{dx}{dt} = v \\ \dfrac{dv}{dt} = -\omega^2 x \end{cases}$$

ここで

$$\omega^2 = -\frac{k}{m}$$

とした．これらの方程式には，システムの初期条件を与えねばならず，それらは次のように書き表せる．

$$\begin{cases} x(0) = x_0 \\ v(0) = v_0 \end{cases}$$

この微分方程式の解は次のようになる．

$$\begin{cases} x(t) = x_0 \cos(\omega t) + \dfrac{v_0}{\omega} \sin(\omega t) \\ v(t) = v_0 \cos(\omega t) - x_0 \omega \sin(\omega t) \end{cases}$$

このようにして，分析したシステムの数理モデルが得られた．物体 m の振動現象の時間変化を研究するには，時間 t を変えて，その位置と速度を計算すればよい．

複雑度が高い意思決定プロセスでは，このような解析モデルが使えず，異なる種類のモデルを使うしかない．そして，コンピュータを数学的プログラミングモデルでの計算にだけ使うのではなく，現実を構成する要素間の関係を研究するときに，それらの要素を表現するためにも用いるのだ．

1.6.3 捕食者・被食者モデル

シミュレーション分野では，生産と物流プロセスの機能性のシミュレーションがかなり重要だ．そのようなシステムは非常に複雑で，そこを通過する様々なプロセス間の相互関係も多く，セグメントの故障や使用不能という場合もあり，システムパラメータが確率的に振る舞うという特徴がある．

現象によっては解析的モデルで処理することがどれだけ複雑になるか理解するために，広く一般に知られている生物学的モデルを分析してみよう．それはイタリアの研

究者ヴィト・ヴォルテラとアメリカの生物物理学者アルフレッド・ロトカがそれぞれ独自に開発した捕食者・被食者モデルだ．

ある島に，捕食者と被食者という 2 つの動物集団があるとする．島の植物は被食者にとって無制限ともいえる量の栄養を与えてくれるが，捕食者には被食者が唯一の食料だ．被食者の出生率は時間によらず一定と考えられる．これは捕食者がいなければ被食者が指数関数的に増えることを意味する．他方で，被食者の死亡率は，捕食者の餌食になる確率，つまり，単位面積あたりに存在する捕食者の数に依存する．

捕食者については死亡率は一定だが，出生率は食料の有無，つまり単位面積あたりの被食者の数に依存する．2 つの集団の個体数が，初期状態（捕食者と被食者の個体数）から開始して時間的にどのように変化するかを研究したい．

この生物学的システムのシミュレーションを，次のような連立微分方程式（ロトカ–ヴォルテラ方程式）でモデル化できる．ここで $x(t)$ と $y(t)$ は，時刻 t での捕食者と被食者の個体数だ．

$$\begin{cases} \dfrac{dx}{dt} = \alpha x(t) - \beta x(t)y(t) \\ \dfrac{dy}{dt} = \gamma y(t) - \delta x(t)y(t) \end{cases}$$

各項は次のとおりだ．
- $\alpha, \beta, \gamma, \delta$ は 2 つの動物集団の相互作用に関わる正の実数パラメータ
- dx/dt は，その時刻の被食者の増加率
- dy/dt は，その時刻の捕食者の増加率

このモデルでは，次のような仮定が強調されている．
- 捕食者がいないと被食者は指数関数的に増える，すなわち，増加率は一定だ
- 被食者がいないと捕食者は一定の割合で減少する．

これは，決定論的かつ連続的シミュレーションモデルであり，実際，2 つの集団のサイズで表されるシステムの状態は，初期状態とモデルのパラメータによって一義的に決定される．さらに，原理的には，変数すなわち集団のサイズは時間とともに連続的に変化する．

この微分方程式は正規形であり，最大次数の微分に関して解けるが，変数分離はできない．解析的な形では解けないが，数値計算（ルンゲ–クッタ法）ではすぐ解ける．解は明らかに 4 つの定数と初期値に依存する．

動的システムのモデル化方法を分析したので，実システムのシミュレーションを行う方法を段階ごとに見ていこう．

1.7　実世界のシステムを分析するための効率的なシミュレーション

シミュレーションを正しく行うには，シミュレーションソフトウェアを適切に構造

化しなければならない．プログラム構造は，次の3つのソフトウェアレベルで構成すべきだ．

- シミュレーション実行ソフトウェアがモデルプログラムの実行を制御する．一般的な制御とモデルの詳細とを分けてモジュラー性を確保し，順次演算を実行する．技法としては，同期実行方式とイベントスキャン方式とがある．
- モデルプログラムは，シミュレーションされるシステムのモデルを実装して，シミュレータにより実行される．
- ルーチンツールが典型的な確率分布から得た乱数を発生し，統計量を得て，汎用の関数をモデル特有の関数と分離することでモジュラー性に関する問題を管理する．

シミュレータの基本サイクルは次の3段階からなる．

- 開始段階：終了条件は偽に初期化する．状態変数を初期化し，時計をシミュレーション開始時刻（通常は0）に設定し，初期イベントをイベントリストに置く．
- ループ段階：終了条件が発生するまでサイクルを続ける．各ステップでは時計をキューの先頭イベントの開始時刻に設定し，イベントをシミュレーションして，キューから取り除く．最後に統計量を更新する．
- 終了段階：シミュレーションを終了し，シミュレーションしたシステムの統計量を含むレポートを作成する．

　これまで述べた特徴を有するモデル化が可能なすべてのシステムに対して，シミュレーションが適用できる．この方式は，特に複雑なプロセスに関する問題の診断に適している．どこにシステムのボトルネックがあるか理解する必要がある．ボトルネックとなるところは，システム性能の著しい低下をもたらし，通常は，より低速な要素に関連している．プロセスの性能を大幅に向上させる唯一の方法は，これらの致命的なところを正確に改善することだが，残念なことに多くのプロセスで，過剰在庫，過剰生産，プロセスの多様性，異なる順序，階層化によって重要な個所が見えにくくなっている．

　よって，これらのプロセスを正確にモデル化してシュミレータに入力することにより，システム全体のより詳細な知見が得られ，ボトルネックを見つけて，パフォーマンス指標を使い，システムの分析とパフォーマンスの改善ができる．

　シミュレーションは，銀行の日常業務，工場の組立ラインのプロセス，病院やコールセンターの人員配置など，現実に存在するシステムの運用を模した数値モデルだ．そのため，システムに関連するすべてのリソースと制約，およびそれらの時間の経過に伴って生じる相互作用を考慮する必要がある．また，現実とできるだけ一致させなければならず，よって，完了時間が変動するイベントを考慮して，これを擬似乱数発生器を使って実現する．こうすることで，シミュレーションは，現実の状況により近くなり，その結果，入力データやその構造が変化したとき，あたかもシミュレーションが現実のものであるかのように，システムの挙動を予測できる．よって，この種の

シミュレーションでは，実物を用いたシミュレーションに比べて，より迅速により低コストでアイデアをテストできる．

一般に，イベントとプロセスの流れで表現できる実システムであれば，どのようなものでもシミュレーションは可能だ．シミュレーションが最も有効なのは，時間的な変化が大きく，ランダム性の高いものだ．ガソリンスタンドが好例で，次の客がいつ来るか，どんな燃料をどれだけ必要とするか正確には予測できない．

結果として，この種のシミュレーションが使えるなら，コスト，時間，反復可能性の点で有利なので，実物シミュレーションよりも優先すべきだ．実物シミュレーションでは，新しい従業員を雇ったり，新しい部品を購入したりする費用だけでなく，これらの決定が実システムに与える影響を，良い結果も悪い結果も含めて考慮する必要がある．数値シミュレーションでは，実システムと直接関係がないため，テストが経済的な影響を及ぼすことはない．

さらに，同じ実システムを同じ条件で2回シミュレーションすることは困難だが，数値シミュレーションでは，入力だけを変えて，同じ条件のシステムをテストできる．そのため，あるアイデアが他のアイデアよりも優れているという確証が得られる．最後の点として，前述したように，数値シミュレーションは，特に実物シミュレーションで非常に長い時間かかる場合には，それよりもはるかに短い時間で行える．例えば，1ヶ月間の客のスループットを分析する場合，実シミュレーションは最低でも1ヶ月かかるのに，数値シミュレーションはわずか数秒で済む．

1.8 ま と め

本章では，シミュレーションモデルとは何かを学んだ．モデル化とシミュレーションの違いを理解し，シミュレーションモデルの強みと欠陥を見つけた．概念理解のために，頻繁に登場する用語の意味を明らかにした．

次に，静的と動的，決定論的と確率的，離散と連続など，様々な種類のモデルを分析した．そして，数値シミュレーションプロセスに関連するワークフローを検討し，重要なステップを強調した．さらに，数値ではなく論理的・記号的な値の状態をとる動的システムのシミュレーションを行う DES（離散イベントシステム）を詳細に分析した．最後に，実用的なモデル化の例をいくつか取り上げ，最初の検討からどのようにモデルを精緻化していくかを理解した．

次章では，確率過程への取り組み方を学び，乱数シミュレーションの概念を理解する．そして，擬似乱数と非一様乱数の違い，ランダム分布の評価に使える方法を学ぶ．

2

ランダム性と乱数の理解

　実生活では，何をするか決めるのにコイン投げがしばしば役立つ．多くのコンピュータでも意思決定プロセスの一環としてこれを使う．実際，多くの問題が確率的アルゴリズムによって効果的かつ比較的簡単に解決できる．この種のアルゴリズムでは，サイコロの役割を思わせるランダムな寄与にもとづいて意思決定する．

　乱数生成の歴史は古いが，近年そのプロセスの高速化が進み，科学研究にも大規模に使われるようになった．乱数生成器は主にコンピュータシミュレーション，統計的サンプリング技術，暗号技術の分野で使われている．

　本章では次のような内容を扱う．
- 確率過程
- 乱数シミュレーション
- 擬似乱数生成器
- 一様分布の検定
- 乱数分布の汎用的な手法の検討
- Python による乱数生成
- セキュリティのためのランダム性の要件
- 暗号用乱数生成器

2.1　技術要件

　本章では，乱数生成技法を学ぶ．内容理解には，代数と数理モデルの基本知識が必要だ．

　本章の Python コードを扱うには（本書付属の GitHub https://github.com/PacktPublishing/Hands-On-Simulation-Modeling-with-Python-Second-Edition にある）次のファイルが必要だ．

- `linear_congruential_generator.py`
- `learmouth_lewis_generator.py`
- `lagged_fibonacci_algorithm.py`
- `uniformity_test.py`
- `random_generation.py`

- random_password_generator.py
- encript_decript_strings.py

2.2 確率過程

確率過程は，パラメータ t に依存する確率変数の族である．確率過程は次の表記で規定される．

$$\{X_t \mid t \in T\}$$

ここで，t がパラメータ，T は t の可能な値の集合だ．

通常，時刻を t で示すので，確率過程は時間依存の確率変数の族となる．t の変動範囲，すなわち集合 T は実数の集合で，時間軸の全範囲となることも，離散値の集合となることもある．

確率変数 X_t は，状態空間と呼ばれる集合 X 上で定義される．これが連続集合の場合は連続確率過程を，離散集合の場合は離散確率過程を定義する．

次の要素を考えよう．

$$x_0, x_1, x_2, \ldots, x_n \in X$$

これらは確率変数 X_t のとりうる値で，システム状態と呼ばれ，実験結果を表す．変数 X_t は依存関係でつながっている．確率変数の取りうる値とその確率分布がわかれば，確率変数がわかったことになる．よって，確率過程の理解には X_t の取りうる値だけでなく，変数値の確率分布と値間の同時分布が必要だ．t の変動範囲が時間の離散集合である単純な確率過程を考えることもできる．

> 実際には，多数の現象が確率過程理論を通して研究されている．物理学の古典的な応用例が，ブラウン運動と呼ばれる媒質中の粒子の動きの研究だ．この研究は確率過程を使って統計的に行える．過去と現在がわかっていても，将来が決定されないようなプロセスもあれば，過去を考慮する必要がなく現在だけで将来が決定されるプロセスもある．

2.2.1 確率過程の種類

確率過程は次のような特性で分類される．
- 状態空間
- 時間インデックス
- 確率変数間の確率的依存性の種類

状態空間は，離散的か連続的かだ．第 1 の場合，離散空間の確率過程は連鎖とも呼ばれ，空間は非負整数の集合で表されることが多い．第 2 の場合，確率変数の値集合は有限でも可算でもなく，確率過程は連続空間で起こる．

時間インデックスも離散または連続となる．離散時間確率過程は，確率系列とも呼ばれ，次のように記述できる．

$$\{X_n \mid n \in T\}$$

ここで集合 T は有限すなわち可算だ．

この場合，状態の変化は，有限つまり可算個の瞬間にのみ観測される．一方，実数区間が有限個あるいは無限個あり，それらの区間内の任意の瞬間に状態の変化が観測されるのであれば，それは連続時間過程で次のように記述される．

$$\{X(t) \mid t \in T\}$$

t の異なる確率変数 $X(t)$ の間の確率的依存性は，確率過程を特徴づけ，場合によると記述を簡略化する．確率過程が狭い意味で定常的とは，時間軸 T についてのシフトに関して分布関数が不変であることをいう．確率過程が広い意味で定常的とは，分布の1次および2次モーメントが T 軸上の位置に対して独立であることをいう．

2.2.2 確率過程の例

確率過程の数学的処理は複雑に見えるが，確率過程の例は日常的に見受けられる．例えば，ある病院では入院する患者数を毎日正午に観測するが，この人数は時間の関数で確率過程である．その状態空間は自然数の有限部分集合であり，時間が離散的になる．別の例としては，時間の関数として常時観測する室温も確率過程であり，連続状態空間と連続時間からなる．確率過程に基づき特定のパターンを持ついくつかの例を見ていこう．

2.2.3 ベルヌーイ過程

確率変数の概念によって，多くのランダムな現象の研究に役立つモデルを定式化できる．確率モデルの初期の重要な例に，確率の分野で重要な成果をあげたスイスの数学者ヤコブ・ベルヌーイ（1654–1705）に因んだベルヌーイ分布という確率モデルがある．

与えられた試験を繰り返し行う実験がある．例えば，硬貨を千回投げたときに表の出る確率を知りたいとする．この場合，n 回の試行で表が x 回出る確率を求める．x が表の回数なら，$n-x$ は裏の回数だ．

ベルヌーイ試行は，次の仮説に従う．
- 各試行では，成功と失敗と名付ける2つの相互排他な結果しか得られない．
- 成功の確率 p は，どの試行でも同じだ．
- すべての試行は独立だ．

試行の独立性は，試行結果が他の試行に影響しないことを意味する．例えば，「3番目の試行が成功」というイベントは「最初の試行が成功」というイベントと独立だ．

1回の硬貨投げはベルヌーイ試行だ．つまり，表が出たイベントを成功，裏が出た

イベントを失敗とできる．この場合，成功確率 $p = 1/2$ だ．

> 2つのイベントが相補的とは，第1イベントの発生が第2イベントの発生を排除するが，2つのうちのどちらかが必ず発生することだ．

ベルヌーイ試行で成功確率を p とする．n 回の試行で成功回数を表す確率変数 X は，n と p をパラメータとする二項確率変数と呼ばれる．X は 0 から n までの整数値をとる．

2.2.4 ランダムウォーク

ランダムウォーク（酔歩）は離散パラメータ確率過程であり，確率変数を X として，移動する点の時刻 t における位置を X_t で表す．ランダムウォークは，ランダムに移動する物体の変位を記述する統計の数学的な定式化だ．この種のシミュレーションは物理学にとっては重要で，統計力学，流体力学，量子力学で応用される．

ランダムウォークは，ランダムなステップを重ねることで形成される経路をシミュレーションするために普遍的に使われる数理モデルだ．このモデルでは，記述するシステムに応じて様々な自由度を設定できる．物理的な観点では，時間の経過とともに辿られる経路は必ずしも実際の経路のシミュレーションにはならないが，時間経過とともにシステムが示す傾向特性を表している．ランダムウォークは，化学，生物学，物理学だけでなく，経済学，社会学，情報技術など，様々な分野で応用されている．

1次元のランダムウォークは，直線上を移動する粒子の動きをシミュレーションするのに使われる．許される経路は，現在位置から右（確率 p）か左（確率 q）の2つの移動でしかない．各ステップは固定長で図 2.1 に示すように互いに独立だ．

図 2.1 1次元ランダムウォーク

ある瞬間の点の位置は座標 $X(n)$ で特定される．n ステップ後のこの位置はランダムな項で特徴づけられる．n 回移動した後の出発点からの到達確率を求めるのが目的となる．明らかに，点が出発点に戻る保証はない．変数 $X(n)$ が n ステップ後の粒子の横軸の座標を返す．これは二項分布の離散確率変数だ．

各瞬間に，粒子は確率変数の返す値 $Z(n)$ に基づき右か左に動く．この確率変数の値は $+1$ か -1 のどちらかだ．$+1$ をとる確率は $p > 0$，-1 をとる確率は q で，2つの確率の和は $p + q = 1$ だ．瞬間 n の粒子の位置は次の式で表される．

$$X_n = X_{n-1} + Z_n; \quad n = 1, 2, \ldots$$

この式から，原点を出発した粒子が再び原点を通過する回数の期待値 μ を求めることができる．再帰確率すなわち，ランダムウォークを無限に続けたとき少なくとも 1 回原点を通過する確率を P とすると，n 回通過する確率は $P^n(1-P)$ となるので

$$\mu = \sum_{n=0}^{\infty} nP^n(1-P) = \frac{1}{1-P} \quad \to \quad \infty$$

である．2 番目の等号は等比級数の計算を用いた．$P = 1 - |p - q|$ となることから，左と右の移動が等しい確率で起きるとき $\mu \to \infty$ である．すなわち，対称なブラウン運動では粒子が原点を通過する回数が，ステップ数の増加とともに無限大に発散する．

2.2.5 ポワソン過程

時間や空間のある区間で稀に起こる現象がある．イベントの個数は 0 から n まで変動するが，n は事前に決定できない．例えば，空いている道路を，ランダムに選んだ 5 分間に通過する車の台数は，そういう稀な事象だ．同様に，ある企業で 1 週間に起こる作業中の事故数や，本の 1 ページの印刷ミスの件数は稀なはずだ．

稀なイベントの研究では時間または空間の特定の区間を参照することが基本的だ．稀なイベントの研究には，最初にこの確率分布を見つけたフランスの数学者ポワソン（1781–1840）に因んで名付けられたポワソン分布が使われる．ポワソン分布は，プロセスの事象や発生が空間や時間にランダムに分布し，数えられるつまり離散変数の場合に用いられる．

二項分布は，ベルヌーイ試行を定義する一連の仮定に基づくが，同じことがポワソン分布でも成り立つ．二項分布は，ベルヌーイ試行の反復観測（n 回）に由来し，確率 p と $(1-p)$ の成功と失敗という 2 つの結果で特徴付けられる．成功確率 p は観測ごとに変化することなく，独立と定義される．n 回の試行で観測した成功の回数が二項確率変数の値を決める．

次の条件がいわゆるポワソン過程を記述する．

- イベントの実現は独立で，時間や空間の区間でのイベント発生は，同じ区間あるいは異なる区間でのイベント発生確率に影響しない．
- 各区間における 1 回のイベント発生確率は区間の長さに比例する．
- 区間の任意の小部分において，イベントが 2 回以上起こる確率は無視できる．

ポワソン分布と二項分布の重要な違いは，試行回数と成功回数にある．二項分布では，試行回数 n は有限で，成功回数 x は n を超えることができない．ポワソン分布では，試行回数は基本的に無限で，成功回数 x は無限に大きくなりうる．ただし，x が大きくなるとともに x 回成功する確率は非常に小さくなる．

確率過程を分析したので，乱数生成方法を検討しよう．

2.3 乱数シミュレーション

多くのアプリケーションで，乱数は必須要件だ．場合によると，最終アプリケーションの品質が高品質乱数を生成できるかどうかに依存する．例えば，ビデオゲーム，暗号，映像や音響効果の生成，通信，信号処理，最適化，シミュレーションなどのアプリケーションを考えてみよう．この種のアプリケーションでは仮想的なコイン投げ，すなわちランダムに選ばれた値に基づいて決定がなされる．

乱数の定義はしばしば文脈に依存するので唯一の普遍的な定義は存在しない．乱数という概念そのものも絶対的なものではなく，ある観測者にはランダムと見える数や数列が，生成規則を知っている別の人にはそう見えない．簡単には，乱数は有限集合から無作為に選ばれた数と定義される．この定義では，数を選ぶ過程でのランダム性という概念に注目する．

多くの場合，乱数生成問題とは，0と1の列をランダムに生成することであり，そこから任意の形式の数（整数，固定小数点，浮動小数点，任意の長さの文字列）が得られる．適切な関数を用いれば，モンテカルロシミュレーションのような科学応用にも使える良質な乱数が得られる．技法としては，簡単に実装できてどのコンピュータでも使えることが望ましい．さらに，あらゆるソフトウェアソリューションと同様に，多機能で，迅速に改良できるものであるべきだ．

> これらの技法には，プロセスのアルゴリズム的な性質に固有の問題がある．すなわち，得られる数列が，最初のシードから予測できることだ．これが，このプロセスを擬似乱数と呼ぶ理由だ．

上述の問題にも関わらず，アルゴリズム的問題の多くは，確率的アルゴリズムにより非常に効果的かつ比較的簡単に解決できる．確率的アルゴリズムの最も単純な例は，ランダム化クイックソートだろう．これは同名のソートアルゴリズムの確率を用いたバージョンであり，ピボットをランダムに選択することで，入力分布に関係なく，平均的な場合の最適計算量をランダムに保証する．暗号は，ランダム性が基本的な役割を果たす分野であり，特に言及する価値がある．この場合，ランダム性は計算上の利点にはつながらないが，認証プロトコルや暗号化アルゴリズムの安全性を保証するために不可欠だ．

2.3.1 確率分布

ランダム過程を別のいくつかの観点から特徴づけることも可能だ．重要な特性の1つが確率分布だ．確率分布は，確率変数の観測可能な各数値に対して，その値が発生

する確率を割り当てるモデルだ．

変数がランダムで離散あるいは連続のどれであるかによって確率分布は離散か連続かが決まる．現象が，整数個のモードで観測されるなら離散的だ．サイコロ投げでは，観測可能なモードの個数が6なので，離散統計現象だ．確率変数は6つの値（1, 2, 3, 4, 5, 6）しかとれない．よって，確率分布は離散的だ．確率変数が連続集合の値なら確率分布は連続的だ．その場合，統計現象の観測ではモードの個数が無限大または非常に膨大になる．体温の確率分布は，変数値が連続な連続的統計現象なので，連続的になる．

様々な確率分布を見ていこう．

a. 一様分布

一様分布で特徴づけられるプロセスが考慮され，使用されることが多い．これは，無限回抽出した場合に，どの要素も他の要素と同じように選ばれることを意味する．要素とその抽出確率をグラフにすると，図2.2のような矩形のグラフになる．

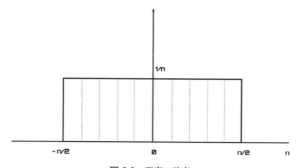

図 2.2　要素の確率

確率は0から1の実数で表され，0は不可能なイベント，1は確定的なイベントなので，一様分布ではどの要素が選ばれる確率も$1/n$になる．ここでnは要素数だ．この場合，すべての確率の和は，1回の抽出でどれかの要素が必ず1個選ばれるので，1になる．一様分布は，サイコロ投げ，くじ引き，ルーレットなど人工的ランダム過程に特徴的で，アプリケーションによっては使われる．

b. 正規分布（ガウス分布）

もう1つのよくある確率分布が，吊りがね型の正規分布またはガウス分布だ．この場合には，確率変数の値のより小さい方が，より大きい方よりも抽出されやすい．前者は曲線の中央に近く，後者は中央からずっと遠い部分である．図2.3は典型的な正規分布を示す．

正規分布は，自然現象に見られる過程で典型的なので重要だ．例えば，多くの電子部品の雑音の分布や測定誤差の分布を表す．よって，通信や信号処理分野での統計分布をシミュレーションするのに使われる．

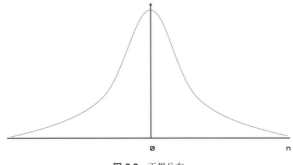

図 2.3 正規分布

2.3.2 乱数の性質

乱数は，ここでは 0 から 1 の間で一様に分布する確率変数から成生される数を指す．乱数列が持つべき統計的性質は次の通りだ．

- 一様性
- 独立性

区間 $[0,1]$ を幅の等しい n 個の小区間に分割したとする．一様性から，乱数を N 回観測すると，各小区間での観測回数は N/n に等しくなる．独立性から，ある範囲の値を得る確率は，それまでに得られた値とは独立だ．

乱数は開発者にとって重要なリソースだが，擬似乱数で済ますことが多い．擬似乱数とは何で，どう生成するかを見ていこう．

2.4 擬似乱数生成器

決定論的アルゴリズムを使って本当の乱数列を生成することは不可能だ．擬似乱数列を作るのが関の山だ．これは一見ランダムな数列に見えるが，実は完全に予測可能であり，ある回数抽出するともとに戻る．PRNG（pseudorandom number generator，擬似乱数生成器）とは，ランダムに生成されたように見える値の列を出力するように設計されたアルゴリズムだ．

2.4.1 乱数生成器の得失

乱数生成ルーチンには次の特徴がある．

- 再現可能
- 高速
- 生成された 2 つの数の間に大きなギャップがない．
- 周期が十分に長い．
- 理想的なものにできるだけ近い統計的性質の数列を生成できる．

乱数生成器の一般的な欠点は次のとおりだ.
- 数値が一様分布していない.
- 生成された数値が離散化.
- 不正な平均または分散.
- 周期的変動がある.

2.4.2　乱数生成アルゴリズム

乱数生成問題に最初に取り組んだのは，1949 年のフォン・ノイマンだ．彼は平方採中法（middle-square）という方法を提案した．この手法から，乱数生成プロセスの重要な特性のいくつかを理解できる．最初に，列を始める値，シードを入力として与えねばならない．これは，毎回異なる数列を生成するために必要だ．しかし，生成器の良好な動作が，シードに依存しないことを確認するのが重要だ．ここから，平方採中法の最初の欠陥が現れる．すなわち，シードに 0 を与えると，0 の列が得られてしまう．

この手法のもう 1 つの欠点は，数列が繰り返されることだ．これから論じるどの PRNG でもそうだが，生成される値は前の値と，さらにあったとしても生成器の内部状態変数だけに依存する．有限個の値から生成される以上，数列はある時点から繰り返しにならざるをえない．数列が繰り返しを始めるまでの長さを周期と呼ぶ．長い周期が重要であり，反復する数列は効果が低い可能性がある．なぜなら，多くの実用的アプリケーションでは大量のランダムデータを必要とするからだ．そのような場合，シードの選び方が，得られるであろう結果に影響を与えないことが重要だ．

もう 1 つ重要な側面はアルゴリズムの効率性だ．出力データ値のサイズと内部状態，したがって生成器への入力（シード）が，多くの場合，アルゴリズムの本質的な特徴であり，一定に保たれている．そのため，PRNG の効率は，計算量よりはむしろ高速で効率的な実装が可能かどうかという観点で評価すべきだ．実際，用いるアーキテクチャにあわせて別の PRNG を選択したり，PRNG の設計パラメータを変えることで，何桁も速い実装になる．

2.4.3　線形合同法

乱数を生成するために最もよく使われる手法のひとつに，線形合同法（linear congruential generator, LCG）がある．その土台となる理論は，理解しやすく，実装しやすいものだ．また計算量が少ないという利点もある．この技法の基礎となる漸化式は次の式で示される．

$$x_{k+1} = (ax_k + c) \bmod m$$

ここで変数は次のとおりだ.
- a は乗数（非負整数）

2.4 擬似乱数生成器

- c は増分（非負整数）
- m はモード（非負整数．取りうる値の個数で，除数となる）
- x_0 は初期値（シード，非負整数）

mod と書かれているモジュロ関数は第 1 引数を第 2 引数で割った余りを与える．たとえば，18 mod 4 は 2 となるが，これは 18 を 4 で割ったときの余りが 2 であることを示す．

線形合同法は次の特徴をもつ．

- 循環周期はほぼ m に等しい．
- 生成される数は離散的だ

この技法を効果的に使うには，m に非常に大きな値を選ぶ必要がある．例えば，パラメータを与えて最初の 16 個の擬似乱数値を生成しよう．次に示すのは，その数列を生成する Python コード（`linear_congruential_generator.py`）だ．

```
import numpy as np
a = 2
c = 4
m = 5
x = 3
for i in range(1,17):
    x= np.mod((a*x+c),m)
    print(x)
```

次の結果が返される．

```
0
4
2
3
0
4
2
3
0
4
2
3
0
4
2
3
```

この場合の周期は 4 だ．高々 m 個の異なる整数 X_n が区間 $[0, m-1]$ 内に生成されていることが容易に確認できる．$c = 0$ なら，生成器は乗法的と呼ばれる．Python コードを 1 行ごとに分析しよう．最初の行はライブラリのインポートだ．

```
import numpy as np
```

numpyはPython言語に追加された科学関数ライブラリで，ベクトルや多次元行列の演算用に設計されている．numpyを使うと，リストやリストのリスト（行列）よりもベクトルや行列を効率的かつ高速に計算できる．さらに，これらの配列を操作できる高度な数学関数の広範なライブラリが含まれている．

numpyのインポート後，LCGを使って乱数を生成するためのパラメータを設定する．

```
a = 2
c = 4
m = 5
x = 3
```

これで，LCG式を使った乱数生成ができる．先頭の16個しか生成しなかったが，この結果からアルゴリズムを理解するには十分なことがわかるだろう．これには，次のforループを使った．

```
for i in range(1,17):
    x= np.mod((a*x+c),m)
    print(x)
```

LCG式による乱数生成のためにnp.modを使った．この関数は除数と被除数を与えられると余りを返す．

> Pythonの初期配布に含まれないライブラリをインポートするには，前もってpipやcondaを使ってライブラリをインストールしておく必要がある．一度インストールすれば，コード実行のたびに行う必要はない．

2.4.4 一様分布の乱数

[0, 1]で一様分布する乱数列が次の式で得られる．

$$U_n = \frac{X_n}{m}$$

得られる乱数列は周期がmあるいはそれ以下だ．周期がmなら，完全周期となる．これは次の条件で起こる．
- mとcが互いに素
- mが素数bで割り切れるなら，$a-1$もbで割り切れる．
- mが4で割り切れるなら，$a-1$も4で割り切れる．

> mとして大きな数を選び，完全周期の条件を満たせば，周期性の問題を軽減することができる．

さらに，区間[0, 1]の数は無限にあるが，シミュレーションではすべての数を生成

する必要がない．しかし，この範囲内のできるだけ多くの数が同じ確率で生成されることは必要だ．

一般に，m の値は 10^9 以上なので，生成される乱数が構成するのは区間 $[0,1]$ の密な部分集合となる．

32 ビットコンピュータで広く使われる乗法的生成器の例はルイス–リアマンス生成器だ．これは，次のようなパラメータを使う．
- $a = 75$
- $c = 0$
- $m = 2^{31} - 1$

この手法で先頭 100 個の乱数を生成するコード（learmouth_lewis_generator.py）[*1]を分析しよう．

```
import numpy as np
a = 75
c = 0
m = 2**(31) -1
x  = 0.1
for i in range(1,100):
    x= np.mod((a*x+c),m)
    u = x/m
    print(u)
```

このコードは本章の線形合同法のセクション（2.4.3 項）ですでに分析した．違いは，パラメータ値の他に，次の命令により区間 $[0,1]$ 内の一様分布を生成することだ．

```
u = x/m
```

結果は図 2.4 のようになる．

乱数を扱っているのだから，出力は当然ながら前のものとは異なる．

異なる生成器の比較は，周期性，生成される数の一様性の程度，計算の簡単さといった分析に基づかねばならない．これは，非常に大きな数値の生成には高価なコンピュータリソースが伴うためだ．また，X_n が大きくなりすぎると，打ち切りが生じ，統計量の一様性が損われるためだ．

2.4.5　ラグ付きフィボナッチ法

擬似乱数生成のラグ付きフィボナッチアルゴリズムは，線形合同法を一般化しようとする試みから得られた．新たな生成器の開発理由の1つは周期を長くすること（多くのアプリケーション，特に並列計算機では有用）だった．LCG の周期 m は 10^9 で多くのアプリケーションには十分だったが，不十分な場合もあった．

開発された技法の1つが，LCG のように X_{n+1} を X_n だけに依存させるのではな

[*1] 訳注：Learmonth の綴りを原書で誤っているが，ファイル名のためこのままにしてある．

1.0477378969303043e-07	0.4297038430486358	0.2719089376143687	0.6478998370691668
7.858034226977282e-06	0.2277882137465235B	0.3931703117644276	0.5924877578357644
0.0005893525670232962	0.08411602260736563	0.48777336836223184	0.43658181719322775
0.044201442526747216	0.30870169275845477	0.5830026104035799	0.743636274590919
0.3151081876433958	0.15262694570823895	0.7251957597793991	0.7727205682418871
0.6331140620788159	0.44702092252998654	0.38968195830922664	0.9540425911331748
0.4835546335594517	0.526569173916508	0.22614685922216013	0.5531943014604944
0.26659750019507367	0.49268802511165294	0.9610144342114285	0.489572589979308
0.9948125053172989	0.9516018666101629	0.07608253232952325	0.7179442316842937
0.6109378643384845	0.3701399622345995	0.7061899219202762	0.8458173511763184
0.8203398039659205	0.7604971545564463	0.9642441198063288	0.4363013084215584
0.525485268573037	0.03728656472511895	0.3183089519470506	0.7225981167157172
0.4113951243513241	0.7964923534525988	0.873171384852925	0.19485872853307926
0.8546343123794693	0.7369264810052358	0.4878538332357322	0.6144046334616862
0.09757339865787579	0.26948604931565284	0.5890374759161088	0.08034748820604173
0.3180048956153937	0.21145368936073672	0.17781067321906363	0.02606161265916266
0.8503671599786575	0.8590266946046737	0.33580048491051445	0.954620948505877
0.7775369685969953	0.4270020655482086	0.1850363561813889	0.5965711044131644
0.3152726177662949	0.025154901214481752	0.8777267070849085	0.7428328104982306
0.6454463212962478	0.8866175901548088	0.829503000634491	0.7124607612902581
0.40847407486684345	0.49631923087701163	0.21272501871582356	0.4345570716236518
0.6355556010434197	0.22394229808074528	0.9543763962361852	0.5917803568727246
0.6666700559047377	0.7956723486053163	0.578229684186275	0.3835267449652435
0.0002541695722631037	0.6754261174590448	0.3672262934815261	0.7645058593547465
0.01906271791973278	0.6569587861452991	0.5419719980759415	

図 2.4　LCG の出力

く，X_n と X_{n-1} の 2 つに依存させることだった．そうすると，次の等式が成り立つまで数列が繰り返さないので，周期がほぼ m^2 になる．

$$(X_{n+\lambda}, X_{n+\lambda+1}) = (X_n, X_{n+1})$$

この種の生成器として最も単純なものは次の式のフィボナッチ数列になる．

$$X_{n+1} = (X_n + X_{n-1}) \bmod m$$

この生成器は 1950 年代にはじめて分析され周期は m だったが，簡単な統計検定に通らなかった．そこで，次の式を使って数列を改善した．

$$X_{n+1} = (X_n + X_{n-k}) \bmod m$$

この数列はフィボナッチ数列よりは良かったが，十分満足できる結果にはならず，1958 年にミッチェルとムーアが次の式を提案するまで待たねばならなかった．

$$X_n = (X_{n-24} + X_{n-55}) \bmod m, \quad n \geq 55$$

ここで，m は偶数，$X_0, \ldots, X_{54}$ はすべてが偶数ではない任意の整数とする．定数

2.4 擬似乱数生成器

24 と 55 はランダムに選ばれたのではなく，最下位ビットの列（$X_n \bmod 2$）が周期 $2^{55} - 1$ になるよう選ばれたものだ．よって，数列 X_n は，少なくとも $2^{55} - 1$ の周期になる．したがって，$m = 2^M$ として，周期は $2^{M-1}(2^{55} - 1)$ となる．

数値 24 と 55 はともにラグと呼ばれるので，数列 X_n はラグ付きフィボナッチ生成器（lagged Fibonacci generator, LFG）と呼ばれる．LFG は，次の式に一般化される．

$$X_n = (X_{n-l} \otimes X_{n-k}) \bmod 2^M, \quad l > k > 0$$

ここで $\otimes$ は $+, -, \times, \oplus$（排他的論理和）のどの演算でもよい．

対 (k, l) には十分な長周期を与えるものがある．その場合には，周期は $2^{M-1}(2^l - 1)$ だ．対 (k, l) は適切に選ばなければならない．先頭の l 個の値は，少なくとも 1 つが奇数の必要がある．そうでないと列は偶数だけになる．

加法的 LFG の簡単な例を $x_0 = x_1 = 1$ および $m = 2^{32}$ というパラメータでどう実装すればよいかを示そう．次が先頭の 100 個の乱数を生成するコード（lagged_fibonacci_algorithm.py）だ．

```
import numpy as np
x0=1
x1=1
m=2**32

for i in range (1,101):
    x= np.mod((x0+x1), m)
    x0=x1
    x1=x
    print(x)
```

この Python コードを 1 行ごとに分析しよう．最初の行はライブラリのインポートだ．

```
import numpy as np
```

LFG を使って乱数を生成するためのパラメータを設定する．

```
x0=1
x1=1
m=2**32
```

この時点で，LFG の式を使って乱数を生成できる．先頭の 100 個しか生成しない．これには次の for ループを使う．

```
for i in range (1,101):
    x= np.mod((x0+x1), m)
    x0=x1
    x1=x
    print(x)
```

LFG の式に従って乱数を生成するのに，np.mod 関数を使う．乱数生成後，前の2つの変数を次のように更新する．

```
x0=x1
x1=x
```

乱数は表 2.1 のようになる．

表 2.1 LFG を使った乱数の表

2	6765	24157817	368225352	696897233	2202180011
3	10946	39088169	2144908973	1582341984	511172301
5	17711	63245986	2513134325	2279239217	2713352312
8	28657	102334155	363076002	3861581201	3224524613
13	46368	165580141	2876210327	1845853122	1642909629
21	75025	267914296	3239286329	1412467027	572466946
34	121393	433494437	1820529360	3258320149	2215376575
55	196418	701408733	764848393	375819880	2787843521
89	317811	1134903170	2585377753	3634140029	708252800
144	514229	1836311903	3350226146	4009959909	3496096321
233	832040	2971215073	1640636603	3349132642	4204349121
377	1346269	512559680	695895453	3064125255	3405478146
610	2178309	3483774753	2336532056	2118290601	3314859971
987	3524578	3996334433	3032427509	887448560	2425370821
1597	5702887	3185141890	1073992269	3005739161	1445263496
2584	9227465	2886509027	4106419778	3893187721	
4181	14930352	1776683621	885444751	2603959586	

LFG の初期化は特に複雑で，本手法の結果は初期条件に非常に敏感だ．初期値の選択に細心の注意を払わないと，得られた数列に統計的な欠陥が発生する危険がある．そのような欠陥のために，初期値の設定に柔軟性がなくなり，後続の数値が持つ慎重に選ばれた周期性も固定化される．別の潜在的な問題は，背後の数学理論が不完全なことで，そのため理論的な性能評価ではなく統計的検定で性能を確保する必要がある．

擬似乱数の生成方法がわかったので，検定手続きに進む．

2.5 一様分布の検定

一般に適合性の検定（つまり適合度）は，検定対象の変数が，ある仮定された分布に従うかどうかを，いつものことだが，実験データにもとづいて検証する目的を持つ．サンプルで観察された度数を母集団に対して仮定された同様の理論量と比較するのに使う．検定によって，これら2つの間の偏差の程度を定量的に測定できる．

サンプルから得られる結果は，確率に従って予期される理論的な結果と常に必ずしも正確には一致するわけではない．実際，それはむしろ非常に稀なことだ．例えば，硬

貨を 200 回投げたら，理論的には表が 100 回，裏が 100 回になりそうだが，その通りになることはまずない．しかし，だからといって，硬貨を不正とみなすべきではない．

2.5.1 カイ二乗検定

カイ二乗検定は，2 変数の関係の有意性を調べるための仮説検定だ．これはカイ二乗統計量とその確率分布に基づく統計的推論手法だ．これは名義変数および/または順序変数を用い，一般に分割表の形で分析を行う．

この統計の主目的は，観測値と理論値（期待値と呼ばれる）との差を検証し，両者の乖離の程度を推論することだ．この手法は，同じ基本原則に基づく次の 3 つの異なる検定を目的として使用される．

- カテゴリ変数の分布のランダム性
- 2 つの質的変数（名義または順序）の独立性
- 理論モデルとの差異

ここでは，第 1 のカテゴリ変数の問題だけを扱う．手法は，観測された経験的度数と理論的度数との比較手続きからなる．まず次のように定義する．

- H_0：帰無仮説は 2 変数間に統計的関係がないとする仮説
- H_1：対立仮説は，関係があるとする仮説．例えば H_0 が偽なら H_1 が真である．
- F_o：観測度数，すなわち検出セルのデータの個数
- F_e：期待度数，すなわち 2 つの変数の間に関連性がない場合に周辺合計に基づいて求められるはずの度数

カイ二乗検定は，観測度数と期待度数の差に基づく．差が非常に大きい場合は，2 変数間に関連がある．

観測度数と期待度数の差が大きくなれば，カイ二乗値も大きくなる．カイ二乗値は次の式で計算される．

$$\chi^2 = \sum \frac{(F_o - F_e)^2}{F_e}$$

計算方法を理解するために，例を見よう．表 2.2 のようにコース別の分割表を作る．これらは観測値だ．

表 2.2 学生のコース別分割表

	男性	女性	計
バイオ	411	574	985
健康管理	452	253	705
MBA	303	246	549
計	1166	1073	2239

さらに，各値を列合計に対するパーセントで表す（観測度数，表 2.3）．

表 2.3 列合計に対する選択のパーセントの表

	男性	女性	計
バイオ	35.25%	53.49%	43.99%
健康管理	38.77%	23.58%	31.49%
MBA	25.99%	22.93%	24.52%
計	100.00%	100.00%	100.00%

次のように期待値を計算する．

$$期待値 = \frac{(行小計) \times (列小計)}{総計}$$

先頭のセル（バイオ・男性）で計算しよう．

$$期待値 = \frac{(985) \times (1166)}{2239} = 512.9567$$

期待値の分割表は表 2.4 のようになる．

表 2.4 期待値の分割表

	男性	女性
バイオ	512.9567	472.0433
健康管理	367.1416	337.8584
MBA	285.9017	263.0983

差 $(F_o - F_e)$ を計算すると次の表 2.5 になる．

表 2.5 観測と期待の差の表

	男性	女性
バイオ	−101.957	101.957
健康管理	84.8584	−84.8584
MBA	17.0983	−17.0983

最後に，カイ二乗値を次のように計算する．

$$\chi^2 = \sum \frac{(F_o - F_e)^2}{F_e} = \frac{(-101.957)^2}{512.9567} + \frac{(-101.957)^2}{472.0433} + \cdots = 84.35$$

2 つの変数が独立なら，カイ二乗値は 0 と期待される．他方で，ランダムな変動は常にありうるので，完全独立の場合でも 0 になることはない．よって，カイ二乗値が 0 とかけ離れていても変数独立の帰無仮説 H_0 が適合する可能性がある．

次の疑問が生じる．値はランダムな変動の結果としてだけ得られたのか，それとも，データ間の依存性から生じたのか．

2.5 一様分布の検定

統計理論から，変数が独立なら，カイ二乗の度数分布は非対称曲線になる．この例では，コースと性別という2つの特徴量の度数分布表がある．すなわち，コースには3つのモード，性別には2つのモードがある．両者が独立の場合，右側に5%の確率を残す二乗値はいくらになるか．

この質問に答えるために，まず，いわゆる自由度 n を次の定義式から計算する．

$$n = (行数 - 1) \times (列数 - 1)$$

この分割表からは，次が得られる．

$$n = (3-1) \times (2-1) = 2 \times 1 = 2$$

ここからは，次のカイ二乗分布の表が必要となる．

表 2.6 カイ二乗分布表

	臨界値を超える確率		
自由度	0.05	0.01	0.001
1	3.84	6.64	10.83
2	5.99	9.21	13.82
3	7.82	11.35	16.27
4	9.49	13.28	18.47
5	11.07	15.09	20.52
6	12.59	16.81	22.46
7	14.07	18.48	24.32
8	15.51	20.09	26.13
9	16.92	21.67	27.88
10	18.31	23.21	29.59

表 2.6 にカイ二乗仮説検定（χ^2）の臨界値を示す．列と行の交点が与えられた確率と自由度に対する右側の臨界値だ．列見出しは，χ^2 が臨界値を超える確率（有意水準）を示す．行見出しは，カイ二乗検定の自由度を示す．表 2.6 中のセルは，右側検定の臨界カイ二乗値を表す．

表 2.6 では，左の列で $n = 2$ の値を探し，その行をスクロールして 0.05 の列で値を求める．次が求まる．

$$\chi^2_{2, 0.05} = 5.99$$

これは，データが独立なら，$\chi^2 > 5.99$ を得る確率は 5% しかないことを意味する．$\chi^2 = 84.35$ が得られたので，データが独立という帰無仮説 H_0 を 5% の信頼度で棄却できる．つまり，H_0 が真である可能性は 5% に過ぎない．したがって対立仮説 H_1 は，95% の信頼度で真となる．

2.5.2 一様性検定

擬似乱数列を生成したら,その良さを検証する必要がある.実験で無作為抽出して得た数列が一様分散になっているかどうかの試験だ.これを行うために,カイ二乗検定を使える.その方法を示す.

最初の操作は,区間 $[0,1]$ を長さが等しい s 個の部分区間に分割することだ.そして,生成した乱数のうちどれだけの個数が i 番目の部分区間に含まれるかを数える.その値 R_i はできるだけ値 N/s に近いことが望ましい.数列が完全に一様なら,どの部分区間も数列の中の同じ個数の数を含む.

検定する変数を V で示す.この変数は次の式で計算される.

$$V = \sum_{i=1}^{s} \frac{(R_i - N/s)^2}{N/s}$$

一様性検定をするツールが揃ったので,実際の例を分析して,この手続きをどう実行するか理解しよう.100 個の擬似乱数列を,LCG(線形合同法)で次のパラメータを用いて生成する.

- $a = 75$
- $c = 0$
- $m = 2^{31} - 1$

これは 2.4.4 項で見たルイス–リアマンス乱数生成器だ.乱数列生成のコードはすでに見たので,数列を配列に格納して新たな要求に合致するよう修正する(uniformity_test.py).

```
import numpy as np
a = 75
c = 0
m = 2**(31) -1
x  = 0.1
u=np.array([])

for i in range(0,100):
    x= np.mod((a*x+c),m)
    u= np.append(u,x/m)
    print(u[i])
```

次の結果が返される(表 2.7).

考慮範囲に数がどのように分布しているかをよく理解するために,区間 $[0,1]$ を 20 ($s = 20$) に分割し,幅 0.05 の各部分区間に乱数列の値がどれだけ含まれるか数える.

最後に,V を計算する.

```
N=100
s=20
Ns =N/s
```

2.5 一様分布の検定

表 2.7 LCG 乱数の出力表

$0.000349246 \times 10^{-5}$	0.389342	0.89468	0.447335	0.896533	0.209991
0.0261934×10^{-5}	0.200681	0.10097	0.55013	0.239982	0.74933
1.96451×10^{-5}	0.0510482	0.572771	0.259782	0.998665	0.199786
0.00147338	0.828618	0.95786	0.483628	0.899845	0.983964
0.110504	0.146342	0.839501	0.272083	0.488352	0.797331
0.28777	0.975639	0.962572	0.406251	0.626389	0.799806
0.582786	0.172955	0.19288	0.468846	0.979161	0.985428
0.708915	0.971653	0.465979	0.163429	0.437041	0.907136
0.16862	0.873963	0.948448	0.257203	0.778111	0.0351827
0.646474	0.547262	0.133636	0.290253	0.358325	0.638706
0.485546	0.044633	0.0226703	0.769002	0.874402	0.902933
0.415936	0.347471	0.700276	0.675151	0.580178	0.719949
0.195233	0.0603575	0.520684	0.636331	0.513331	0.996165
0.642455	0.526814	0.0512744	0.724838	0.499849	0.712364
0.184134	0.511059	0.845583	0.362847	0.488678	0.427272
0.810025	0.329403	0.418746	0.213493	0.650882	
0.751858	0.705262	0.405964	0.0119538	0.816133	

```
S = np.arange(0, 1, 0.05)
counts = np.empty(S.shape, dtype=int)
V=0
for i in range(0,20):
    counts[i] = len(np.where((u >= S[i]) & (u < S[i]+0.05))[0])
    V=V+(counts[i]-Ns)**2 / Ns
print("R = ",counts)
print("V = ", V)
```

行ごとにコードを分析する.

```
N=100
s=20
Ns =N/s
```

先頭 3 行は, 変数 N (乱数の個数) と s (部分区間の個数) を設定して, 比を計算する.

そして, 区間 $[0, 1]$ を 20 の部分区間に分割する.

```
S = np.arange(0, 1, 0.05)
```

乱数列の値が各部分区間にどれだけあるかを記録する配列 counts と変数 V を初期化する.

```
counts = np.empty(S.shape, dtype=int)
V=0
```

各部分区間での個数を数えるには for ループを使う.

```
for i in range(0,20):
    counts[i] = len(np.where((u >= S[i]) & (u < S[i]+0.05))[0])
    V=V+(counts[i]-Ns)**2 / Ns
```

まず，np.where 関数で条件 (u >= S[i]) & (u < S[i]+0.05) を満たす値の個数を数える．そして次の式で V を計算する．

$$V = \sum_{i=1}^{s} \frac{(R_i - N/s)^2}{N/s}$$

最後に結果を出力する．

```
print("R = ",counts)
print("V = ", V)
```

結果は次のとおりだ．

```
R = [8 3 4 7 4 5 2 3 7 7 5 4 5 2 7 5 5 5 3 9]
V = 14.8
```

計算した V の意味を分析する前に，得られた個数を考える．度数分布を見るために棒グラフを使う．

```
import matplotlib.pyplot as plt
Ypos = np.arange(len(counts))
plt.bar(Ypos,counts)
plt.show()
```

図 2.5 の出力になる．

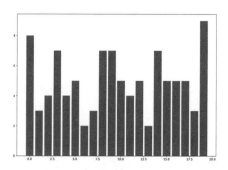

図 2.5 度数分布

見てわかるように R_i の値が最小値 2 から最大値 9 まで，20 個の部分区間のすべての範囲をカバーしている．

さて，V の値を分析する．$V = 14.8$ となっているが，この値をどう扱うかだ．まず，いわゆる自由度 n を計算する．

$$n = (2-1) \times (20-1) = 1 \times 19 = 19$$

臨界値を超える確率と V を比較しなければならない．それには，カイ二乗分布表（図 2.6）を見る必要がある．

d.f.	.995	.99	.975	.95	.9	.1	.05	.025	.01
1	0.00	0.00	0.00	0.00	0.02	2.71	3.84	5.02	6.63
2	0.01	0.02	0.05	0.10	0.21	4.61	5.99	7.38	9.21
3	0.07	0.11	0.22	0.35	0.58	6.25	7.81	9.35	11.34
4	0.21	0.30	0.48	0.71	1.06	7.78	9.49	11.14	13.28
5	0.41	0.55	0.83	1.15	1.61	9.24	11.07	12.83	15.09
6	0.68	0.87	1.24	1.64	2.20	10.64	12.59	14.45	16.81
7	0.99	1.24	1.69	2.17	2.83	12.02	14.07	16.01	18.48
8	1.34	1.65	2.18	2.73	3.49	13.36	15.51	17.53	20.09
9	1.73	2.09	2.70	3.33	4.17	14.68	16.92	19.02	21.67
10	2.16	2.56	3.25	3.94	4.87	15.99	18.31	20.48	23.21
11	2.60	3.05	3.82	4.57	5.58	17.28	19.68	21.92	24.72
12	3.07	3.57	4.40	5.23	6.30	18.55	21.03	23.34	26.22
13	3.57	4.11	5.01	5.89	7.04	19.81	22.36	24.74	27.69
14	4.07	4.66	5.63	6.57	7.79	21.06	23.68	26.12	29.14
15	4.60	5.23	6.26	7.26	8.55	22.31	25.00	27.49	30.58
16	5.14	5.81	6.91	7.96	9.31	23.54	26.30	28.85	32.00
17	5.70	6.41	7.56	8.67	10.09	24.77	27.59	30.19	33.41
18	6.26	7.01	8.23	9.39	10.86	25.99	28.87	31.53	34.81
19	6.84	7.63	8.91	10.12	11.65	27.20	30.14	32.85	36.19
20	7.43	8.26	9.59	10.85	12.44	28.41	31.41	34.17	37.57

図 2.6 カイ二乗分布表

この表で，左端の行で $n = 19$ を見つけ，検定の有意水準を 5% とするなら右の 0.05 の列まで進む．次が見つかる．

$$\chi^2_{19,0.05} = 30.14$$

V の検定統計量がこれより少ない（$14.8 < 30.14$）ので，生成乱数列が一様だという仮説が受容される．

分布検定の例を分析したので，次に，乱数分布の汎用手法を見ていこう．

2.6 乱数分布の汎用的な手法の検討

ほとんどのプログラミング言語では範囲 $[0,1]$ の一様分布擬似乱数を生成する関数を提供している．これらの生成器はしばしば連続とされているが，実際には，ステップがどれほど小さくても離散的だ．どのような擬似乱数も常に一様分布乱数から作られる．以降の節では，乱数の一様分布から汎用の分布を得る手法を検討する．

2.6.1　逆関数法

区間 $[0,1]$ の連続で一様分布の PRNG があれば，逆関数法（inverse transform sampling method，逆変換サンプリング）を用いて任意の確率分布の連続乱数列を生成できる．確率密度関数が $f(x)$ の連続確率変数 x を考える．これに対する分布関数

$F(x)$ は次のように求められる.

$$F(x) = \int_0^x f(x)dx$$

分布関数 $F(x)$ は，変数が x 以下の値を取る確率を与える．逆関数の解析的な表現があるならそれを求めて，$x = F^{-1}(u)$ と記述できる．すなわち，$F(x)$ の分布に従う変数 x の標本を得るには，0 と 1 の間の一様分布に従う乱数 u を生成して，それを逆分布関数の式に代入する．

この手法により，指数分布，一様分布，三角分布など様々な種類の分布関数の標本が得られる．これは直観的だが計算効率に優れるとは限らない．

減衰指数分布から始めよう．

$$f(x) = \lambda e^{-\lambda x}, \quad \lambda > 0, \quad x \geqq 0$$

対応する分布関数 $F(x)$ は次のようになる．

$$F(x) = \int_0^x \lambda e^{-\lambda x} dx$$

減衰指数分布関数の様子は図 2.7 で示される．

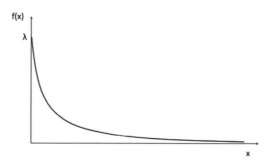

図 2.7 減衰指数分布の表現

積分を計算して分布関数を得る．

$$F(x) = \int_0^x \lambda e^{-\lambda x} dx = 1 - e^{-\lambda x} = u$$

逆関数法で次が得られる．

$$x = -\frac{1}{\lambda} \ln(1 - u)$$

ここで u は $[0, 1]$ の範囲内だ．u は一様分布から一様乱数生成器を用いて抽出された．x が時間を表すとき，$1/\lambda$ が平均到着時間を表し，λ は平均到着頻度を表す．

逆関数法は離散的なら直観的に正しいとわかる．確率密度 $f(x)$ に従って発生する

乱数を x 軸上にプロットすると，その密度は $f(x)$ に比例する．一方，分布関数 $F(x)$ の傾きも $f(x)$ に比例するから，$u = F(x)$ としたとき，u 軸上の密度は軸上の密度を $f(x)$ で割ったものとなる．すなわち u 軸上の乱数は一様分布となる．これを逆にたどるのが逆関数法である．

2.6.2 採択棄却法

逆関数法は逆関数 F^{-1} の計算に基づくが，逆関数は常に（少なくとも効率的に）計算できるとは限らない．そのような区間 $[a, b]$ で定義された分布に対しては採択棄却法（acceptance-rejection method）が使える．

生成しようとする確率変数 X の確率密度 $f_X(x)$ が分かっているとする．これは区間 $[a, b]$ で定義され，範囲 $[0, c]$ に関数値がある．実際，$f_X(x)$ のグラフは図 2.8 のように矩形 $[a, b] \times [0, c]$ の中に完全に含まれる．

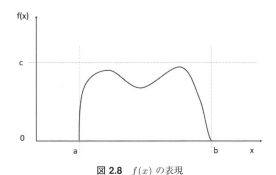

図 2.8 $f(x)$ の表現

まず，区間 $[0, 1]$ の 2 つの一様擬似乱数列 U_1 と U_2 を生成し，これらを用いて次の規則に従った一様乱数列を生成する．

$$\begin{cases} X = a + (b-a)U_1 \\ Y = cU_2 \end{cases}$$

(u_1, u_2) の対は，矩形 $[a, b] \times [0, c]$ 内の対 (x, y) に対応する．対 (x, y) が関数 $f_X(x)$ のグラフの下側の領域内なら，それは受容されて擬似乱数生成に使われる．そうでないなら棄却される．棄却した場合には，手続きを繰り返して $f_X(x)$ の新たな対を見つける．このようにして得られた X 値の列が，分布則 $f_X(x)$ の擬似乱数になる．

2.7 Python による乱数生成

ここまでは乱数生成に使える手法を見てきた．また，一般的に使われている手法による乱数生成の Python コードも提案してきた．これらは乱数生成器のつくり方の基

礎を理解するのに役立ってきた．Pythonには，randomという乱数生成モジュールが備わっている．これがどんなものかを調べよう．

2.7.1 randomモジュールの紹介

randomモジュールは様々な分布のPRNGを実装しており，メルセンヌ・ツイスターアルゴリズムに基づいている．メルセンヌ・ツイスターアルゴリズムは，広範囲のアプリケーションに役立つほとんど一様な乱数を生成するPRNGだ．randomモジュールはもとはモンテカルロシミュレーションのために開発された．

乱数が繰り返し可能で予測可能な決定論的アルゴリズムを使って生成されることに注意するのが重要だ．乱数はシード値を与えることで始まり，新たな数を求めるたびに現在のシードに基づいた数が返される．シードは生成器が持つ特性だ．同じシードで生成器を起動すると，生成される乱数列は同じだ．ただし，乱数は均一に分散する．

より詳しく，実例でrandomモジュールに含まれる関数を詳しく調べていこう．

a. random.random関数

random関数は生成された乱数列から浮動小数点値を返す．すべての値は0と1.0の間の値だ．この関数を使った実例を見よう．

```
import random
for i in range(20):
    print('%05.4f' % random.random(), end=' ')
print()
```

まずrandomモジュールをインポートし，次にforループで20個の擬似乱数を生成する．小数点以下4桁の5桁の小数の形式で出力する．

結果は次のようになる．

```
0.7916 0.2058 0.0654 0.6160 0.1003 0.3985 0.3573 0.9567 0.0193 0.4709
0.8573 0.2533 0.8461 0.1394 0.4332 0.7084 0.7994 0.3361 0.1639 0.4528
```

見てわかるように，$[0,1]$の範囲で一様に分布している．

コードを繰り返し実行すると，数値は変わる．やってみよう．

```
0.6918 0.8197 0.4329 0.2674 0.4118 0.1937 0.2267 0.8259 0.9081 0.4583
0.7300 0.7148 0.9814 0.2237 0.7419 0.7766 0.2626 0.1886 0.1328 0.0037
```

random関数を実行するたびに，数列は前のと違うことが確かめられる．

b. random.seed関数

すでに確かめたようにrandom関数は，コードでシードを指定しなければ，毎回異なる値を生成し，どの数も繰り返しにならないだけの非常に長い周期をもつ．これは新たな値が得られて便利だが，場合によると同じ乱数で別の手法を試したいことがある．そのためには，random.seed関数が使える．これは基本乱数生成器を初期化する．例を見よう．

```
import random
random.seed(1)
for i in range(20):
    print('%05.4f' % random.random(), end=' ')
print()
```

前の例と同じコードを使っている．しかし，シードを設定した (random.seed(1))．括弧内はオプションの引数で int, str, bytes などだが，どんなオブジェクトでもそのハッシュ値が計算されて使われる．引数を与えないと現在のシステム時刻が使われる．モジュールを最初にインポートしたときにも現在のシステム時刻で初期化される．

次の結果が返される．

0.1344 0.8474 0.7638 0.2551 0.4954 0.4495 0.6516 0.7887 0.0939 0.0283
0.8358 0.4328 0.7623 0.0021 0.4454 0.7215 0.2288 0.9453 0.9014 0.0306

このコードを再実行するとどうなるだろうか．

0.1344 0.8474 0.7638 0.2551 0.4954 0.4495 0.6516 0.7887 0.0939 0.0283
0.8358 0.4328 0.7623 0.0021 0.4454 0.7215 0.2288 0.9453 0.9014 0.0306

結果は同じだ．シード設定は，同一の乱数列を用いてシミュレーションを反復したい場合に特に役立つ．

c. random.uniform 関数

random.uniform 関数は指定された数値範囲の乱数を生成する．例を見よう．

```
import random
for i in range(20):
    print('%6.4f' %random.uniform(1, 100), end=' ')
print()
```

$[0, 100)$ の範囲の乱数 20 個を生成した．結果は次のようになる．

26.2741 84.3327 67.6382 9.2402 2.6524 2.4414 75.8031 25.7064
11.8394 62.8554 35.0979 7.8820 16.8029 53.2107 17.6463 28.0185
71.4474 46.0155 32.8782 47.9033

この関数は指定された区間の乱数生成に使われる．

d. random.randint 関数

この関数は整数の乱数を生成する．randint の引数は範囲の両端だ．それらは負でも良いが，第 1 引数は第 2 引数より小さくなければならない．例を見よう．

```
import random
for i in range(20):
    print(random.randint(-100, 100), end=' ')
print()
```

次のような結果になる．

9 -85 88 -24 -68 -46 -88 -22 -82 -81 -21 -24 90 -60 6 44 -36 -67 -98 43

生成された乱数列は全範囲を表現している.

範囲からの値選択のより一般的なものは randrange 関数を使う. これは, 両端の他に刻み引数をとる. 例を見よう.

```
import random
for i in range(20):
    print(random.randrange(0, 100, 5), end=' ')
print()
```

次の結果が返される.

```
5 90 30 90 70 25 95 80 5 60 30 55 15 30 90 65 90 30 75 15
```

これが渡された引数から期待される乱数列だ.

e. random.choice 関数

乱数生成器のよくある使い方は, 数値以外の値も含めた一連のものの中から要素を無作為抽出することだ. choice 関数は引数として渡された非空シーケンスからランダムに要素を抽出する. 例を見よう.

```
import random
CitiesList = ['Rome','New York','London','Berlin','Moskov',
'Los Angeles','Paris','Madrid','Tokio','Toronto']
for i in range(10):
    CitiesItem = random.choice(CitiesList)
    print ("Randomly selected item from Cities list is - ",
CitiesItem)
```

次のような結果が返される.

```
Randomly selected item from Cities list is - Paris
Randomly selected item from Cities list is - Moskov
Randomly selected item from Cities list is - Tokio
Randomly selected item from Cities list is - Madrid
Randomly selected item from Cities list is - Rome
Randomly selected item from Cities list is - Los Angeles
Randomly selected item from Cities list is - Toronto
Randomly selected item from Cities list is - Paris
Randomly selected item from Cities list is - Moskov
Randomly selected item from Cities list is - Rome
```

ループのサイクルごとに, 都市名のリストから新たな要素が選ばれる. この関数は, 前もって決まったリストから要素を抽出するのに使われる.

f. random.sample 関数

多くのシミュレーションでは, 入力値の集まりである母集団からランダムな標本をとる必要がある. sample 関数は同じ要素を複数回抽出することなく, また母集団自体を変更することなく標本を取り出す. 例を見よう.

```
import random
DataList = range(10,100,10)
print("Initial Data List = ",DataList)
DataSample = random.sample(DataList,k=5)
print("Sample Data List = ",DataSample)
```

次の結果が返される．

```
Initial Data List = range(10, 100, 10)
Sample Data List = [30, 60, 40, 20, 90]
```

指定した5個の要素が抽出されたが，完全にランダムだ．

2.7.2 実数値分布の生成

次の関数が実数の分布を生成する．

- betavariate(alpha,beta)：ベータ分布．パラメータの条件は，alpha＞0かつbeta＞0だ．戻り値は0と1の範囲だ．
- expovariate(lambd)：指数分布．lambdは希望する平均値の逆数（このパラメータは"lambda"としたかったが，これはPythonの予約語だ）．戻り値は0と正の無限大の間だ．
- gammavariate(alpha,beta)：ガンマ分布．パラメータの条件は，alpha＞0かつbeta＞0だ．
- gauss(mu,sigma)：正規（ガウス）分布．muは平均，sigmaは標準偏差だ．これは，後で定義されるnormalvariate関数よりもわずかに高速だ．
- lognormvariate(mu,sigma)：対数正規分布．この分布の自然対数をとると平均がmu，標準偏差がsigmaの正規分布が得られる．muは任意の値でよいが，sigmaは正でなければならない．
- normalvariate(mu,sigma)：正規分布．muは平均，sigmaは標準偏差だ．
- vonmisesvariate(mu,kappa)：フォン・ミーゼス分布．muはラジアンで表される平均角度で0から2πの間，kappaは濃度パラメータで0以上でなければならない．kappaが0なら0から2πの間の定数角（一様分布）になる．
- paretovariate(alpha)：パレート分布．alphaは形状パラメータ．
- weibullvariate(alpha,beta)：ワイブル分布．alphaは尺度パラメータ，betaは形状パラメータだ．

2.8 セキュリティのためのランダム性の要件

デジタル化時代の到来とともに，情報セキュリティの問題が現代社会のほぼすべての領域に広がり，国際的なガバナンスシステムのあらゆる側面に影響するようになった．デジタル化の普及に伴い，違法行為やサイバー犯罪が大幅に進化し，サイバーセ

キュリティへの関心が高まっている．すべての企業は，悪意のある人々による攻撃や，情報システムで管理されている生産・意思決定プロセスの減速や停止を引き起こす誤動作の可能性という重大なリスクにさらされている．このようなリスクを回避するためには，その原因究明，コンピュータシステムのハードウェアおよびソフトウェアの完全性を攻撃しようとする者がとる可能性のある行動を分析し，その上で，攻撃の危険性，あるいはその影響をなくすか最小化するための適切な対策を講じる必要がある．ITセキュリティという用語は，情報セキュリティに関連する問題とその解決策を研究することを意味する．

サイバーセキュリティは，認証と呼ばれる，デジタルアイデンティティ識別システムに基づく．認証は，エンティティが主張する部分的な属性や情報の信憑性を確認するプロセスを表す．よって，認証は，ユーザーがコンピュータシステムと対話する際に直面する最初の要素になる．安全な認証システムを構築することは，特定のアプリケーションと組み合わせることができるデバイスやサービスが膨大であるため，複雑な問題になる．しかし，これに真剣に取り組まないと，必然的にセキュリティシステム全体が崩壊する．

2.8.1 パスワードに基づく認証システム

パスワードは，リソースにアクセスするユーザを識別するのに使用される英数字列だ．パスワードは情報技術と切っても切れない関係にあり，実際，最初のコンピュータから使われてきた．より具体的には，パスワードは，個人または集団に関連したアカウントやプロファイルの存在と密接に関係する．これらのアカウントやプロファイルには特定のサイト，デバイス，サービスに関する個人データや設定が含まれる．プライバシーとセキュリティの両方の理由から，そのサービスまたはデバイスにアクセスできる誰もが各個人データにアクセスできてはならないので，パスワードで保護される．

今日でも，パスワードは最もよく使われるオンライン認証方法だ．実際，コンピュータのアカウントをもつ人は誰もがパスワードを扱う必要がある．パスワード/ユーザ名の対が認証として成功しているのは，その単純さと，ハッシュ化によって暗号化した後に単純な表にして保存できるという事実による．ウェブサイトの場合，この表はすべてリモートサーバ内に存在するが，オフライン認証の場合は，ローカルデバイスに保存される．認証が試みられると，ハッシュ化されたパスワードが，パスワードとユーザ名が格納されているテーブルの中のパスワードと比較される．両者が一致すると認証に成功し，予約エリアにアクセスできる．

パスワードができたときから，機密情報の紛失や個人情報の盗難，改ざんなど，あらゆる種類の攻撃に対して堅牢であるかという問題が生じていた．人々は，例えば銀行のウェブサイトなどの，より価値があると思われるアカウントには，より慎重にパスワードを設定する傾向がある．パスワードは，現在でも最も利用されている認証方

法だが，非常に脆弱でセキュリティリスクを引き起こす様々な問題から免れてはいない．その主な問題は，ユーザが無意味な英数字の羅列を容易に覚えられないため，予測しやすい，あるいは日常生活に関連した言葉や数字が選ばれたり，忘れると困るのでメモをすることだ．それに加えて，後で説明する様々な種類の攻撃によって識別可能であるという事実も加えなければならない．

2.8.2 ランダムパスワード生成器

乱数は，安全なパスワードを自動生成するための強力なツールだ．これまでに生成方法を学んだ乱数は，パスワードの基本要素である文字や数字の列に簡単に変換できる．ランダムパスワード生成器を使えば，数字，文字，特殊文字を組み合わせて，強力でランダムなパスワードを作成できる．これらの組合せは，認証システムの要件に合わせて変更できる．

ランダムパスワード生成器の働きを理解するために，具体例を分析しよう．ユーザがランダムな文字からなるパスワードを生成する Python コード（random_password_generator.py）を次に示す．

```
import string
import random

char_set = list(string.ascii_letters + string.digits + "()!$%^&*@#")
random.shuffle(char_set)
password_length = int(input("How long should your password be?: "))
password = []
for i in range(password_length):
    password.append(random.choice(char_set))
random.shuffle(password)
print("".join(password))
```

次のような結果になる．

```
How long should your password be?: 15
g3@X&ps*&56MeH2
```

この場合は，文字数を問われたときに 15 と入力し，まったくランダムな 15 文字のパスワードが返された．これには，小文字，大文字，数字，与えた特殊文字が組み合わされている．

では，この課題にどう取り組んだか理解するために 1 行ごとにコードを調べていこう．まず，ライブラリからインポートだ．

```
import string
import random
```

string モジュールは，定数，ユーティリティ関数，文字列操作クラスを含み，random モジュールが様々な分布の PRNG を提供する．

パスワード生成の文字列集合は次のように設定した.

```
char_set = list(string.ascii_letters + string.digits + "()!$%^&*@#")
```

これらの文字を含む list 型の変数（char_set）を設定した. まず ASCII（情報交換用米国標準コード）の大文字（'ABCDEFGHIJKLMNOPQRSTUVWXYZ'）と小文字（'abcdefghijklmnopqrstuvwxyz'）を与えた. 数字（'0123456789'）を追加した. 最後に特殊文字（'()!$%^&*@#'）を付け足した. これで文字集合が使えるようになった.

次に, 文字を混ぜる.

```
random.shuffle(char_set)
```

random.shuffle メソッドはリストをシャッフルし, 要素の順序をただ変えることで変数の内容を並び替える.

パスワード生成の前に, 文字列の長さを決める必要がある.

```
password_length = int(input("How long should your password be?: "))
```

このプロセスをカスタマイズできるように, ユーザがコマンド行で文字数を入力するようにした.

ここで, パスワードを生成する.

```
password = []
for i in range(password_length):
    password.append(random.choice(char_set))
```

まず空リストの変数（password）を作り, 変数 password_length に記録したユーザ入力の個数だけ要素を埋めていく. そのために for ループを使う. ループの各反復では, リスト char_set から random.choice メソッドで無作為抽出した文字を追加する. random.choice メソッドは引数の非空シーケンスから要素を無作為抽出する.

この時点でパスワードができたが, ランダムさをさらに加えるために, 再度 random.shuffle メソッドでシャッフルする.

```
random.shuffle(password)
```

これでパスワードをモニター画面に出力すればよいだけになる.

```
print("".join(password))
```

パスワードは list 型だ. これを string 型として見えるようにするには, 文字列に変換しなければならない. これを join メソッドで行う. このメソッドは, リストの要素を間に空白を置かずに結合して文字列にする.

2.9 暗号用乱数生成器

IT 分野で最も古くから，そして現在も最も広く使われているデータ保護の仕組みは暗号化だ．暗号化は，秘密かつ安全な通信の必要性に応えるため古来人類が使用してきた技術で，受信者がすぐに読むことができる一方で，敵や権限のない者が解読できないメッセージが送れる．

2.9.1 暗号技術入門

秘密で安全な通信の必要性は情報セキュリティ分野できわめて重要だ．一方では電子システムの継続的な発展が通信を容易にし，他方では適切に保護しないと外部からの攻撃にきわめて脆弱になっているためである．

したがって，現代の暗号技術は次のことを保証しなければならない．

- 認証：データを送受信する人が本人かどうかを検証し，侵入者が送信者または受信者になりすますことを防ぐ．
- 機密性：送信データの第三者による傍受を防ぐ．
- 完全性：受信データが送信データと同じであることを保証し，侵入者の通信途中での改ざんを防ぐ．
- 否認防止：データ送信者が送信したことを将来的に否定できないようにして，データ送信を確認できるようにする．

現代の暗号技術に使われるアルゴリズムは次のものだ．

- 秘密鍵（対称型）アルゴリズム：暗号化の鍵が，メッセージの復号化にも使われる．
- 公開鍵（非対称型）アルゴリズム：送受信者がそれぞれ 2 つの鍵をもつ．鍵の持ち主だけが知っている秘密鍵と，誰もが知り得る公開鍵だ．
- ハッシュ関数アルゴリズム：鍵を必要とせず，固定長のハッシュ値を計算するので，平文の内容を取得することは不可能だ．

暗号解析は暗号アルゴリズムの分析と妥当性を扱う科学だ．これは一般に，暗号化アルゴリズムの設計段階で，その弱点を見つけるために使用される．暗号技術はオープンソースの哲学に基づいており，アルゴリズムはコードが公開されている方がより安全だと考える．これは，コードが広く分析対象となるためだ．一方，安全性をコードの秘匿性で担保するアルゴリズムは，バグが発見されると，そのアルゴリズムが有効でなくなるためだ．言い換えると，アルゴリズムの安全性を高めるためには，暗号解析者が暗号化・復号化アルゴリズムの動作を詳細に知っていることを前提とする必要がある．従って，セキュリティは，多くの可能性の中から特定の暗号化を識別する鍵に宿る．この鍵は，公に知られている方法と比較して秘密であり，簡単に変更できる．この哲学が，アルゴリズムはすべて公開でなければならず，鍵だけが秘密という

ケルクホフの原則の基礎となる．暗号の研究において，鍵の概念が非常に重要であり，使用する鍵のビット長を慎重に選択することが重要なのはこのためだ．

2.9.2 ランダム性と暗号技術

ランダム性は暗号技術にとって本質的だ．つまり，予測可能な乱数生成に基づくようではアルゴリズムは十分に安全とは考えられない．だが，乱数生成での予測可能性という概念は数値シミュレーションで基本的に重要なものだ．しかし，コンピュータセキュリティではその有用性が失われる．さて，乱数生成に伴う予測可能性とは何を意味しているのだろうか．この概念は，エントロピー概念に反比例する．エントロピーはIT セキュリティとどんな関係があるだろうか．技術者は，エントロピーが熱力学的なシステムの無秩序さを測るものと知っている．

私が2つの空の貯金箱を持っていて，硬貨投げでどちらの貯金箱に入れるか決めたとする．1000回硬貨投げをして，片方の貯金箱が空でもう片方が一杯ということはきわめてありそうにない．もしそのようなことが起きれば，結果はほとんど予測可能となる．普通の硬貨投げは予測不可能だ．N 通りの事象を生じる試行があり（硬貨投げのとき $N=2$），各事象が生じる確率が $p_1, p_2, \ldots, p_i, \ldots, p_N$ のとき，1回の試行の結果について予測しにくさの程度を表す量を，次の式で与える．

$$H = -\sum p_i \log_2 p_i$$

H は情報量の基本単位のビットで測られ，試行のエントロピーと呼ばれ，予測不能性を測ったものだ．

文字列について言えば，エントロピーの式を次のように書き直せる．

$$H = L \log_2(N)$$

ここでの変数は次のようになる．

- H はエントロピーで，ビットで測られる．
- L は文字列の長さ
- N は各文字がとりうる値の数

H の値が大きいほどエントロピーが大きくて予測不可能性が大きい．H が，コンピュータシステムにアクセスするパスワードに使われる文字列の予測不可能性の指標なら，エントロピーが大きいほどパスワードの予測不可能性が大きい．予測不可能性を増やすには，よって，L に手を加える必要があり，パスワードの文字数を増やせば良い．N に手を加えることもできて，これは選ぶ文字種を増やし，英数字に特殊文字を追加することに相当する．

2.8.2項（ランダムパスワード生成器）の例の 15（L）文字のパスワードのエントロピーを計算しよう．文字集合には，小文字，大文字，数字，特殊文字が含まれていたことを思い出そう．全部合わせて，大文字 26，小文字 26，数字 10，特殊文字 10 で，

全部で 72（N）の値があった．上の式にあてはめてエントロピーを計算しよう．

$$H = L \times \log_2(N) = 15 \times \log_2(72) = 92.54887502 \, \text{bits}$$

エントロピーの値は，特定の値についての知識が増えるほど減少する．

2.9.3　暗号化/復号化メッセージ生成器

　メッセージを暗号化する技法は，ローマ帝国のジュリアス・シーザーが戦場の部隊に送る通信文を保護するために使った（シーザー暗号）ことが有名で文書に残っている．現在，電子システムの発展が通信を容易にしたが，適切な保護がないと脆弱だ．暗号化によりメッセージの意味を他の誰からも隠すことで，二人あるいは二地点間の通信を秘密かつ安全にできる．採用する戦略は次の手順になる．
- ユーザ A がユーザ B にメッセージ OM（平文と呼ぶ）を送りたい．
- ユーザ A がメッセージ OM を暗号化してメッセージ CM（暗号文と呼ぶ）を作り，それを B に送る．
- ユーザ B は CM を受け取り，復号化して OM を得る．

　このような操作を行うには，暗号化処理を逆にして，元のメッセージを得る必要がある．暗号化メッセージの受取人はそれを解釈（復号化）できなければならない．ユーザ A と B は，暗号化と復号化についてまず合意し，効果的な手法を選択しなければならない．

　暗号技術はメッセージの暗号化と復号化に効果的な手法を提供する．平文から暗号文への変換とその逆変換は，ユーザはその内容を知らないことが多いが，鍵と呼ばれる特定の情報に基づいており，それがないと操作が不可能となる．暗号化の手法は歴史的に発展してきた．次のような理由で暗号技術には数学が基本的なツールだ．
- 数学はメッセージを暗号化，復号化，署名，チェックする手法を提供する．
- 数学は暗号化のセキュリティを保証する．
- 数学は（情報技術とともに）迅速に暗号処理を行う方法を研究する．

　現代の暗号技術はコンピュータサイエンスと数学に強く影響され，コンピュータサイエンスの発展に本質的に貢献してきた．IT のツールの進化は，暗号を従来では不可能と考えられていた方法で簡単に解読することを可能にすることで，新たな課題を生み出している．新たなアプリケーションと新たな技術が常に必要とされる．例えば，鍵交換，公開鍵暗号，デジタル署名などだ．暗号技術の進化はハードウェアと特にソフトウェア分野の発明とともに進んでいる．

　現在利用可能なツールの感じをつかむために簡単な例を分析しよう．文字列の暗号化/復号化をどうするか見る．次に Python コード（`encript_decript_strings.py`）を示す．

```
from cryptography.fernet import Fernet
```

```
title = "Simulation Modeling with Python"
secret_key = Fernet.generate_key()
fernet_obj = Fernet(secret_key)
enc_title = fernet_obj.encrypt(title)
print("My last book title = ", title)
print("Title encrypted = ", enc_title)
dec_title = fernet_obj.decrypt(enc_title)
dec_title = dec_title.decode()
print("Title decrypted = ", dec_title)
```

コードを1行ずつ分析して問題にどう取り組んだか理解しよう．まずライブラリのインポートだ．

```
from cryptography.fernet import Fernet
```

cryptography ライブラリから Fernet モジュールをインポートした．これは暗号用のモジュールと関数のパッケージだ．このライブラリには，対称暗号，メッセージダイジェスト，鍵導出関数など一般的な高水準と低水準の暗号アルゴリズムが含まれている．Fernet モジュールを用いると，鍵が無いと読めないようにテキストを（秘密鍵で）対称暗号化できる．

まず暗号化したいメッセージを設定する．

```
title = "Simulation Modeling with Python"
```

本書の表題を使った．次に，文字列をビット列に変換する必要がある．

```
title=title.encode()
```

このメソッドは文字列をバイト列に変換する．これで暗号化できる．

この次は対称暗号の本質的な要素である秘密鍵を生成する．秘密鍵は暗号化と復号化の両方に使うので，ユーザ間で横取りされないように鍵を交換することが重要だ．秘密鍵暗号方式では，代入と置換を複雑なアルゴリズムで組み合わせる．秘密鍵生成には Fernet.generate_key を使う．

```
secret_key = Fernet.generate_key()
```

generate_key は os.urandom メソッドを使っている．os.urandom は暗号的に安全な PRNG として用いられる．これは，OS に特有なランダム性によりランダムなバイトを返すので，暗号アプリケーションでは予測不能だ．しかし，品質は OS に依存する．

2.7.1 項で擬似乱数の生成方法を学んだ．私たちが学んだ random モジュールと urandom メソッドとの違いは，乱数の再現性にある．random モジュールは決定論的 PRNG を実装している．例えばランダムな要素の再現性がモデルのテストに不可欠な数値シミュレーションのような，実験の再現性が必要なシナリオのためだ．その場合，シード設定可能な決定論的 PRNG が必要だ．反対に，urandom は再現性がなく

2.9 暗号用乱数生成器

(シードなし) 多数の予測不能なソースからエントロピーを生成して,結果をさらにランダムにする.

> urandom のランダム性にも限界がある.絶対的なランダム性は別物であり,原子核の崩壊の測定のような物理的ソースが必要だ.それは,物理的な意味で真のランダム性だが,ほとんどのアプリケーションはそこまでの必要はない.

ここで,Fernet クラスをインスタンス化する.

```
fernet_obj = Fernet(secret_key)
```

前のステップで生成された秘密鍵を用いて Fernet クラスのインスタンスとしてオブジェクトを作った.このオブジェクトには Fernet クラスのメソッドがある.それらを使うにはドット記法を用いる.encrypt メソッドで試そう.

```
enc_title = fernet_obj.encrypt(title)
```

この1行のコードにより本書の表題を暗号化した.結果は Fernet トークンと呼ばれ,プライバシーと真正性が強く保証される.実行した操作を確認するため,暗号化された表題を出力する.

```
print("My last book title = ", title)
print("Title encrypted = ", enc_title)
```

次のような出力が得られる.

```
My last book title = Simulation Modeling with Python
Title encrypted = b'gAAAAABi1md0brrT0xLorTvM-FQMnEA702ZIqK7LK
pepHwdHEZ6ryX5D100E0YNlhzg5_EeO_YHKhmadZOj_efISEtM5zIPUfRmFd_
lv2LcamDkQ5M0H1WM='
```

ここで,文字列を復号化する.

```
dec_title = fernet_obj.decrypt(enc_title)
```

そのために Fernet クラスのインスタンス化されたオブジェクトに decrypt メソッドを適用した.このメソッドは Fernet トークンを復号化する.メッセージの復号化が成功すると結果として元の平文が得られる.そうでないと,例外が起こる.Fernet はデータを返す前に改ざんされていないことを検証するので,データをすぐに使っても安全だ.復号化では,バイト列を decode メソッドでテキストに変換する必要があった.

```
dec_title = dec_title.decode()
```

最後に,結果をチェックしよう.

```
print("Title decrypted = ", dec_title)
```

次の文字列が出力される.

```
Title decrypted = Simulation Modeling with Python
```

暗号化/復号化処理は成功した．本書の表題が表示された．

2.10 ま と め

本章では確率過程の定義を学び，それを用いて実世界の多くの問題に取り組む重要性を理解した．例えば，スロットマシンの動作は，多くの複雑なデータ暗号化手続き同様，乱数生成に基づく．次に，乱数生成技術の背後にある概念を学んだ．一様分布や一般的な分布を取り上げた．カイ二乗法による一様性検定をどうするかも学んだ．そして，乱数生成のために Python で使える主要な関数，random, seed, uniform, randint, choice, sample を調べた．最後に，セキュリティシステムでのランダム性の必要性を学んで，暗号化/復号化メッセージ生成器を分析した．

次章では，確率論の基本概念を学ぶ．さらに，すでに起こった事象の確率を計算する方法を学んで，離散および連続分布の処理方法も学ぶ．

3

確率とデータ生成プロセス

　確率計算という分野は賭博から生じた．それから，集団に関する現象や統計および統計的意思決定理論の本質的なものとして発展してきた．確率計算は抽象的で高度に形式的な数学の一分野だが，元々の分野や実際的なものごととも関連性を保っている．確率概念は不確実性に強く関連している．事象の確率は，実際，事象のランダム性の程度を定量化したものと定義される．絶対確実だとはわからないとき，あるいは絶対に起きるという予測ができないとき，それはランダムであるとされる．本章では確率の様々な定義を区別する方法と，それらを統合して実現象のシミュレーションで有用な情報を得る方法を学ぶ．

　本章では次のような内容を扱う．
- 確率概念の説明
- ベイズの定理の理解
- 確率分布の検討
- 合成データの生成
- Keras を用いたデータ生成
- 検定力分析のシミュレーション

3.1 技術要件

　本章では，確率論入門を学ぶ．このテーマを扱うには，代数と数理モデルの基本知識が必要だ．

　使用している Python 環境にないライブラリは pip install 命令などでインストールする．本章の Python コードを扱うには（本書付属の GitHub にある）次のファイルが必要だ．
- Uniform_distribution.py
- Binomial_distribution.py
- Normal_distribution.py
- image_augmentation.py
- power_analysis.py

3.2 確率概念の説明

少し考えてみれば,日常生活が,必ずしもそのように定式化されてはいないが,確率的な考慮であふれていることがわかる.確率的評価の例としては,優勝確率が限られている競争への参加,チームの優勝予想,喫煙による死亡やシートベルト未着用による交通事故の死亡の確率を示す統計および,ゲームや宝くじで当選する確率などがある.

不確実なすべての状況において,用語は様々だが,確率の直感的な意味を表現する不確実性の尺度を与えるという基本的な傾向がある.確率に直感的な意味があるという事実は,その規則を確立することが,一定の範囲内で直感的に可能だということでもある.しかし,直感に頼り切ってしまうと,誤った結論に至ることもある.誤った結論に至らないようにするためには,そのルールや概念を論理的かつ厳密に確立して確率の計算を形式化することが必要だ.

3.2.1 事象の種類

試行や観測の結果として,よく定義された真偽の度合を一意に割り当てられるものを事象と定義する.日常生活では,確実に起こる事象もあれば,絶対に起こらない事象もある.例えば,箱の中に黄色のビー玉だけが入っている場合,ランダムに1つ取り出すと確実に黄色で,赤いビー玉を取り出すことは不可能だ.最初の種類の事象,つまり黄色のビー玉を取り出すことを確実な事象と呼び,2番目の種類の事象,つまり赤いビー玉を取り出すことを不可能な事象と呼ぶ.

確実と不可能というこの2種類の事象以外は,起こり得るが断定はできないのだ.箱に黄と赤の玉があれば,黄の玉を取り出すのも赤の玉を取り出すのも,可能だが確定できない事象だ.言い換えると,抽出がランダムなら取り出した玉の色を前もって決定的に予測することはできない.

ランダムに起きたり起きなかったりする事象をランダム事象と呼ぶ.2章ではランダム事象を学んだ.

一見すると同じに見えるかもしれない事象が,考慮される文脈により確実,ランダム,不可能となることすらある.メガミリオンズという米国の宝くじを当てるという例を分析しよう.すべてのくじを買ったという事象なら確実だ.くじを買わなければ不可能だ.全部でなく1つ以上を買ったなら,ランダムだ.

3.2.2 確率の計算

偶然の出来事が続けて起こると,人はその発生に賭けをするようになる.確率概念はまさに賭博のために生まれた.3千年以上前,エジプト人はサイコロゲームの祖先で

遊んでいた．古代ローマでもサイコロゲームは広く行われ，キケロの時代に遡るという研究がある．しかし，確率計算の体系的な研究は数学者で哲学者のパスカルが1654年に生み出したものだ．

3.2.3　確率の定義と例

ある事象の発生確率を計算する簡単な例を分析するが，その前に確率の概念を定義しておくのがよい．まず，確率の定義の古典的な方式と頻度論的な視点を区別する必要がある．

a. 先験的確率

ランダムな事象 E の先験的確率 $p(E)$ は，可能な場合の数 n と望ましい場合の数 s の比率で定義される．

$$P(E) = \frac{望ましい場合の数}{可能な場合の数} = \frac{s}{n}$$

箱に14個の黄色いビー玉と6個の赤いビー玉があるとする．ビー玉は色だけが違い，材質，サイズ，形状などは同じとする．箱に手を入れてランダムに玉を1つ取り出す．赤を取り出す確率はどうなるか．

全体で $14 + 6 = 20$ 個のビー玉がある．1つ取り出すとき，20の場合がある．ビー玉の間に取り出されやすさの差があると考える理由はない．どれも同じなので，20個のうちのどれも同じ取り出されやすさだ．

可能な20の場合のうち，6つの場合だけが赤だ．それが望ましい，期待事象だ．

よって，赤いビー玉が取り出されるのは20のうちの6つの場合だ．可能な中から望ましい場合の比率を確率と定義して，次が得られる．

$$P(E) = P(赤いビー玉が取り出される) = \frac{6}{20} = 0.3 = 30\%$$

この確率の定義に基づき，次が言える．
- 不可能な事象の確率は0
- 確実な事象の確率は1
- ランダムな事象の確率は0と1の間

ここでは，等しく起こりやすい事象という概念を用いた．事象の集まりが与えられたとき，どれかの事象が他より頻繁に起こると考える理由がなければ，すべての事象は等しく起こりやすいと考えるべきだ．

b. 余事象

余事象とは，相互排他な2つの事象で，通常 E と $\bar{E}$ と書かれる．

例えば，サイコロ投げで，事象 $E = 5$ が出ることとする．その余事象は，$\bar{E} = 5$ が出ないことだ．

E と $\bar{E}$ は，同時に起こることがないので相互排他だ．両者は網羅的であり確率の和が1である．

事象 E は場合が 1 つ（目が 5）だが，事象 $\overline{E}$ は場合が 5 つ（目が 1, 2, 3, 4, 6）だ．よって先験的確率は次のようになる．

$$P(E) = \frac{1}{6}; \quad P(\overline{E}) = \frac{5}{6}$$

これから，次が観測できる．

$$P(E) + P(\overline{E}) = \frac{1}{6} + \frac{5}{6} = 1$$

c. 相対頻度と確率

しかし，確率の古典的定義がすべての状況で通用するわけではない．すべての場合が等しく起こりやすいというのは，生起確率に先験的仮定をしていることなので，定義したいことを定義に使っている．

ある事象の相対頻度 $f(E)$ は，その事象が発生した回数 v と，全く同じ条件の下で実施した試行回数 n との比だ．

$$f(E) = \frac{v}{n}$$

硬貨投げで，事象 $E = $ 表 が出る，とすると，古典確率は次の値である．

$$P(E) = \frac{1}{2}$$

硬貨を多数回投げると，表と裏の回数はほぼ同じになる．すなわち，事象 E の相対頻度が理論値に近づく．

$$f(E) \cong P(E) = \frac{1}{2}$$

ランダムな事象 E をすべて同じ条件で n 回試行すれば，相対頻度の値は，試行回数が増えれば確率の値に近づく．

> 反復可能な事象の確率は，試行回数が十分多くなれば，その事象が起きる相対頻度に一致する．

古典的定義では，確率は事前に評価されているが，頻度は事後に評価されることに注意しよう．

頻度にもとづく方式は，例えば保険分野で，個人の平均寿命，盗難の確率，事故確率の評価に使われる．また，医療分野でもある病気にかかる確率や薬が効く確率を評価するために使われる．これらの事象すべてにおいて，計算は過去に起こったことを基にして，つまり，相対頻度の計算で確率が評価される．

さてここで，ある事象の発生にどの程度確信をもてるか推定するのに確率計算を使う別の方式を見てみよう．

3.3 ベイズの定理の理解

ベイズ法の視点では，確率とは，ある事象が発生する可能性の度合いを表す指標だ．観測された頻度から確率を求めるという意味では，これは逆確率だ．

ベイズ統計学では，試行の前に，ある事象が発生する確率を計算する．この計算は，それ以前に行われた考察に基づいて行う．ベイズの定理により，前もって観測された頻度から事前確率を計算する．すなわち，データを観測する前に仮説の信憑性の程度を予測し，それを用いてデータを観測した後に仮説を更新するように事後確率を計算できる．

> 頻度の方式では，観測結果がある一定の範囲に入る割合を求めてその範囲の信頼性を決めるが，ベイズの方式では，事前に得られた情報と観測結果からその範囲に真理が含まれる確率を直接に求める．

標本の個数が非常に大きくなった極限のとき，頻度の方式による結果が存在すれば，それはベイズの方式による結果と一致する．頻度の方式が適用できない場合もある．

3.3.1 複合確率

E_1 と E_2 という2事象で両方とも起こる確率 $P(E_1 \cap E_2)$ を求めたいとする．2つの場合が考えられる．
- E_1 と E_2 とは確率論的に独立
- E_1 と E_2 とは確率論的に従属

2事象 E_1 と E_2 は，お互いに影響しないなら，つまり，片方の生起がもう片方の生起に影響しないなら，確率論的に独立だ．逆に言えば，2事象 E_1 と E_2 は，片方の生起でもう片方の生起確率が影響されるなら，確率論的に従属だ．

例を見てみよう．1から7の数字と3つの絵札の40枚のトランプのカードから1枚引くとする．ハートの絵札を引く確率を求めよう．

はじめに，2つの事象が独立か従属かを問わねばならない．

絵札はスペード・ハート・ダイヤ・クラブについて各3枚の12枚だ．絵札を引くという事象 E_1 の確率は12/40つまり3/10だ．ハートの札を引くという事象 E_2 の確率は，絵札を引くという事象に影響されず，10/40つまり1/4だ．そこで，複合確率は3/40となる．

これは，独立事象の場合だ．複合確率が個々の事象の確率の積で与えられる．

$$P(E_1 \cap E_2) = P(E_1) \times P(E_2) = \frac{3}{10} \times \frac{1}{4} = \frac{3}{40}$$

2番目の例を考えよう．40枚からカードを引くとき，引いたカードは戻さないとする．

クイーンを2枚引く確率はどうなるか.

1枚めがクイーンの確率は4/40つまり1/10だ. しかし2枚めのカードを引くときには, 39枚のカードでクイーンが3枚だ. よって, 2枚めのカードもクイーンの確率は3/39つまり1/13となる. よって, 複合確率は1/130となる.

これは, 従属事象の場合だ. 2番目の事象の確率が, 1番目の事象が生起するかどうかの条件による. 同様に, 2枚のカードを同時に引くときも, 戻さないときと同じく, 2つの事象は従属と考える.

事象 E_2 の確率が事象 E_1 の生起に従属する場合, 条件付き確率を扱う. これは事象 E_1 が起きたという条件の下で事象 E_2 が起きる確率であり $P(E_2|E_1)$ と書く.

2つの事象が確率論的に従属なら, 複合確率は次の式になる.

$$P(E_1 \cap E_2) = P(E_1) \times P(E_2 \mid E_1) = \frac{1}{10} \times \frac{1}{13} = \frac{1}{130}$$

この式から, 条件付き確率が次の式で与えられる.

$$P(E_2 \mid E_1) = \frac{P(E_1 \cap E_2)}{P(E_1)}$$

条件付き確率の概念も定義したので, ベイズ統計の核心の分析に移ろう.

3.3.2 ベイズの定理

E_1 と E_2 を2つの従属事象とする. 複合確率の項では, 複合確率を計算する次の式を学んだ.

$$P(E_1 \cap E_2) = P(E_1) \times P(E_2 \mid E_1)$$

2つの事象が生起する順序を入れ替えると, 次の式が得られる.

$$P(E_1 \cap E_2) = P(E_2) \times P(E_1 \mid E_2)$$

これら2つの式の左辺は同じ量なので, 右辺も同じになる. よって, 次の式が得られる.

$$P(E_2 \mid E_1) = \frac{P(E_2) \times P(E_1 \mid E_2)}{P(E_1)}$$

事象の順序を入れ替えても同じことが成り立つ.

$$P(E_1 \mid E_2) = \frac{P(E_1) \times P(E_2 \mid E_1)}{P(E_2)}$$

この式が, ベイズの定理を表す数式だ. 2つのうちのどちらを使うかは作業の目的による. ベイズの定理は, 複合確率定理と全確率定理の2つの基本的確率定理から導かれる. これは確認された事象を引き起こした原因のうち特定のものの確率を計算するのに使われる.

ベイズの定理では, 試行の結果がわかっており, その結果をもたらした原因の確率

を計算したい．ベイズの定理の式に現れる要素を詳しく分析しよう．

$$P(E_2 \mid E_1) = \frac{P(E_2) \times P(E_1 \mid E_2)}{P(E_1)}$$

次のようなものがある．
- $P(E_2|E_1)$ は事後確率（計算したいもの）と呼ばれる．
- $P(E_2)$ は事前確率と呼ばれる．
- $P(E_1|E_2)$ は尤度（E_2 が正しい仮説のときに事象 E_1 を観測する確率）と呼ばれる．
- $P(E_1)$ は周辺尤度と呼ばれる．

ベイズの定理は実生活の多くの状況に適用され，たとえば医療分野では分析における偽陽性の発見や薬の効果の検証がある．

次は，実験の結果に対する確率をどう表すかを学ぶことにしよう．

3.4 確率分布の検討

確率分布は，変数の値とその値が観測される確率を結びつける数理モデルだ．確率分布は，対象となる現象の振る舞いを，参照母集団との関連や研究者が観測する標本が属する，全ての場合に関連づけてモデル化するのに使われる．

対象変数 X の測定値の特性に基づき，確率分布を次の 2 つに区別する．
- 連続分布：変数は連続的な値で表現される．
- 離散分布：変数は整数値で測定される．

本論では，対象変数は確率変数で，その確率法則は観測される値の不確実性を表す．確率分布は，連続分布か離散分布かによって確率密度関数（$f(x)$）または確率関数（$p(x)$）で数学的に表される．図 3.1 は，連続分布（左）と離散分布（右）を示す．

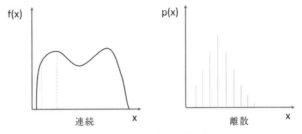

図 **3.1** 連続分布と離散分布

任意の実数値をとりうる一連のデータがどう分布しているか分析するためには，確率密度関数の定義から始める．まず，その働きを学ぶ．

3.4.1 確率密度関数と確率関数

確率密度関数（probability density function, PDF）$P(x)$ は，連続変数 x の値が区間 $(x, x+\Delta x)$ に含まれる確率 Δp を，区間 Δx で割り，その $\Delta x \to 0$ の極限だ．

$$P(x) = \lim_{\Delta x \to 0} \frac{\Delta p}{\Delta x} = \frac{dp(x)}{dx}$$

区間 (a, b) で値 x が観測される確率は次の積分で表される．

$$p(x) = \int_a^b P(x) dx$$

x は実数値なので，次の性質が成り立つ．

$$\int_{-\infty}^{+\infty} P(x) dx = 1$$

これに対して，実際の観測結果が有限個の実数 $x_1, x_2, \ldots, x_N$ の位置で生じたとしよう．これらの値の最小値と最大値が $x_{\min}$ と $x_{\max}$ のとき，変数のとりうる全範囲は $[x_{\min}, x_{\max}]$ である．この全範囲を幅 Δx の小区間（ビン）に分割し，端から $\Delta x_1, \Delta x_2, \ldots, \Delta x_i, \ldots, \Delta x_{N_c}$ と呼ぼう．変数 x を含む小区間 Δx_i に含まれる観測結果の個数が n_i とする．この観測が，確率密度関数 $P(x)$ に従って生じたのであれば，サンプルの個数を大きくすると，次式が成立するだろう．

$$P(x) = \frac{n_i}{\Delta x \times N}$$

ここで，各要素は次のようになる．

- $P(x)$ は PDF
- n_i は i 番目の小区間にある x 値の個数
- Δx は小区間の幅
- N は観測した x の個数

次に，Python 環境で変数の確率分布を決定する方法について学ぶ．

3.4.2 平均と分散

期待値は，確率変数の分布の平均値とも呼ばれ，分布の中心位置の指標だ．期待値は，十分な数の試行で得られる平均値を表し，様々な事象の相対的な発生頻度を確率的に予測できるようになる．

離散確率変数の期待値は，分布が有限なら，変数の値と確率の積の総和である実数で次のように与えられる．

$$E(x) = x_1 p_1 + x_2 p_2 + \cdots + x_n p_n = \sum_{i=1}^{n} x_i p_i$$

したがって，期待値は，確率変数をその確率で重み付けした加重和となる．よって，

正負どちらにもなる．
　期待値についで，確率変数の確率分布を特徴づけるのに使われるパラメータは分散で，確率変数の値の平均値からの広がりの程度を示す．
　確率変数 X に対して，$E(X)$ は，X が何であれその期待値だ．X と期待値 $E(X)$ との距離にあたる $X - E(X)$ という確率変数を考える．X を $X - E(X)$ で置き換えると，期待値が原点になったのと等価だ．
　離散確率変数 X の分散は，分布が有限なら，次の式で計算する．

$$\sigma^2 = \sum_{i=1}^{n}(x_i - E(x))^2 p_i$$

分散は，すべての値が同じ，従って分布に変動性がないなら 0 である．一般には正の値で分布の広がりの程度を測る．分散が大きいほど，値はばらつく．分散が小さいほど，X の値は平均値の周りに集まる．

3.4.3　一 様 分 布

連続変数の確率分布関数で最も単純なのは，ある範囲内のすべての変数値に同じ程度の信頼が割り当てられる場合だ．確率密度関数が定数関数なので，分布関数は線形だ．測定を行ったとき，ある変数が特定の範囲に含まれるが，値によって確からしさが変わることはない場合は，必ず一様分布は測定誤差の処理に使われる．適切な技法を用いると，一様分布変数から始めて，望みの分布に従う変数を構成できる．
　その使い方を練習しよう（付属 GitHub Chapter 3 の uniform_distribution.py）．指定範囲の一様分布に従う乱数生成から始める．それには，numpy の random.uniform 関数を使う．この関数は半開区間 $[a, b)$ で一様に分布する乱数を生成する．すなわち，左端を含むが右端を含まない．範囲内の値はどれも一様な確率で抽出される．

1. まず，必要なライブラリのインポートから始める．

```
import numpy as np
import matplotlib.pyplot as plt
```

　numpy ライブラリは 2.4.3 項参照．
　matplotlib ライブラリは高品質グラフを描く Python ライブラリだ．グラフ，ヒストグラム，棒グラフ，パワースペクトル，誤差範囲付きグラフ，散布図などが少数のコマンドで簡単に描ける．MATLAB で提供されるコマンドライン関数を集めたものだ．

2. 次に，生成する範囲と値の個数を定義する．

```
a=1
b=100
N=100
```

　ここで，次のように random.uniform 関数を使い一様分布を生成する．

```
X1=np.random.uniform(a,b,N)
```

生成した値を可視化する．そのために，生成した100個の乱数を示す図を描く．

```
plt.plot(X1)
plt.show()
```

図 3.2 のグラフが出力される．

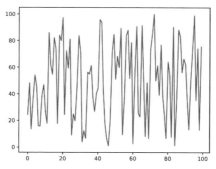

図 3.2 100 個の数をプロットした図

3. ここで，指定した範囲内に分布する値の分布を分析するために，確率密度関数のグラフを描く．

```
plt.figure()
plt.hist(X1, density=True, histtype='stepfilled', alpha=0.2)
plt.show()
```

matplotlib.hist 関数は，連続的な特性をクラスに分けて示すヒストグラムを描く．ヒストグラムは，普通は統計データだが多くの場面で用いられ，独立変数の定義範囲を部分区間に分けて表示する．部分区間は，本質的なことも人工的なこともあり，幅も等しいことも違っていることもあり，また固定であるとされる．値も独立変数のことも従属変数のこともある．グラフは矩形を隙間なく並べたものになる．矩形の幅は表すクラスによって決まる決まる確定値だ．高さはそのクラスの絶対頻度をクラスの幅で割ったもので，度数密度と定義されることもある．次の4引数をとる．

- X1：入力値
- density=True：値はブーリアンで，True なら確率密度となるように正規化した数値を返す．
- histtype='stepfilled'：これはヒストグラムの種類を指定する．step filled は，矩形が塗りつぶされる．
- alpha=0.2：これは浮動小数点値で，塗りつぶしの程度を示す（0.0 が透明，1.0 が完全に塗りつぶし）．

3.4 確率分布の検討   69

図 3.3 のグラフが出力される.

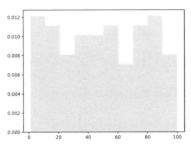

図 3.3 生成された値のプロット

生成された値は範囲内でほぼ等しく分布していることがわかる．生成する値の個数を増やすとどうなるだろうか.

4. そこで，分析した命令を，標本数だけ変えて繰り返す．100 を 10000 に変える.

```
a=1
b=100
N=10000
X2=np.random.uniform(a,b,N)

plt.figure()
plt.plot(X2)
plt.show()

plt.figure()
plt.hist(X2, density=True, histtype='stepfilled', alpha=0.2)
plt.show()
```

同じ命令なのでコードを 1 行ごとに調べる必要はないだろう．結果を見よう．まず生成された値から（図 3.4).

生成された標本の個数は大幅に増えた．範囲内の分布を見よう（図 3.5).

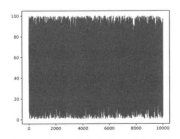 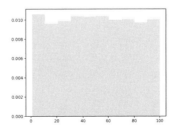

図 3.4 標本の数値をプロットした図   **図 3.5** 標本の分布を示すグラフ

このヒストグラムを分析して，N=100 の場合と比較すると，分布はさらに平たく見える．N が増えるとともに平たくなり，各ビンの値が増える．

3.4.4 二 項 分 布

多くの場面で，ある特性が生起したか否かの確認が課題になる．これは二値的とも呼ばれる，可能な結果が 2 つしかない試行に対応し，確率 p で値 1（成功）と確率 $1-p$ で値 0（失敗）をとる確率変数 X により，次のようにモデル化できる．

$$X = \begin{cases} 1, & p \\ 0, & 1-p \end{cases}$$

期待値と分散は次のように計算される．

$$E(X) = 0 \times (1-p) + 1 \times p = p$$
$$\sigma^2 = E(X^2) - (E(X))^2 = (0^2 \times (1-p) + 1^2 \times p) - p^2 = p(1-p)$$

二項分布は，n 回の独立試行で x 回成功する確率を与える．二項分布の確率密度は次の式を使って得られる．

$$P_x = \binom{n}{x} p^x q^{n-x}, \quad 0 \leq x \leq n, \quad \binom{n}{x} = \frac{n!}{x!(n-x)!}$$

ここで変数は次のようになる．
- P_x は確率
- n は独立試行回数
- x は成功の数
- p は成功の確率
- q は失敗の確率

実際の例を見てみよう．サイコロを 10 回投げる．二項変数 x を 3 以下の目が出る回数とする．次のようにパラメータを定義する．
- $n = 10$
- $0 \leq x \leq n$
- $p = 3/6 = 0.5$
- $q = 1 - p = 0.5$

そして，次のような Python コード（`binomial_distribution.py`）で確率を評価する．

1. まず，必要なライブラリのインポートから始める．

```
import numpy as np
import matplotlib.pyplot as plt
```

次に引数を設定する．

```
N = 1000
n = 10
p = 0.5
```

ここで n は 1 回の実験の中で行う独立な試行の数, p は 1 回の試行における成功確率, N は実験の回数だ.
2. 確率を生成する.

```
P1 = np.random.binomial(n,p,N)
```

numpy の random.binomial 関数は二項分布に従って値を生成する. これらの値は指定した引数により決まる二項分布から抽出される. 各値が n 回の独立試行での成功数になる. 戻り値を見てみよう.

```
plt.plot(P1)
plt.show()
```

図 3.6 のグラフが出力される.

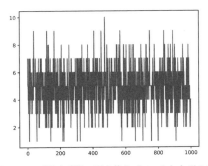

図 **3.6** 二項分布関数の戻り値をプロットしたグラフ

この標本が指定範囲でどう分布しているかを見よう.

```
plt.figure()
plt.hist(P1, density=True, alpha=0.8, histtype='bar', color = 'green',
ec='black')
plt.show()
```

今回は alpha 値を大きくし色を濃くし, 伝統的なヒストグラムを使い, 矩形の色を緑にした.
3. 最後のパラメータ ec は枠の線の色だ. 図 3.7 の結果になる.

二項分布の全領域は, 矩形の和になり, 確率の和は 1 だ.

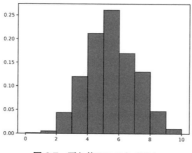

図 3.7 戻り値のヒストグラム

3.4.5 正 規 分 布

独立試行の回数が増えると，二項分布はベル曲線やガウス曲線と呼ばれる曲線に近づく．正規分布は，ガウス分布とも呼ばれ，統計学で最もよく使われる連続分布である．統計で正規分布が重要なのは，次のような基本的な理由による．

- 少なくとも近似的に，正規分布に従う連続現象がいくつかある．
- 正規分布は，多数の離散確率分布の近似に使える．
- 正規分布は，（同じ分布を持つ多数の独立な確率変数の平均は，その基となる分布にかかわらずほぼ正規分布となる）中心極限定理により，古典的な統計的推測の基礎となる．

正規分布には次のような重要な特徴がある．

- 正規分布は対称的で吊りがね型だ．
- 期待値とメディアンは異なる仕方で中心を表すが，両者の値が一致する．
- 四分位範囲は標準偏差の約 1.35 倍だ．
- 正規分布の確率変数は $-\infty$ から $+\infty$ の値を取る．

正規分布では正規確率密度関数が次の式で与えられる．

$$f(X) = \frac{1}{\sqrt{2\pi}\sigma} e^{-(1/2)[(X-\mu)/\sigma]^2}$$

ここで定数は次の意味だ．

- μ は期待値
- σ は標準偏差

e と π は数学定数なので，正規分布の確率は，パラメータ μ と σ の値にのみ依存する．

正規分布の生成方法を Python で（normal_distribution.py）学ぼう．いつものように必要なライブラリのインポートから始める．

```
import numpy as np
import matplotlib.pyplot as plt
import seaborn as sns
```

3.4 確率分布の検討

ここで新しく seaborn ライブラリをインポートした．これは matplotlib モジュールの可視化ツールを強化した Python ライブラリだ．seaborn モジュールにはデータのグラフ化に使う機能が含まれている．matplotlib の統計グラフ構成用のメソッドもある．

さて，パラメータの設定だ．すでに述べたように正規分布の生成には，期待値と標準偏差の 2 つのパラメータだけでよい．μ は分布の中央で縦軸の位置を示す．σ は曲線の最大値のまわりの値のばらつきを表すので形状を特徴づける．

この 2 つのパラメータの働きを理解するために，次のように値を変えて正規分布を生成する．

```
mu = 5
sigma =2
P1 = np.random.normal(mu, sigma, 1000)

mu = 10
sigma =2
P2 = np.random.normal(mu, sigma, 1000)

mu = 15
sigma =2
P3 = np.random.normal(mu, sigma, 1000)

mu = 10
sigma =2
P4 = np.random.normal(mu, sigma, 1000)

mu = 10
sigma =1
P5 = np.random.normal(mu, sigma, 1000)

mu = 10
sigma =0.5
P6 = np.random.normal(mu, sigma, 1000)
```

各分布で 2 つのパラメータ（μ と σ）を設定し numpy の random.normal 関数で正規分布を生成する．μ, σ, 生成個数の 3 パラメータを渡した．ここで，生成した分布を見る必要がある．そのために seaborn ライブラリの histplot 関数を次のように使う．

```
Plot1 = sns.histplot(P1,stat="density", kde=True, color="g")
Plot2 = sns.histplot(P2,stat="density", kde=True, color="b")
Plot3 = sns.histplot(P3,stat="density", kde=True, color="y")

plt.figure()
Plot4 = sns.histplot(P4,stat="density", kde=True, color="g")
Plot5 = sns.histplot(P5,stat="density", kde=True, color="b")
```

```
Plot6 = sns.histplot(P6,stat="density", kde=True, color="y")
plt.show()
```

histplot 関数では，1 変量または 2 変量分布を柔軟にプロットできる．まず最初のグラフ（図 3.8）の結果を分析しよう．

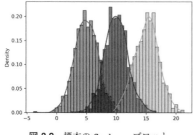
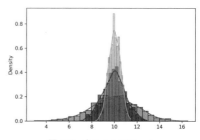

図 3.8　標本の Seaborn プロット　　　　　図 3.9　合わせたプロット

P1, P2, P3 の 3 つの分布を表す 3 つの曲線が得られた．μ の値が 5, 10, 15 と異なっているのがわかる．μ の値に従い，曲線が x 軸を移動するが，形状はほぼ同じままだ．残りの分布のグラフ（図 3.9）を見よう．

この場合は μ を一定にして，σ の値を 2, 1, 0.5 と変えた．σ が増えると曲線は横に広がり，減ると幅が狭くなり高くなる．

特別な正規分布は，$\mu = 0$ で $\sigma = 1$ の場合だ．これは標準正規分布と呼ばれる．

関連する全ての確率分布は学んだので，人工的にデータを生成する方法を学ぼう．

3.5　合成データの生成

機械学習に基づいたシステムが，大きな進歩を遂げて実世界のアプリケーションで素晴らしい結果を示しているが，処理データの品質にかかる限界がある．実際，これらのモデルが返す結果や性能は，データの量，そして何よりも質に左右される．そして，データのアノテーション（注釈）やラベリングの手作業では，生成データの量とともに増加する，非常に高水準な仕事が要求されるのは明らかだ．

3.5.1　実データと人工的データ

データ収集の方法としてのシミュレーションシステムの利用は，より質の高い大量のデータを，ずっと少ない人的な労力で作成できる有効なソリューションだ．実際，作成データにはプログラムによるアノテーションを施すことができ，そのスピードは人による場合をはるかにしのぐ．正しいアノテーションをデータに関連づける精度が高ければ，周囲の環境と効果的に相互作用できるアルゴリズムをつくるうえで違いを生み出す．通常，この作業は人間のアノテーション担当者が行うが，その結果，貧弱なア

ノテーションという問題に加え，追加コストが発生する．さらに，部外秘のカテゴリに入る要注意のデータの場合，プライバシーに関係する制約から問題が生じる．膨大な量のデータを扱う中で，可能な限り正確な注釈を生成することは，開発者コミュニティにとって課題となる．機能によっては，すでに十分すぎるほどのデータセットが既に用意されているが，正確なアノテーションがないために，誤る可能性のあるデータを扱わなければならない場合もある．

低価格のセンサーが入手でき，それらを接続してデータ収集ネットワークを構築できても，必ずしも有利とは言えない．研究者は，実験の検証にラベル付けされたデータが必要なため，手法のテストに限界を感じている．また，センサーやセンサーネットワークからの情報があったとしても，法的な理由でアクセスできないことがある．さらに，センサーネットワークからデータを取得するのは2重にコストがかかる，なぜなら，センサーネットワークを実現するのは経済的および時間的に負担が大きいのだ．実際，データを取得して実験を行うには，センサーはサンプリングを実行しなければならず，それには何週間あるいは何カ月という時間を要することもある．

公共・民間を問わず様々なデータリポジトリが，このような問題を解決するためにある．しかし，これらは，扱う問題のニーズにいつでも適合しているわけではない．このような制約を解決するには，直面する問題の現実の挙動を模倣する合成データを生成すればよい．対象となるプロセスの詳細な情報からデータを人為的に作成する．このようにして，合成データは，元のデータセットに含まれる個人情報を切り離して，元のデータの構造的・統計的特性を捉える．元データから得られる統計分布に基づいてデータを生成することで，各種センサーから返されるデータに近い振る舞いをするデータが得られる．一貫性のない値の羅列になってしまう一様な確率分布からの無作為抽出では，現実に近い特性をもつデータの生成はできない．そのため，元データを修正するいくつかの仕組みが必要だ．生成されたデータは，実験に用いられる最も一般的なデータベース形式で格納できる．

合成データの利用には様々な利点がある．例えば，センサーは誤ったデータを返すことがあるが，この方法ならば頑健性が得られる．合成データ生成器から得られるデータには，この問題がないからだ．もう1つ注目すべきは，セキュリティだ．合成データは，詳細さと現実感のレベルを調整して生成できるから，一切のリスクを伴うことなく利用できる．

元のデータベースの特徴的な性質を抽出するために特徴量選択という手法が使える．特徴量選択は，データセットの本質的な特徴を構成するデータ属性の組を特定するプロセスだ．特徴量選択は機械学習で一般的に使われている．そこでは入力の次元を制限し，無関係な属性や冗長な属性を削除し，ノイズデータを排除することにより，一般化，学習速度の向上，テンプレートの複雑性の低減を目的としている．特徴量選択による次元削減は，ビッグデータの到来により，近年さらに重要性を増している．

特徴量選択アルゴリズムは，一般にその安定性，つまり入力データの特性の選択された部分集合で学習されたモデルが予測と一致する平均確率に基づいて評価される．特徴量選択は，他の特徴量から新しい特徴量を作成する特徴量抽出と関連づけられる．選択された特徴は既存の属性に直接に対応する．特徴量抽出は，属性の数に対して標本数が比較的少ないデータでよく使われる．

合成データでは，特徴量選択技法を用いて，出力データセットでモデル化され再現すべき属性の依存関係を特定する．また，実世界のデータが高次元であるため合成データ生成の計算が困難な場合に，モデル化する属性を，合成データの使用目的にとって重要なものに限定するのに使い，性能と品質を大幅に向上させる．

実データセットに特徴量抽出を使うと，高品質データの生成に課題が生じることもある．抽出された特徴の派生元となった特徴も再現されているか，それらの関係性も保たれているか，注意する必要がある．

3.5.2　合成データの生成手法

合成データの生成は，カーネル抽出と合成の2段階からなる．一般に，カーネル抽出は，実データを分析し，シミュレーション要件を明らかにして，アルゴリズムと使用パラメータを決めることだ．合成は，カーネルアルゴリズムを呼び出して，得られたパラメータに基づき出力を生成することだ．それでは，合成データの生成に用いられる方法論を見ていこう．

a. 構造化データ

構造化データは，その特性が容易に理解でき，他のデータとの比較や読み取りが簡単な表にまとめられている．この特性から，非構造化データよりも分析が容易で，通常，文章で表現される．これは高度に組織化された情報を構成する．

構造化された合成データは複雑なことではなく一般化できる．値の分布や特徴量の相互依存性を特定し，モデル化するためにいくつかの方式がある．最も一般的な方法は，各特徴量に対して独立した統計分布を採用し，補完してデータを生成するものだ．ノイズ低減のため，同じカーネルで生成した複数の合成データの多重補完方式や，集約を使うこともできる．

特徴量間の関係は，いくつかの方法で再構築できる．例えば，条件付き確率を適用して特徴量の関係から異なる分布を推定し，合成再構成や組合せ最適化ができる．計算能力の向上により，サポートベクターマシンやランダムフォレストなど，特徴量の関係を維持するためのより高度な機械学習技術が利用可能になった．

画像や時系列データなど，特徴間の関係をレコード内で空間的に記述する他の形式の構造化データもある．形式的には，どんな画像変換手法も新たな合成画像データの生成方式として分類することもできるが，画像合成の有用な応用例として，深層学習パイプラインにおける画像の強化学習が挙げられる．

b. 半構造化データ

非構造化データつまり非リレーショナルデータは，本質的に構造化データの反対だ．構造があるけれども，スキーマやモデルにまとめることが困難だ．従って，マルチメディアオブジェクトや物語のテキストファイルのように，スキーマは存在しない．半構造化データは，部分的に構造化されたデータだ．構造化データと非構造化データの両方の特徴を持つ．電子メールがその典型例だ．個人情報が含意されて，テキストやマルチメディアのコンテンツを含む．

半構造化データを表現する主なフォーマットは XML だ．XML は例えば異なるアプリケーション間でデータを交換するため構造化データを表現するのにも，データとスキーマの両方を示すことができる柔軟性を生かすため半構造化データの表現にも使える．XML のような半構造化文書の合成は，特に，文書内の値に依存する複雑な入れ子構造を持つ場合，困難なことがある．文書構造をテンプレートとして扱い，テンプレート例の頻度に基づいて文書を生成する方法がある．

ルールベースの手続き型生成方法も，特に複雑でもっともらしいデータ構造を再現する可能性がある．抽出されたカーネルは，再構築のためのルールと値分散を持つスキーマセグメントの集合にまとめられる．

合成データ生成の概念を紹介したので，Python Keras ライブラリを使った実例を見てみよう．

3.6 Keras を用いたデータ生成

Keras は Python で書かれたオープンソースのライブラリで，機械学習に基づいたアルゴリズムとニューラルネットワークを学習するためのアルゴリズムが含まれる．このライブラリの目的は，ニューラルネットを構成できるようにすることだ．Keras はフレームワークとしてではなく，様々な機械学習フレームワークにアクセスし，プログラミングするための簡単なインターフェース（API）として働く．フレームワークのうち，Keras は，TensorFlow，Microsoft Cognitive Toolkit，Theano というライブラリをサポートしている．これらのライブラリは，複雑な機械学習モデルを開発する基本コンポーネントを提供する．Keras を使用すると，複雑なアルゴリズムであっても数行で，学習と評価を 1 行で定義できる．

3.5 節では，合成データ生成が，データの不足やある種のデータのプライバシーによる制限という課題を克服する強力なツールであることを学んだ．

3.6.1 データ拡張

データ不足は，多くのアプリケーションで現実の問題だ．利用可能なサンプル数を増加させるために広く使われる方法にデータ拡張がある．データ拡張は，新しい要素を追加することなくデータセットを拡張する一連の技術を指し，すでに存在するデー

タにランダムな変更を適用する．収束時間の短縮，一般化能力の向上，過学習の防止，モデル正則化などの効果があるため，機械学習を利用するアプリケーションで広く使われている手法だ．この手法により，データや特徴量の変換処理を通して，データを豊かにすることができる．

　画像データセットの場合には，人工的に変換して多様性を生み出す技法がいくつもある．オブジェクトの視覚的特徴は，明るさ，焦点，回転，視点からの距離，背景，形状，色など様々だ．いくつかを詳しく見ていこう．

- 反転：水平と垂直の両方向がある．どちらを選ぶか，あるいは両方かは対象の特性による．自動車の認識では，垂直方向の反転はアルゴリズムが受け付けないので利点がない．他方で，水平面に配置された物体では，両方の反転が有効だろう．同様に，回転させるかどうかは，テスト時にどのように配置されるかによって決まる．
- 切り抜き：画像をランダムに切り抜いた一部分から機械学習で画像分類できる．例えば，動物の画像認識では，顔の部分だけから認識できる．典型的な手法は，必要より解像度を高くした画像から切り抜いて入力に必要な解像度にするものだ．
- 回転：適切な軸で画像を回転する．角度の範囲を制限して安全性を保つ．
- 平行移動：これは，上下左右のいずれかへの画像の剛体移動を表し，データの位置の偏りを避けるためには非常に有効な手法だ．例えば，データセットのすべての画像が中央に配置されている場合，分類器は完全に中央に配置された画像に対してのみテストされる．元の画像のサイズを保持するために，平行移動後の残りの空間は，定数値（0 や 255 など）あるいはガウスノイズやランダムノイズで埋められる．

　空間変換には色を加える必要がある．カラー画像はその幅×高さに等しいサイズの3つの行列で符号化される．これらの行列は RGB 各チャンネルのピクセル値を表す．明度の偏りは，認識問題で最も一般的な課題だ．その場合の変換の意味は理解しやすい．明度を変更する手っ取り早い方法は，個々のピクセルに定数値を加減するか，3つのチャンネルを分離することだ．別の方法は，色空間の特性を変更するフィルタを適用して，色ヒストグラムを操作することだ．これらの手法の欠点は，必要なメモリの増加，変換コスト，学習時間だ．また，色そのものの情報が失われる可能性もあり，安全とは言えない変換だ．それでは，色空間での変換をいくつか見てみよう．

- 明度とコントラスト：照明の状態は，物体の認識に大きな影響を与える．そのため，照明が異なる場所で画像を取得したり，画像の明るさやコントラストをランダムに変化させることで対処することが可能だ．
- 色歪み：この特性は様々な種類の歪み（伸縮）を受けたオブジェクトやわずかに異なる視点から見たオブジェクトについて考えるとき興味深い．

　理想的な変換の選択は，データセットの特性による．一般的なルールとしては，ク

ラス内では変換のバリエーションを最大化し，異なるクラス間では最小化することだ．データ拡張は，モデル訓練の収束を遅らせるが，テスト段階での正確度を増すことを考えるなら，この要因は問題にならない．

　PythonのKerasライブラリでデータ拡張ができる．ImageDataGeneratorクラスには画像への空間変換と色空間変換メソッドがある．このクラスの使用法を理解するために，例を詳細に分析しよう．Pythonコード（image_augmentation.py）を次に示す[*1]．

```
from keras.utils import load_img
from keras.utils import img_to_array
from keras.preprocessing.image import ImageDataGenerator

image_generation = ImageDataGenerator(
        rotation_range=10,
        width_shift_range=0.1,
        height_shift_range=0.1,
        shear_range=0.1,
        zoom_range=0.1,
        horizontal_flip=True,
        fill_mode='nearest')

source_img = load_img('colosseum.jpg')
x = img_to_array(source_img)
x = x.reshape((1,) + x.shape)

i = 0
for batch in image_generation.flow(x, batch_size=1,
            save_to_dir='AugImage', save_prefix='new_image',
            save_format='jpeg'):
    i += 1
    if i > 50:
        break
```

　この実行コードを理解するために1行ごとに調べよう．まずライブラリのインポートだ．

```
from keras.utils import load_img
```

[*1] 訳注：このコードを実行するには，
1) tensorflowのインストール，
2) Pillowがインストールされ from PIL import Image, ImageFilter をしている．
3) GitHubにある colosseum.jpg というファイルをPythonの作業ディレクターにコピーしておく．
4) 結果を保存する AugImage というサブフォルダを作るか，コード中のディレクトリ指定を変更する．
という準備をしておかないといけない．

```
from keras.utils import img_to_array
from keras.preprocessing.image import ImageDataGenerator
```

データ処理のため3つライブラリをインポートする．すべて Keras の前処理モジュールだ．このモジュールには，データの前処理や拡張，さらに画像，テキスト，シーケンスデータを扱う機能が含まれる．最初に，画像をファイルから PIL オブジェクトとしてロードするために load_img 関数をインポートする．PIL は，Python 画像ライブラリの略で Python で画像編集をするためだ．インポートする 2 番目の関数は img_to_array で，PIL 画像を NumPy 配列に変換する．最後は ImageDataGenerator 関数で，ソースから新たな画像を生成する．

パラメータを設定して生成器を定義しよう．

```
image_generation = ImageDataGenerator(
        rotation_range=10,
        width_shift_range=0.1,
        height_shift_range=0.1,
        shear_range=0.1,
        zoom_range=0.1,
        horizontal_flip=True,
        fill_mode='nearest')
```

次のようなパラメータを設定した．
- rotation_range： ランダムな回転の角度の範囲を定める整数値
- width_shift_range： 画像を左右に移動する幅（水平移動）
- height_shift_range： 画像を上下に移動する幅（垂直移動）
- shear_range： 等積せん断変形をランダムに行うための値
- zoom_range： ランダムに拡大するための値
- horizontal_flip： ランダムに水平反転するための値
- fill_mode： 回転や移動で新たに生じたピクセルへの色のつけ方の指定

次に，ソース画像をロードする．

```
source_img = load_img('colosseum.jpg')
```

これはコロッセウムという名前で知られるフラウィウス円形闘技場でローマ（イタリア）にあり，世界最大のローマ時代の闘技場として有名だ．画像のロードには load_img 関数を用い，PIL 画像オブジェクトにする．さらに次の処理を行う．

```
x = img_to_array(source_img)
x = x.reshape((1,) + x.shape)
```

まず PIL 画像（783.1156）を NumPy 行列（783,1156,3）に変換する．次に，NumPy 配列に次元を追加して，ImageDataGenerator 関数で扱えるようにする．

やっと最後の画像生成になる．

```
i = 0
for batch in image_generation.flow(x, batch_size=1,
            save_to_dir='AugImage', save_prefix='new_image',
            save_format='jpeg')
    i += 1
    if i > 50:
        break
```

これには for ループを使い，flow メソッドを活用する．これは，データとラベルから，拡張データをまとめて生成する．次のようなパラメータを渡す．

- 入力データ（x）：ランク 4 の NumPy 配列またはタプル．
- batch_size：整数値
- save_to_dir：オプションで生成した拡張画像を保存するディレクトリを指定する．この場合は AugImage フォルダで，前もって作っておかないといけない．
- save_prefix：保存画像のファイル名用接頭辞
- save_format：生成画像ファイルの形式．PNG, JPEG, BMP, PDF, PPM, GIF, TIF, JPG が利用可能だ．

最後に，break で for ループを閉じる．これがないと無限に続く．

すべてうまくいけば 50 枚の画像が AugImage フォルダで見つかる．図 3.10 のスクリーンショットは，画像のサムネイルだ．

データを実際にどう生成するかを見たので，検定統計量に移ろう．

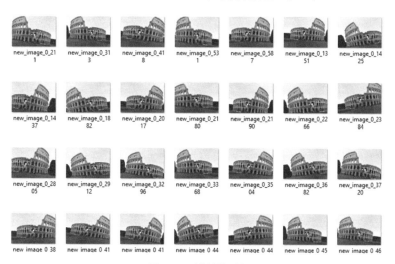

図 3.10　画像拡張の例

3.7 検定力分析のシミュレーション

2.5 節では統計的検定の概念を学んだ．統計的検定は，作業仮説や帰無仮説と呼ばれる初期仮説を高度な確信度で検証するプロセスだ．これは利用可能な数値データの分析に基づく計算手続きであり，そのデータは特定の確率変数の観測値として解釈される．

3.7.1 統計的検定の検出力

統計的検定の検出力は，立てた仮説がデータによって確認される確率について，重要な情報を提供する．これにより，我々は研究結果の信頼性を評価でき，また，より重要なこととして，統計的に有意な結果を得るのに必要な標本のサイズを評価できる．

仮説検定は，ある仮説が実験結果によって支持されるかどうか，またどの程度支持されるかを検証する．目的は，ある母集団について立てた仮説が，真か偽かの判断だ．研究対象となる現象は，分布によって表現可能でなければならない．仮説検定は，研究対象のパラメータに関する仮説をたてて問題を定義することから始まる．仮説検定では，2 種類の誤りを犯す可能性がある．

- 第一種の過誤：帰無仮説が真であるのに，それを棄却すること．仮説検定の手順が，どのデータが研究仮説を支持すると示すにもかかわらず，この研究仮説が偽の場合だ．
- 第二種の過誤：帰無仮説が誤りであるのに，その仮説を受け入れること．仮説検定の手順から，結果が決定的ではないことを示すにもかかわらず，研究仮説が真の場合だ．

第一種の過誤の確率は有意水準と呼ばれ，確信度のようなものであり，ギリシャ文字の α で表す．

統計的検定は次の 2 つの場合に正確な結論になる．

- 帰無仮説が真であるときに，棄却しない場合
- 帰無仮説が偽であるときに，棄却した場合

第一種の過誤と第二種の過誤とは，ある種の競合関係がある．有意水準を下げると，つまり第一種の過誤を犯す確率を下げると，第二種の過誤の確率が増加し，その逆も成り立つ．2 つのうちどちらがより有害かを見て選択しなければならない．両方を減らすには，データ量を増やすしかない．しかし，標本を拡張することは，すでに収集済みであったり，あるいは研究者の都合により，必要なコストや時間が過大になるために必ずしも可能ではない．

検定の検出力は，統計的検定が，帰無仮説が実際に偽であるときに，それを棄却する確率で測定される．言い換えれば，検定の検出力とは，違いがあるときにその違い

を検出する能力だ．統計的検定は，標本サイズに関係なく，有意水準が一定になるように構成する．しかし，この結果は，検定の検出力を犠牲にして達成される．なぜなら検出力は標本サイズが大きくなるにつれて増加するからだ．

検定の検出力に影響する次の6つの要因がある．
- 有意水準：検定によって推定される確率が，あらかじめ設定された臨界値より低い場合にのみ，検定は有意となる．この臨界値は通常 0.05 から 0.001 の範囲で選ばれる．

  帰無仮説における観測値と期待値の差の大きさは，検定の検出力に影響する第2要因だ．多くの場合，検定は平均値との差について行われる．統計的検定の検出力は，差の絶対値の増加関数である．
- データのばらつき：検定の検出力は分散の減少関数だ．
- 仮説の方向性：検定で検証される対立仮説 H_1 は，両側性でも片側性でもよい．
- 標本サイズ：これは，実験の計画段階や結果の評価において，検定の検出力に最も大きな影響を与えるパラメータであり，研究者の行動と密接に関係している．
- 検定の特性：同じデータであっても，すべての検定が帰無仮説が偽のときに同じように棄却できる能力を備える訳ではない．よって，最も適切な検定を選ぶことが非常に重要だ．

不十分な検出力で得られた結果は，誤った結論につながる．それが，十分な検出力での結果だけを考慮すべき理由だ．80%の検出力水準で実験を計画することはよくあるが，その結果，第二種の過誤を起こす確率は20%になる．適切な検出力を確保する主な方法は，研究プロトコルで適切なサンプルサイズを計画することである．

3.7.2 検定力分析

検定力分析は，実験プロジェクトの最初に正しい標本サイズを決めるために行われる．実際，プロジェクト開始のたびにいくつもの決定を行う必要があるが，その1つに標本サイズがある．

検定力分析は一般に次の2つの目的で使われる．
- 事後的に検定の検出力を決定する：ある特定の標本（サイズ N）に対する調査をある水準で行ったとき，そこで得られた結果から効果量 [*2)] を計算でき，正しい選択をした確率のような検出力を推定できる．
- 事前に標本サイズを決定する：有意水準が定まり，ある検出力の実験を行うために，標本サイズはどうすべきかを求める．

検定力分析は次の指標に基づく．

---

*2) 訳注：効果量とは，調査結果の重要性を示す量．たとえば2つのグループを比較するとき，平均値の差を標準偏差で割った量は，その例である．効果量が大きいほど，検定が差を見出す能力が大きいことを示す．

- 効果量
- 検定力
- 有意水準
- 標本サイズ

これらの量は互いに関連する．有意水準が低下すると検出力が下がり，標本が大きければ効果が検出しやすくなる．そして，これらのどの値も，残りの3つの値がわかれば評価できる．実験計画では，有意水準，検出力，効果の大きさを設定して，実験で有効な結果を得るために収集しなければならない標本の大きさを推定できる．あるいは，実験の検証手順において，標本サイズ，効果量，有意水準を設定した上で，第二種の過誤を犯す確率である検出力を計算できる．

さらに，検定力分析を数回行い，その結果をグラフにして感度分析ができる．こうすると，必要な標本サイズが，有意水準の増減によってどのように変化するかがわかる．

Python環境で検定力分析を行う方法を確認するために，statsmodels.stats.powerパッケージを使える．このパッケージには，様々な統計検定やツールが含まれる．どのモデルにも依存しないのも，モデルやモデル結果の延長もある．いつものように，どのように機能するかを理解するために，実際の例を詳細に分析する．次にPythonコード（power_analysis.py）を示す．

```python
import numpy as np
import matplotlib.pyplot as plt
import statsmodels.stats.power as ssp

stat_power = ssp.TTestPower()
sample_size = stat_power.solve_power(effect_size=0.5,
            nobs = None, alpha=0.05, power=0.8)
print('Sample Size: {:.2f}'.format(sample_size))

power = stat_power.solve_power(effect_size = 0.5,nobs=33,
                        alpha = 0.05, power = None)
print('Power = {:.2f}'.format(power))

effect_sizes = np.array([0.2, 0.5, 0.8, 1])
sample_sizes = np.array(range(5, 500))
stat_power.plot_power(dep_var='nobs', nobs=sample_sizes,
            effect_size=effect_sizes)
plt.xlabel('Sample Size')
plt.ylabel('Power')
plt.show()
```

いつものようにコードを1行ごとに分析する．ライブラリのインポートから始めよう．

```python
import numpy as np
import matplotlib.pyplot as plt
```

```
import statsmodels.stats.power as ssp
```

最初に numpy ライブラリをインポートする (2.4.3 項参照). 次に matplotlib.pyplot ライブラリをインポートする. matplotlib ライブラリは 3.4.3 項参照. 最後に, statsmodels.stats.power をインポートする.

最初に, 検出力分析を行う.

```
stat_power = ssp.TTestPower()
sample_size = stat_power.solve_power(effect_size=0.5,
            nobs = None, alpha=0.05, power=0.8)
print('Sample Size: {:.2f}'.format(sample_size))
```

最初の命令は, 2つの独立標本に対する t 検定の検出力を集約分散を使って計算するインスタンスを作る. 2番目の命令は, solve_power() 関数を使い, 標本 t 検定の検出力のパラメータを解く. すでに述べたように, effect_size, nobs, alpha, power の4つのパラメータがある. これらのパラメータのうち1つは None に設定し, 他はすべて数値が必要だ. この例では, nobs = None が設定され, 標本サイズを表す. このように計算すると, effect_size を 0.5, 有意水準 0.05 として, 検出力 0.8 を得るのに必要なサンプル数が求まる. 最後に結果を画面に表示する.

```
Sample Size = 33.37
```

次に, 標本数を入力して, 可能な検出力を得る方法を見てみよう.

```
power = stat_power.solve_power(effect_size = 0.5,nobs=33,
            alpha = 0.05, power = None)
print('Power = {:.2f}'.format(power))
```

再度 solve_power() 関数を使ったが, 今回は power = None としている. 次の結果が表示される.

```
Power = 0.80
```

3番目の演算では, 標本数が変わると検出力がどう変わるかグラフにする.

```
effect_sizes = np.array([0.2, 0.5, 0.8, 1])
sample_sizes = np.array(range(5, 500))
stat_power.plot_power(dep_var='nobs', nobs=sample_sizes,
            effect_size=effect_sizes)
plt.xlabel('Sample Size')
plt.ylabel('Power')
plt.show()
```

まず始めに, 2つのベクトルを設定した. 1つ目のベクトルは, effect_sizes の設定だ. ヤコブ・コーエンによれば, 0.2 は小さい, 0.5 は中程度, 0.8 は大きい効果量に相当する. コーエンは, 2つの割合の差を定量化するために, 2つの割合の距離の尺度を導入した. 彼は, 標準偏差の 20% 未満の平均値の差は, たとえ潜在的に有意で

あっても無関係とみなすべきと考えた．2番目のベクトルには，分析する標本数の変動が含まれる．

次いで，plot_power 関数を使い，標本数に対する検出力の傾向を示すグラフを描く．次の3パラメータが渡された．

- dep_var: 水平軸の変数指定
- nobs: グラフに表示する観測数の指定
- effect_size: グラフに表示する効果量の指定

図 3.11 のグラフが表示された．

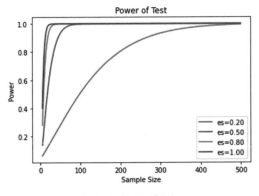

図 3.11 検定の検出力

図 3.11 の分析から，効果量が減ると，検出力を少なくとも 80%に保つための標本数が急増することがわかる．

3.8 まとめ

確率論の基本を深く知ることで，ランダムな現象の仕組みが理解できる．事前確率，複合確率，条件付き確率の違いを学んだ．また，ベイズの定理により，事前確率と条件付き確率の知識から，ある事象の原因の条件付き確率を計算できることがわかった．さらに，いくつかの確率分布と，その分布が Python でどのように生成されるかを学んだ．

本章の後半では，Keras ライブラリで実際にデータ拡張を行い，合成データ生成の基本を学んだ．最後に，統計的検定の検出力について調べた．

次章では，モンテカルロシミュレーションの基本概念を学び，アプリケーションを検討する．そして，ガウス分布の乱数列を生成する方法を学ぶ．最後に，定積分を計算するためのモンテカルロ法という実用アプリケーションについて学ぶ．

第 II 部

シミュレーションモデリング アルゴリズム と 技法

第 II 部では，数値シミュレーションでよく使われるアルゴリズムを分析する．これらの技法の基本を学び，実際の問題に適用する方法を理解する．

第 II 部は次の章からなる．
- 第 4 章　モンテカルロシミュレーション
- 第 5 章　シミュレーションに基づいたマルコフ決定過程
- 第 6 章　リサンプリング手法
- 第 7 章　シミュレーションを使ってシステムを改善し最適化する
- 第 8 章　進化システム入門

4

モンテカルロシミュレーション

モンテカルロシミュレーションは，確率変数が関与し，解析的な手法では複雑すぎる，あるいは解けない問題を再現し，数値的に解くために使われる．また，シミュレーションを用いるので，入力変数や出力関数の変化の影響を，より簡単に，より詳細に調べられる．プロセスのモデル化と乱数の生成から始め，複数回のシミュレーションを行い，ある結果が得られる確率の近似値を得ることができる．

この方法は，従来は決定論的な単純化によってしか解けなかった複雑な問題を扱うことができるため，多くの科学技術分野で重要視されている．この手法は主に，最適化，数値積分，確率関数生成という3分野で利用されている．本章では，モンテカルロ法に基づくプロセスシミュレーションのための様々な技法を検討する．まず，基本的な概念を，次に実際に適用する方法を学ぶ．

本章では次のような内容を扱う．
- モンテカルロシミュレーション入門
- 中心極限定理の理解
- モンテカルロシミュレーションの応用
- モンテカルロ法を使う数値積分
- 感度分析の概念の検討
- 交差エントロピー手法

4.1 技術要件

本章では，モンテカルロシミュレーション入門を学ぶ．このテーマについては，代数と数理モデルの基本知識が必要だ．

本章のPythonコードを扱うには（本書付属のGitHubにある）次のファイルが必要だ．
- simulating_pi.py
- central_limit_theorem.py
- numerical_integration.py
- sensitivity_analysis.py
- cross_entropy.py

- cross_entropy_loss_function.py

4.2 モンテカルロシミュレーション入門

シミュレーションでは，プロセスの進化を追うと同時に，将来起こりうるシナリオを予測できる．シミュレーションは，システムを忠実に模倣するモデルを構築することから始まる．そのモデルから，起こりうる場合のサンプルを多数生成し，時間的に進化する様子を検討する．その結果を時系列として分析し，どのような代替の判断が可能かを明らかにする．

モンテカルロシミュレーションという用語は，第二次世界大戦の初期にJ.フォン・ノイマンとS.ウラムによって，ロスアラモス核研究所におけるマンハッタン計画の一環として誕生した．彼らは，核爆発のダイナミクスを記述する方程式のパラメータを，確率変数に置き換えた．モンテカルロという名前は，モナコ公国の有名なカジノの特徴である，賞金獲得の不確実性に由来する．

4.2.1 モンテカルロシミュレーションの要素

シミュレーションで満足できる結果を得るには，モンテカルロ法を使うアプリケーションで次の要素が必要だ．
- 物理系の確率密度関数（PDF）
- 統計誤差を推定し低減する手法
- $[0, 1]$ 区間の一様分布関数を与える一様乱数生成器
- 一様な確率変数を母集団変数に変換する逆関数
- 指定した体積に空間を分割できるサンプリング規則
- 利用可能なコンピュータアーキテクチャを効率的に実装する並列化および最適化アルゴリズム

モンテカルロシミュレーションは，対象とする現象の様々な可能性を計算するが，その特定の状況が生じる確率もあわせて計算する．この過程で現象のパラメータは，その範囲を全て網羅するように探索される．

こうして標本をランダムに計算して，シミュレーションはその標本から必要な量を測定収集する．この測定の平均値が，真の値に収束するなら，正しく実行されたと言える．

現象が n 回観測され，各事象で採用された手法が記録され，統計分布が特定されるというのがモンテカルロシミュレーションの機能だとまとめられる．

4.2.2 最初のモンテカルロアプリケーション

モンテカルロ法の基本的な目標は,母集団を代表するパラメータの推定だ.そのために,コンピュータで母集団の標本を構成する n 個の乱数を生成する.

例えば,現在は未知のパラメータ A を推定したいとする.A は確率変数の平均値とする.この場合,モンテカルロ法は,X の N 個の値からなる標本の平均値を計算して,パラメータを推定する.これは図 4.1 にあるように,乱数使用を含む手続きで行われる.

図 4.1 乱数生成器を含むプロセス

モンテカルロシミュレーションでは,現象の様々な可能性を計算して,すべての可能なパラメータを探索する.

> この計算では,各事象の確率の重みが重要となる.代表となる標本を計算するとき,シミュレーションは対象とする量をこの標本で測る.

系のこれらの測定値の平均が実際の値に収束するなら,モンテカルロシミュレーションはうまく機能している.

4.2.3 モンテカルロアプリケーション

モンテカルロシミュレーションは,次の問題を解くのに有効なツールだと証明されている.
- 確率変数のランダムなゆらぎにかかわる現象を含む本質的に確率的な問題
- ランダムな要素がまったくなく本質的に決定論的な性質の問題だが,解法が確率変数の関数の期待値として扱えるもの

モンテカルロ法を適用する必要条件は実験の独立性と類似性だ.独立性とは,反復実験の結果がお互いに影響を与えてはならないと理解される.類似性とは,同じ実験を n 回繰り返しても,同じ特性が観測されることだ.

4.2.4 モンテカルロ法を用いた π の値の推定

モンテカルロ法は統計を用いる問題解決戦略だ.ある事象の確率を P で表すと,こ

の事象をランダムにシミュレーションして，事象が起こる回数とシミュレーションの全回数との比から次のように P を求めることができる．

$$P = \frac{事象の起こる回数}{シミュレーションの全回数}$$

この戦略を使って π の近似値が得られる．π は円と直径との関係を示す数学定数だ．円周を C，直径を d とすれば，$C = \pi d$ だ．直径が 1 なら円周の長さは π だ．

> 通常，π の近似値は 3.14 と単純化されている．しかし，π は無理数であり，小数点以下の桁は無限にあり，繰り返しパターンになることもない．

円の半径を 1 とすると，1 辺が 2 の正方形に内接する．簡単のために右上の 1/4 だけを示すと図 4.2 のようになる．

図 4.2 正方形に内接する円の一部

この図を分析すれば，青の正方形の面積が 1，黄色の円の 1/4 の面積が $\pi/4$ になることがわかる．正方形の内部に大量の点をランダムに配置する．大量でランダムに分布すれば，面積のサイズをその中の点の個数で近似できる．

N 個の点をこの正方形の内部にランダムに配置して，円に含まれる部分の個数 M を数え，その比は $\pi/4$ になる．よって，次の式が得られる．

$$\pi = \frac{4 \times M}{N}$$

点の個数が増えるほど，π の近似値は精度が上がる．

それでは，π を推定するシミュレーション実装を理解するためにコード（simulating_pi.py）を 1 行ずつ分析しよう．

1. まず，必要なライブラリをインポートする．

```
import math
import random
import numpy as np
import matplotlib.pyplot as plt
```

mathライブラリは，C標準ライブラリの数学関数を提供する．randomライブラリは，様々な分布の擬似乱数生成器を実装する．randomモジュールはメルセンヌ・ツイスターアルゴリズムを使う．numpyライブラリは2.4.3項参照．最後のmatplotlibライブラリは高品質グラフを出力するためだ．

2. パラメータの初期化に移る．

```
N = 10000
M = 0
```

すでに述べたように，Nは生成する点の個数，つまり，ばらまく点だ．Mは円の内部に落ちた点の個数だ．初めは0で，点を生成しては，チェックする．うまくいけば，この個数は徐々に増える．

3. 生成する点の座標を含むベクトルの初期化に進もう．

```
XCircle=[]
YCircle=[]
XSquare=[]
YSquare=[]
```

ここでは，CircleとSquareの2種類の点を定義する．Circleは円の内部に落ちた点，Squareは円の外部の正方形内に落ちた点だ．それでは，点を生成しよう．

```
for p in range(N):
    x=random.random()
    y=random.random()
```

ここではforループを使い，N個分を繰り返す．randomライブラリのrandom関数を使って点を生成する．random関数は内部で生成したシーケンスから次の浮動小数点値を返す．すべての値は0と1.0との間だ．

4. 生成した点がどこに落ちるかチェックする．

```
if(x**2+y**2 <= 1):
        M+=1
        XCircle.append(x)
        YCircle.append(y)
    else:
        XSquare.append(x)
        YSquare.append(y)
```

ifで点の位置を調べる．円周上の点は次の式で定義されることを思い出そう．

$$(x - x_0)^2 + (y - y_0)^2 = r^2$$

$x_0 = y_0 = 0$ で，$r = 1$ なら，この式は次のようになる．

$$x^2 + y^2 = 1$$

これにより，点が円内に落ちるために必要な条件が次になることがわかる．

$$x^2 + y^2 \leq 1$$

この条件が満たされれば，M が 1 つ増え，x と y の値が Circle 点ベクトル (XCircle,YCircle) に格納される．そうでないなら，M の値はそのままで，x と y の値が Square 点ベクトル (XSquare,YSquare) に格納される．

5. 予定した 1 万点を生成したので，π を推定できる．

```
Pi = 4*M/N
print("N=%d M=%d Pi=%.2f" %(N,M,Pi))
```

これで Pi を計算し，結果を次のように出力する．

```
N=10000 M=7857 Pi=3.14
```

この推定値は納得できる．通常，小数第 2 位で止めるのでこれでよい．次に，生成した点のグラフを描く．まず，円弧を描く．

```
XLin=np.linspace(0,1)
YLin=[]
for x in XLin:
    YLin.append(math.sqrt(1-x**2))
```

numpy ライブラリの linspace 関数は端点 (0,1) の間に均等に散らばった N 個の数値を含む配列を定義する．これが円弧 (XLin) 上の点の x 軸の値になる．y 軸 (YLin) の値は，次の式から得られる．

$$y = \sqrt{1-x^2}$$

平方根の計算には math.sqrt 関数を使う．

6. すべての点について，グラフを描く．

```
plt.axis    ("equal")
plt.grid    (which="major")
plt.plot    (XLin , YLin, color="red" , linewidth="4")
plt.scatter(XCircle, YCircle, color="yellow", marker   =".")
plt.scatter(XSquare, YSquare, color="blue"  , marker   =".")
plt.title   ("Monte Carlo method for Pi estimation")
plt.show()
```

scatter 関数で，散布図として点を表せる．図 4.3 が出力される．

本節の冒頭で述べたように，円内の点を黄色，円外の点を青でプロットした．区別をはっきりさせるため，円周は赤にした．

モンテカルロ法で π を推定したので，今度は，乱数生成に基づくシミュレーションの基本概念をより掘り下げて理解するときだ．

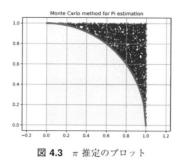

図 4.3 π 推定のプロット

4.3 中心極限定理の理解

モンテカルロ法は，本質的には確率変数の期待値，つまり，直接計算では簡単に計算できない期待値を求める数値解法だ．結果を得るために，モンテカルロ法は統計学の基本定理，大数の法則と中心極限定理に基づいている．

4.3.1 大数の法則

この定理は，膨大な個数の変数 x $(N \to \infty)$ を考えると，平均値を積分して求めれば，近似的に期待値の推定になることを述べる．理解するために例をあげよう．硬貨投げを 10 回，100 回，1000 回行い，表の出る回数を調べる．結果は表 4.1 にまとめられる．

表 4.1 硬貨投げの結果を示す表

硬貨投げの回数	表の回数	表の頻度
10	4	40%
100	44	44%
1000	469	46.9%

表の右端を見れば，頻度が確率（50%）に近づいていくことがわかる．よって，試行回数が増えれば，頻度が理論的な確率の値に近づくと言える．試行回数が無限になれば，理論値になる．

> 大数の法則の利用法は様々だ．4.2.4 項では，大数の法則によって，円内に落ちる点の割合が面積比に近づく．こうして，乱数を生成するだけで π の値の推定ができた．また，この場合には，乱数の個数が増えれば，π の推定値が期待される値に近づく．

大数の法則は，定積分を推定するモンテカルロ分析の中心すなわち乱数生成の基準

点と，重みすなわちその試行の重要性の尺度の決定を可能にするが，N がどれだけ大きければよいかについては述べない．どれだけの大きさであればシミュレーションがうまくいくか理解するための推定がないので，どれだけ大きければ十分かがわからない．この問いに答えるには，中心極限定理が必要だ．

4.3.2 中心極限定理

モンテカルロ法では，大数の法則により期待値の推定値が得られるだけでなく，それに関連する不確実性の推定も可能だ．これは中心極限定理により可能となり，この定理は期待値の推定と結果の信頼度を返す．

> 中心極限定理を要約すると，任意の分布に従うデータセットからとった標本のサイズが十分に大きければ，標本平均の分布は正規分布を近似する．

大数の法則は乱数を用いると期待値を評価できることを教えてくれるが，中心極限定理はその分布について情報を与える．

中心極限定理の興味深い点は，乱数を形成する N 個の標本を生成する関数の分布には何の制約もないことだ．乱数の分布が何かは重要でなく，標本平均が有限の分散を持ち，非常に多くの標本が得られるなら，正規分布で記述できるということだ．

実際の例を見よう．一様分布で1万個の乱数を生成する．この母集団から無作為抽出で100個の標本を得る．この操作を一定回数繰り返して各回ごとにその平均を評価し，値をベクトルに格納する．最後に，得られた分布のヒストグラムを描く．次が，Python コード（central_limit_theorem.py）だ．

```
import random
import numpy as np
import matplotlib.pyplot as plt
a=1
b=100
N=10000
DataPop=list(np.random.uniform(a,b,N))
plt.hist(DataPop, density=True, histtype='stepfilled', alpha=0.2)
plt.show()

SamplesMeans = []
for i in range(0,1000):
    DataExtracted = random.sample(DataPop,k=100)
    DataExtractedMean = np.mean(DataExtracted)
    SamplesMeans.append(DataExtractedMean)
plt.figure()
plt.hist(SamplesMeans, density=True, histtype='stepfilled', alpha=0.2)
plt.show()
```

さて，中心極限定理を理解するためにシミュレーションをどのように実装している

か，コードを 1 行ずつ見ていこう．

1. まず，必要なライブラリをインポートする．

```
import random
import numpy as np
import matplotlib.pyplot as plt
```

これらのライブラリの説明は 4.2.4 項参照．

2. パラメータの初期化に移る．

```
a=1
b=100
N=10000
```

a と b は区間の端点で，N は生成する個数だ．

さて，NumPy の random.uniform 関数を使って次のように一様分布を生成する．

```
DataPop=list(np.random.uniform(a,b,N))
```

3. ここで，データのヒストグラムを描いて，一様分布だということを確かめる．

```
plt.hist(DataPop, density=True, histtype='stepfilled', alpha=0.2)
plt.show()
```

matplotlib.hist 関数が，連続値のヒストグラムを描く．

ヒストグラムは，部分区画に独立変数を分けて統計データを表示するため，様々な場面で使われる．

図 4.4 が出力される．

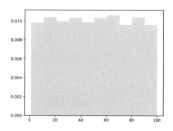

図 4.4 データの分布のプロット

分布は一様に見える．各ビンがほぼ同じ度数であることがわかる．

4. 次は，生成した母集団から標本を無作為抽出した値を渡す．

```
SamplesMeans = []
for i in range(0,1000):
    DataExtracted = random.sample(DataPop,k=100)
    DataExtractedMean = np.mean(DataExtracted)
    SamplesMeans.append(DataExtractedMean)
```

まず，標本のベクトルを初期化する．そのために for ループで 1,000 回繰り返す．各ステップで，random.sample 関数を使い，生成した母集団から 100 個の標本を抽出する．random.sample 関数は入力シーケンスを変えず，重複値のない標本を抽出する．
5. 抽出した標本の平均を計算し，結果をベクトルの末尾に追加する．後は，結果を可視化して調べるだけだ．

```
plt.figure()
plt.hist(SamplesMeans, density=True, histtype='stepfilled', alpha=0.2)
plt.show()
```

図 4.5 のヒストグラムが出力される．

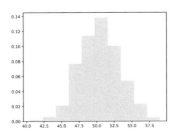

図 4.5 抽出した標本のプロット

分布は典型的なベル型の正規分布の曲線だ．これは，中心極限定理の証明になる．これで，新しく学んだモンテカルロシミュレーション概念を実際に使う準備ができた．

4.4 モンテカルロシミュレーションの応用

モンテカルロシミュレーションは，ランダムに生成した入力を使ったモデルの反応を研究するのに使われる．シミュレーションプロセスは，次の 3 段階からなる．
1. N 個の入力をランダムに生成する．
2. N 個の入力のそれぞれについてシミュレーションを行う．
3. シミュレーションの出力を集約して検討する．よく使われる指標には，出力の平均値の推定，値の分散，最小値や最大値等がある．

モンテカルロシミュレーションは，金融，物理，数理の各モデルの分析に広く使われる．

4.4.1 確率分布の生成

解析的手法を使えない確率分布の生成がモンテカルロ法では簡単にできる．例えば，日本での 1 年間の地震による被害額の確率分布を推定したいとする．

> この種の分析では2つの不確実性の源がある．すなわち，地震が1年間に何回起こるかと，地震でどれだけ多くの損害が出るかだ．これらの論理的な要素に確率分布を割り当てることができたとしても，それらの情報を合わせた解析手法で年間損失の分布を得られるとは限らない．

この種の場合は，次のようにモンテカルロシミュレーションが簡単だ．
1. 乱数は，年間の事象数の分布から抽出される．
2. 事象が過去に起こったなら，損害の分布から抽出する．
3. 最後に，抽出した値を加算して，事象による年間の損害額を求める．

これらの3つの作業を繰り返して，年間損害額の標本が生成され，そこから解析的に得られない確率分布の推定が可能となる．

4.4.2 数値最適化

関数の極小値を求めるには様々なアルゴリズムがある．このようなアルゴリズムは通常，次のような手順を踏む．
1. ある点から開始する．
2. どちらの方向に行くと現在の値より小さくなるか調べる．
3. その方向に，現在よりも小さな値の点を見つける．

これを繰り返して極小値を求める．極小値が1つしかなければ，この手法で最小値が得られる．しかし，極小値が複数ある関数で，全体の最小値を求めたい場合はどうすればよいか．図4.6には，この2つの場合，極小値が1つだけ（左）と複数の極小値がある（右）場合を示す．

図4.6 2つの分布のグラフ

局所探索アルゴリズムでは，関数の極小値で止まってしまう．求められた極小値が全体の最小値かたくさんある極小値の1つかどうすればわかるだろうか．これを完全に行う方法はない．現実的な唯一の方法は，様々な領域を調べて，多数の極小値の中から全体の最小値を見つける確率を増やすというものだ．

> 多次元で制約がある非常に複雑な領域で探索するための様々な方法が開発されている．

モンテカルロ法はこの問題の解決法を与えるのだ．つまり，領域に属する点の初期母集団を作り，その後は，点と点を結合するアルゴリズムを定義することで進化させ，世代を新しくするのだが，そのアルゴリズムには遺伝的な突然変異も発生させる．異なる世代の点を求めるシミュレーションには，選択プロセスを介入させ，最良の点，すなわち関数の最小値を与える点だけを残すのだ．

各世代は，最も優れた点を追跡する．この処理を続けると，点は局所最小値に向って移動するが，同時に，多数の最適化領域を探索する．この処理は永遠に続けることができるが，ある時点で停止して，大域的な最小値の推定として最良の点が取られる．

4.4.3 プロジェクト管理

モンテカルロ法では，興味深いイベントの振る舞いをシミュレーションできて，一般に，平均，分散，確率密度関数などの確率変数の特性を結果として返し，シミュレーションの質についての重要な情報を与える．

これは，一連のシミュレーションによって不正確さのレベルを下げて推定できるため，見通しが非常に不確かなプロジェクトのあらゆる状況に適用可能な統計分析技法だ．その意味で，プロジェクトに関する時間，コスト，リスクを分析するとき，従ってこのプロジェクトが関係者全体に及ぼす影響を評価するときに適用できる．

> これらの変数に対して，シミュレーションは単一の推定値を与えるのではなく，可能な推定値の範囲を，それに伴う，それが正確である確率の程度とともに，与える．

例えば，この技法を使って，離散的に行う一連のシミュレーションサイクルから，プロジェクト全体のコストを見積もることができる．プロジェクトの計画段階で，プロジェクトの活動を特定し，それぞれの活動に伴うコストを推定できる．このようにして，プロジェクトの全体コストを見積もる．しかし，個別のコスト推定に頼るので，全体のコスト，すなわち，完了コストは確かにはならない．このような場合に，モンテカルロシミュレーションを使うことができる．

次に，モンテカルロシミュレーションを使って，積分の計算方法を学ぼう．

4.5 モンテカルロ法を使う数値積分

モンテカルロシミュレーションは，定積分の数値解になる．実際，モンテカルロアルゴリズムによって，解析的に解けない多変数積分問題を数値的に解くことができる．数値解の効率は，問題のサイズが増加するに連れて，他の方法よりも優れたものとなる．

> 定積分の問題を分析しよう．最も単純な場合，部分積分や置換積分などの技法がある．
> しかし，より複雑な場合には，コンピュータを使った数値手法が必要となる．その場
> 合，特に多次元積分の場合には，モンテカルロシミュレーションが簡単な解法となる．

しかし，このシミュレーションにより得られる結果は，積分の近似値であって正確な値ではないことをはっきりさせておくことが重要だ．

4.5.1 問題の定義

次の式では，I は関数 f の有限区間 $[a,b]$ における定積分を表すとする．また簡単のため，この区間で $f(x) \geq 0$ とする．

$$I = \int_a^b f(x)dx$$

区間 $[a,b]$ において，関数 f の最大値を求め，それを U と書く．これから行う近似の値を評価するために，区間 $[a,b]$ で高さ U の長方形を描く．関数 $f(x)$ の下の領域が $f(x)$ の定積分を表すが，これはたしかに区間 $[a,b]$ で高さ U の長方形より小さい．図 4.7 では，底辺が $[a,b]$ で高さが U の長方形の領域 A と，$f(x)$ の定積分を表す関数 f の下側の部分が示されている．

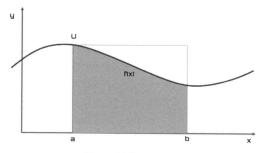

図 4.7 関数のプロット

この図式から次がわかる．
- $x \in [a,b]$
- $y \in [0,U]$

モンテカルロシミュレーションでは，x と y の両方が確率変数を表す．これは平面上で直交座標が (x,y) の点とも考えられる．目標は，この点が図 4.7 で灰色の領域にある，すなわち，$y \leq f(x)$ の確率を求めることだ．次の2つの領域が認められる．
- 関数 f の下側，定積分 I に対応する領域
- 底辺 $[a,b]$ で高さ U の長方形の領域 A

この 2 つの領域と確率との関係は，次の式で表される．

$$P(y \leq f(x)) = \frac{I}{A} = \frac{I}{(b-a)U}$$

モンテカルロシミュレーションによって，確率 $P(y \leq f(x))$ が推定できる．実際，4.2.4 項でも同じような場合を扱った．これを行うには，N 個の乱数対 (x_i, y_i) を次のように生成する．

$$x_i \in [a, b]$$
$$y_i \in [0, U]$$

考慮する区間で乱数を生成すれば，$y_i \leq f(x_i)$ となるかどうかわかる．この式が成り立った回数を M と表せば，試行を続けたときの M の変動を分析できる．確率 $P(y \leq f(x))$ の近似値が，次の値と等しくなる．

$$\mu = \frac{M}{N}$$

これは，乱数対 (x_i, y_i) の個数の増加とともに，精度が高まる近似である．この確率を計算すれば，以前の式を次のように用いて積分の値を追跡していくことが可能だ．

$$I \cong \mu(b-a)U = \frac{M}{N}(b-a)U = \frac{M}{N}A$$

これが，この問題の数学的な表現だ．数値解に取り掛かろう．

4.5.2 数　値　解

関数とその存在領域を定義するのに使うライブラリをはじめとして，シミュレーションに必要な要素をセットアップすることから始めよう．モンテカルロ法による数値積分の Python コードは次のように始める．

```
import random
import numpy as np
import matplotlib.pyplot as plt

random.seed(2)
f = lambda x: x**2
a = 0.0
b = 3.0
NumSteps = 1000000
XIntegral=[]
YIntegral=[]
XRectangle=[]
YRectangle=[]
```

このコードを分析すれば，中心極限定理の理解がどのようにシミュレーション手続きの実装につながったか理解できるだろう．

1. 最初に必要なライブラリをインポートする．

```
import random
import numpy as np
import matplotlib.pyplot as plt
```

これらのライブラリの説明は 4.2.4 項参照．シードを設定しよう．

```
random.seed(2)
```

同じデータセットを使ってシミュレーションを再現するには，random.seed 関数が役立つ．この関数は，基本乱数生成器を初期化する．同じシードを使って，シミュレーションを続ければ，常に同じ乱数対のシーケンスが得られる．

2. 積分する関数を定義する．

```
f = lambda x: x**2
```

Python で関数を定義するには，自動的に変数を割り当てる def 節を使わなければならないことは周知のことだ．定義された関数は，文字列や数値のような他の Python オブジェクトと同じように扱われる．これらのオブジェクトは，それを含む変数を定義することなくその場で作り使うことができる．

一方，Python では，この例のように lambda と呼ばれる構文で関数を使うこともできる．このように作られた関数は，無名関数と呼ばれる．この方式は，関数を他の関数に引数として渡すときにも使われる．ラムダ構文では，ラムダ節のあとに引数のリスト，コロン，引数を評価する式，入力値が続く．

3. 次に，引数を初期化する．

```
a = 0.0
b = 3.0
NumSteps = 1000000
```

4.5.1 項で述べたように，a と b は積分計算の区間の両端を表す．NumSteps は積分区間の分割ステップ数を表す．これが大きい方が，時間はかかるがシミュレーションの精度が良くなる．

4. 生成した数値対を格納するベクトルを定義する．

```
XIntegral=[]
YIntegral=[]
XRectangle=[]
YRectangle=[]
```

生成した y の値が $f(x)$ 以下なら，この値と x の値とを XIntegral, YIntegral ベクトルに追加する．そうでなければ，XRectangle, YRectangle ベクトルに追加する．

4.5.3 最小最大検出

モンテカルロ法を使う前に，関数の最小値と最大値を求めておくことが必要だ．

> 関数に 1 組の極小値/極大値しかなければ，手続きは単純だ．極小値/極大値が繰り返し出現するなら，手続きは複雑になる．

1. 次の Python コードでは，分布の最小/最大を抽出する．

```python
ymin = f(a)
ymax = ymin
for i in range(NumSteps):
    x = a + (b - a) * float(i) / NumSteps
    y = f(x)
    if y < ymin: ymin = y
    if y > ymax: ymax = y
```

2. 複雑な場合も含めて，これらを理解するために，区間 $[a, b]$ を分割した各ステップでの最小/最大を求める．まず，区間の左端で最小値と最大値を初期化する．

```python
ymin = f(a)
ymax = ymin
```

3. そして，for ループを使って，各ステップで値を調べる．

```python
for i in range(NumSteps):
    x = a + (b - a) * float(i) / NumSteps
    y = f(x)
```

4. 各ステップで，x 値は区間の左端 (a) に i の現在値による増分を加えて得られる．そして，関数値を求め，次のようにチェックする．

```python
    if y < ymin: ymin = y
    if y > ymax: ymax = y
```

5. この 2 つの if 文で，f の現在値が最小値より小さいか，最大値より大きいかチェックして，その結果に応じて最小値/最大値を更新する．これで，モンテカルロ法を適用できる．

4.5.4 モンテカルロ法

次のようにモンテカルロ法を適用する．

1. 必要なパラメータを計算し，設定したので，シミュレーションを行う．

```python
A = (b - a) * (ymax - ymin)
N = 1000000
M = 0
for k in range(N):
    x = a + (b - a) * random.random()
    y = ymin + (ymax - ymin) * random.random()
    if y <= f(x):
```

```
            M += 1
            XIntegral.append(x)
            YIntegral.append(y)
    else:
            XRectangle.append(x)
            YRectangle.append(y)
NumericalIntegral = M / N * A
print ("Numerical integration = " + str(NumericalIntegral))
```

2. はじめに，次のように長方形の面積を計算する．

```
A = (b - a) * (ymax - ymin)
```

3. 生成する乱数対の個数を設定する．

```
N = 1000000
```

4. $f(x)$ を表す曲線の下にあたる点の個数を表すパラメータ M を初期化する．

```
M = 0
```

5. この値を計算するために，for ループを使い，N 回繰り返そう．まず，2 つの乱数を次のように生成する．

```
for k in range(N):
    x = a + (b - a) * random.random()
    y = ymin + (ymax - ymin) * random.random()
```

6. x と y は両方とも長方形領域 A の範囲内，すなわち $x \in [a, b]$ かつ $y \in [0, y_{\max}]$ だ．ここで，次が成り立つかどうかを調べる必要がある．

$$y \leq f(x)$$

これは if 文で次のように行う．

```
if y <= f(x):
        M += 1
        XIntegral.append(x)
        YIntegral.append(y)
```

7. 条件が成り立てば，M を 1 つ増やし，現在の x と y の値を XIntegral と YIntegral ベクトルに追加する．そうでないとき，点を XRectangle と YRectangle ベクトルに格納する．

```
    else:
        XRectangle.append(x)
        YRectangle.append(y)
```

8. N 回繰り返したら，定積分の値を推定する．

```
NumericalIntegral = M / N * A
print ("Numerical integration = " + str(NumericalIntegral))
```

次のような結果が出力される．

```
Numerical integration = 8.996787006398996
```

この簡単な積分の解析解は次のようになる．

$$I = \int_0^3 x^2 dx = \left[\frac{x^3}{3} + c\right]_0^3 = 9$$

誤差は次のように計算できる．

$$\frac{9 - 8.996787006398996}{9} \times 100 = 0.03\%$$

これは，信頼できる推定値として無視できる誤差だ．

4.5.5 可視化表現
次のコードで結果をプロットしよう．
1. 最後に，数値積分で達成したことを，生成した点の散布図で可視化する．そのために，4つのベクトルで生成した点を記録しておいた．

```
XLin=np.linspace(a,b)
YLin=[]
for x in XLin:
    YLin.append(f(x))

plt.axis    ([0, b, 0, f(b)])
plt.plot    (XLin,YLin, color="red" , linewidth="4")
plt.scatter(XIntegral, YIntegral, color="blue", marker   =".")
plt.scatter(XRectangle, YRectangle, color="yellow", marker   =".")
plt.title   ("Numerical Integration using Monte Carlo method")
plt.show()
```

2. はじめに，関数の曲線を描くのに必要な点を生成する．

```
XLin=np.linspace(a,b)
YLin=[]
for x in XLin:
    YLin.append(f(x))
```

numpy ライブラリの linspace 関数では，(a, b) の間に均等に分布した N 個の数値の配列を定義できる．これが関数の x に相当し，y（YLin）は，次のような式から得られる．

$$y = x^2$$

3. 点がすべて得られたのでグラフを描く．

```
plt.axis    ([0, b, 0, f(b)])
plt.plot    (XLin,YLin, color="red" , linewidth="4")
```

```
plt.scatter(XIntegral, YIntegral, color="blue", marker   =".")
plt.scatter(XRectangle, YRectangle, color="yellow", marker   =".")
plt.title   ("Numerical Integration using Monte Carlo method")
plt.show()
```

まず，plt.axis 関数で軸の長さを設定する．$y = x^2$ の曲線を描くが，これはすでにわかっているように考慮範囲 $[0, 3]$ で単調増加の下に凸の関数となる．

次に，散布図をプロットする．
- 曲線の下の点（青）
- 曲線の上の点（黄）

scatter 関数により，2 つの軸上に点を表せる．

次のような図 4.8 が得られる．

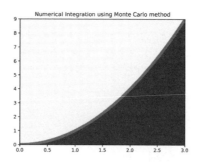

図 **4.8** 数値積分結果のプロット

見てわかるように，青色の点は関数の曲線（赤色）の下にあり，黄色の点は曲線の上にある．

数値計算を行う場合，入力変数が出力変数にどう影響するか評価することが重要になる．この場合には，感度分析を行うことができる．そのやり方を学ぼう．

4.6　感度分析の概念の検討

あるパラメータの設定値に関連する変動あるいは不確実性は，モデル全体に伝播し，モデルの出力の変動に強く影響する．モデルの結果は，入力パラメータと強い相関をもつ可能性があるので，入力の微小変化が出力に重大な変化をもたらすことがある．データ解析の分野で広く用いられている方法論のひとつに感度分析がある．これは，数学モデルの出力の不確実性と入力に存在する様々なランダム性との相関を研究するものだ．すなわち，問題の定量的な側面に注目するときは，不確実性分析を考える．この種の研究には，多くの目的がある．例えば，次のようなものが挙げられる．
- 入力変数と出力変数との間の複雑な関係の理解

4.6 感度分析の概念の検討

- 最も影響の大きいリスク要因の特定（要因の優先順位付け）
- 入力の微小変動に対するモデル出力の頑健性確認
- 改善が必要なモデル領域の特定

感度分析の文脈では，局所的方法論と大域的方法論を区別できる．局所方式では，入力空間の特定のパラメータに焦点を絞り，その値を変化させたときの出力の振る舞いを理解する．大域方式では，入力空間の単一のパラメータではなく，要素のある範囲に焦点を当てる．一般に，入力パラメータにランダムな値を割りあてるときの評価は，この方式を使う．

感度分析においては，モデル入力の変化が必要だが，それは特定のシナリオに従って行われ，その変化による出力の変動が特定される．この技法の成功は，複雑なモデルの機能を簡単に研究できる可能性があるからだ．このような複雑さは，モデルの振る舞いを単純な直感に基づいて分析することを防げる．これらの困難を克服するには，運用上の方法論が必要だ．モデルをブラックボックスと考える，すなわち，詳細な内部の機能は見えないが，入力と出力とからシステムが記述される．

感度分析は，各パラメータの重要度を表す指標（感度係数）を返して，パラメータの順位付けを可能にする．よって，感度分析の目的は，出力の不確実性を減らし，モデルのキャリブレーションを確実にするよう，追加の検討が必要なパラメータを特定することだ．また，重要でないパラメータをモデルから排除できるので，モデルを小さくできる．また，頑健性解析を行えば，モデルの予測がどの程度パラメータに依存するか，どのパラメータがシステムの適切な制御を通して出力と最も強く相関するかなどの情報が得られる．モデルを使う場合，与えられた入力パラメータを変えたときの結果を教えてくれるのだ．

この方法論は，次のようなタスクから構成される．

- 各入力の不確実性を，区間と確率分布を求めて定量化する．
- パラメータを個別に，もしくは組み合わせて変動させる．
- 分析するモデルの出力を特定する．
- パラメータの設定ごとに，モデルを複数回シミュレーションする．
- 得られたモデルの出力から，関心のある感度係数を計算する．

最終的に，この分析により，各独立変数に関係する不確実性が，評価基準の値にどう影響するかの評価が可能になる．これは基本的に次の2要素からなる．

- 各変数の変動範囲．例えば，不確実性の相対的な度合い
- 分析する関係の性質．例えば，検討中の意思決定問題の種類

後者は直面する問題に依存するのでデータサイエンティストが関与できないが，前者は問題となる変数に関係する不確実性を減らすのに役立つ情報の追加という形で関与できる．しかし，推定の精度を高めることを目的とした調査の追加は，データサイエンティストにとって追加計算が必要なことを意味する．特に，標準的な状況から大

きく外れると評価結果が変わる可能性をもつ変数に関してはこの介入が意味を持つことに注意する必要がある．

よって，感度分析はプロジェクトのリスク度とその発生源について有用な情報を提供する．後者に関しては，私たちが興味をもつ絶対的な意味での感度よりも，目的関数が符号を変える可能性があるかを確かめたいのだということを強調すべきである．結果的に，簡単のために各変数に同じような区間を仮定するのは誤りであり危険であることから，各変数の変動範囲はそれぞれに決定することが重要なのだ．このようにして，まったくありえないシナリオも可能であると想定されることがある．

4.6.1 局所方式と大域方式

局所方式では，モデル出力に対する入力の微小摂動の影響を調べる．このような微小摂動は，確率変数の平均のような基準の値のまわりで生じる．この決定論的方式では，モデルの偏微分の計算や推定が，入力変数空間の特定の点で行われる．随伴変数法を用いると，多数の入力変数をもつモデルを処理することが可能だ．この手法は，線形性や正規性の仮定と局所変動による問題に影響される．

大域方式は，これらの限界を克服するため開発された．この方式では，モデルの入力値の初期集合を区別しないが，入力パラメータの可能な変域全体における数値モデルを考える．よって，大域感度分析は，特定のパラメータ値の周辺で解を検討するのではなく，その数理モデルを全体として検討するために使われるツールとなる．

4.6.2 感度分析手法

感度分析は様々な技法を用いて行われる．そのうちのいくつかを次に示す．
- 勾配を使った感度分析：感度分析の直感的な方式は，勾配で入出力関数を表現する．こうすると，入力が1単位増えると出力が何単位変わるか計算できる．これは，多次元入力の場合には，全微分や偏微分を研究することだ．その他に，入力が10%増えると，出力が何倍になるかというような相対変化を調べることもできる．
- 直接法：モデルがあまり複雑でなければ，純粋に数学的手法を用いて関係性から直接感度測定を計算できる．しかし，多くの場合，モデルが複雑すぎて直接法では支障が出る．
- 分散に基づく感度分析：この方式では，出力の変動量と，それが異なる入力によりどのように説明できるかを検討する．総変動量が，いくつかの原因にまたがるとき，入出力関係が正確にはわかっていなくても，それらの入力をうまく制御して出力を安定させることができるかの判定が可能だ．この感度分析は，非線形応答関数とカテゴリ入力の場合に非常に役立つ．

4.6.3 感度分析の実際

感度分析を入門としては十分に学んだので，Python環境で実際の場合を検討しよう．

4.6 感度分析の概念の検討

すでに述べたように，感度分析では，入力の全範囲にわたり，出力がどのように変化するかを調べる．結果の確率分布を返すのではなく，一連の入力に対する出力値の可能な範囲を返す．次のコードにおいては，人為的に生成したデータについて感度分析を行うツールをどのように使うかを学ぶ．Python コード（sensitivity_analysis.py）は次のようになる．

```
import numpy as np
import math
from sensitivity import SensitivityAnalyzer

def my_func(x_1, x_2, x_3):
    return math.log(x_1 / x_2 + x_3)

x_1=np.arange(10, 100, 10)
x_2=np.arange(1, 10, 1)
x_3=np.arange(1, 10, 1)

sa_dict = {'x_1':x_1.tolist(),'x_2':x_2.tolist(),'x_3':x_3.tolist()}

sa_model = SensitivityAnalyzer(sa_dict, my_func)
plot = sa_model.plot()
styled_df = sa_model.styled_dfs()
```

いつものように，コードを1行ずつ分析していこう．

1. ライブラリのインポートから始めよう [*1]．

    ```
    import numpy as np
    import math
    from sensitivity import SensitivityAnalyzer
    ```

    まず numpy ライブラリをインポートする（説明は 2.4.3 項参照）．次に，C 標準で定義されている数学関数を提供する math ライブラリをインポートする．最後に，sensitivity ライブラリから SensitivityAnalyzer 関数をインポートする．このライブラリには Python 環境で感度分析を行うためのツールが備わっている．

2. 次に，ここで使う出力を定義する関数を作る．

    ```
    def my_func(x_1, x_2, x_3):
        return math.log(x_1 / x_2 + x_3)
    ```

    対数関数と分数関数を使って，様々な入力から広範囲の出力が得られる簡単な3変数関数を作った．これらの入力から得られる出力が変動する様子を強調するためだ．

[*1] 訳注：pip install sensitivity でパッケージのインストールを実行しておかないとエラーになる．

この関数の変数の領域を定義する．

```
x_1=np.arange(10, 100, 10)
x_2=np.arange(1, 10, 1)
x_3=np.arange(1, 10, 1)
```

ここでは，np.arange 関数を使って 3 つの numpy 配列を作った．この関数は，与えられた範囲で等間隔の値をもつ配列を作る．
3. 予想されるとおり，感度分析を実行するには sensitivity ライブラリを活用するのだが，そのためにデータを標準的なフォーマットに揃える必要がある．例えば，Python の辞書形式の入力を必要とする．

```
sa_dict = {'x_1':x_1.tolist(),'x_2':x_2.tolist(),'x_3':x_3.tolist()}
```

numpy 配列をリストに変換するには tolist 関数を使う．この関数は，配列を同じ要素や値をもつ普通のリストに変換するのに使われる．
4. これで感度分析を実行できる．

```
sa_model = SensitivityAnalyzer(sa_dict, my_func)
```

SensitivityAnalyzer 関数は，渡された関数と各引数の値の範囲に基づいて感度分析を行う．ここでは sa_dict と my_func の 2 つの引数しか渡さなかった．第 1 引数は 3 つの入力経路の値を含む Python 辞書，第 2 引数は出力を定義する関数だ．SensitivityAnalyzer 関数は，各引数の可能な値のデカルト積を用いて，渡された関数を実行していく．
5. 結果を見ることができる．

```
plot = sa_model.plot()
styled_df = sa_model.styled_dfs()
```

図 4.9 のようなプロットが求まる．

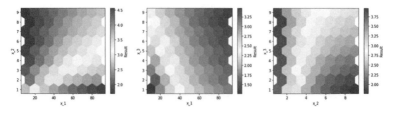

図 4.9 感度分析のプロット

入力変数が 3 つなので 3 つのグラフが描かれた．入力の変動に対して，出力がどう変動するかを評価できるようにするために，3 つのグラフは，入力変数の 3 つの組合せについて描かれた．

例えば，右側のグラフでは，x_2 の値が低いとき，x_3 の値は出力に影響しないようだ．x_3 の値が変わっても出力は変わらない．これは，六角形のカラーマップで，x_3 の値が変動する全域で色が同じことからわかる．x_2 の値が増えると，x_3 の変動とは無関係に，出力が変わる．

次節では，データ分布の平均情報をどう評価するかを学ぶ．そのために，交差エントロピーという概念を学ぶ．

4.7 交差エントロピー手法

2 章の 2.9.2 項で，コンピューティングでのエントロピー概念を説明した．それを思い出そう．

まず，シャノンのエントロピーについて説明する．確率分布 $P = \{p_1, p_2, \ldots, p_N\}$ において，p_i は，確率変数 X の N 回の抽出のうちの 1 つ x_i が実現する確率だ．シャノンは，確率に関する次の尺度 H を定義した．

$$H = -\sum p_i \log_2 p_i$$

この式は，熱力学的エントロピーの式と同じ形であり，そのために，発見されたときにエントロピーと定義された．この式は，実験結果の不確実性を表す尺度であること，あるいは，実験から得られた情報がどの程度不確定さを減少させるかを表すのが H であることを示す．これはまた，ある確率分布をもつ情報源から伝達される情報量の期待値でもある．シャノンのエントロピーは，観察者が実験結果を推定しようとするときの不確定さの程度，あるいは，様々な構成が可能なシステムにおける無秩序さの程度とも考えられる．この尺度は，情報の指標として定義されるが，イベントが生じるかどうかの可能性だけを考慮しており，その意味や価値は考慮しない．これは，エントロピー概念の主な限界だ．

この式からは，すべての確率が等しければエントロピーが最大になることがわかる．最大エントロピーは，システム全体の不確実性の尺度と考えられる．システムにおいて統計的に最も起こりやすい状態は，最大エントロピーに対応する．エントロピーの値が同じような結果になる 2 つの確率分布であっても，それらの分布の情報内容の差異を特定することが可能だ．

エントロピーの尺度は，正の数になる．確率は 0 と 1 の間の値なので，p_i の対数は負数になり，確率が 1 に等しいとき最大値の 0 になる．そのために，和の前に負の符号を与えて，エントロピーを正の値にする．これにより，シャノンのエントロピーを確率変数の分布における不確実性の尺度として使うことができる．

4.7.1 交差エントロピーの導入

交差エントロピーは，確率予測の精度を測るが，代替指標の場合ですら非常に高水

準の推定を行えるので，現代の予測システムの基盤となっている．交差エントロピーでは，膨大な計算量が必要な非常に稀な事象でもモデル化できるので，非常に有用だ．

交差エントロピーは，与えられた確率変数あるいは一連の事象についての2つの確率分布の間の差異の尺度を与える．まず情報量について述べよう．事象に伴う情報は，それを符合化して伝達するのに必要なビット数として定量化される．確率が低い事象ほど，それが起きたことを伝える情報の量は多く，確率が高いほど情報は少なくなる．エントロピーは，その確率に基づいて事象の生起しやすさがどの程度かを示す．非常に起こりやすい場合にはエントロピーが小さく，起こりにくい場合には大きくなる．

この時点で，実際の分布に対してモデルの分布がどの程度良い近似になっているかを調べるための交差エントロピーを定義する．pとqという2つの確率分布があるとき，交差エントロピー$H(p,q)$は，次の式で与えられる．

$$H(p,q) = -\sum_x p(x) \log_2 q(x)$$

ここで，xの総和は全ての可能な事象についてとる．$p(x)$は実際の分布の確率（実際の値），$q(x)$は統計モデルから計算された分布の確率（予測値）だ．

$\log_2 q$の期待値が実際の値に等しければ，交差エントロピーとエントロピーが等しくなる．実際には，こんなことは起こらず，エントロピーと，モデルの実際からの乖離とを考慮に入れた項との和から交差エントロピーが得られる．

交差エントロピーは，最適化処理における損失関数としてよく用いられる．損失関数は，シミュレーションモデルの性能評価に役立つ．モデルが実システムの挙動をより良く予測できるほど，損失関数の返す値が小さくなる．アルゴリズムを修正して予測性能を向上させると，損失関数が目指している方向への測定結果を与える．すなわち，損失関数が増加するなら，間違った方向であり，減少するなら正しい方向だ．

交差エントロピーに基づいたアルゴリズムは，次の2つの段階を繰り返し反復する．
1. 指定された方式に従って，ランダムデータのサンプルを生成する．
2. データに基づいてランダムメカニズムのパラメータを更新して，次の反復のためのより良いサンプルを作る．

それでは，Python環境で交差エントロピーをどのように計算するかを学ぼう．

4.7.2　Pythonでの交差検証

4.7.1項で定義された式を使って，2つの人工的に作った分布で実際に交差エントロピーを計算する練習を始めよう．次にPythonコード（cross_entropy.py）を示す．

```
from matplotlib import pyplot
from math import log2

events = ['A', 'B', 'C','D']
p = [0.70, 0.05,0.10,0.15]
```

4.7 交差エントロピー手法

```
q = [0.45, 0.10, 0.20,0.25]
print(f'P = {sum(p):.3f}',f'Q = {sum(q):.3f}')

pyplot.subplot(2,1,1)
pyplot.bar(events, p)
pyplot.subplot(2,1,2)
pyplot.bar(events, q)
pyplot.show()

def cross_entropy(p, q):
    return -sum([p*log2(q) for p,q in zip(p,q)])

h_pq = cross_entropy(p, q)
print(f'H(P, Q) =  {h_pq:.3f} bits')
```

いつものように，行ごとに追いかけて分析しよう．

1. ライブラリのインポートから始める．

   ```
   from matplotlib import pyplot
   from math import log2
   ```

   matplotlib は，高品質グラフィックス用の Python ライブラリだ．次に，math ライブラリから log2 関数をインポートした．このライブラリには，C 標準の数学関数が揃っている．

2. 次に，確率分布を定義する．

   ```
   events = ['A', 'B', 'C','D']
   p = [0.70, 0.05,0.10,0.15]
   q = [0.45, 0.10, 0.20,0.25]
   print(f'P = {sum(p):.3f}',f'Q = {sum(q):.3f}')
   ```

   最初に，プロットしたときにわかるよう，4 つのイベントにラベルを定義しておく．これらのイベントに対する確率を 2 つのリストで定義した．交差エントロピーの定義を思い出せば，p は実際の分布の確率（実際の値），q は統計モデルから計算された分布の確率（予測値）だ．2 つの確率分布を定義した後で，和を取って 1 になることを確かめる．

   次の結果がスクリーンに表示される．

   ```
   P = 1.000 Q = 1.000
   ```

3. 2 つの分布を図にしよう．

   ```
   pyplot.subplot(2,1,1)
   pyplot.bar(events, p)
   pyplot.subplot(2,1,2)
   pyplot.bar(events, q)
   pyplot.show()
   ```

2つの確率分布を棒グラフで表した．棒グラフは様々なカテゴリの一連のデータを表せる．同じ幅のそれぞれがカテゴリを表す複数の棒でデータを表す．棒の高さが確率の値に比例している．図 4.10 が出力された．

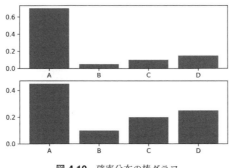

図 4.10 確率分布の棒グラフ

4. 4.7.1 項で定義した式にしたがって交差エントロピーを計算する関数を定義しよう．

```
def cross_entropy(p, q):
    return -sum([p*log2(q) for p,q in zip(p,q)])
```

これには，zip オブジェクトを返す zip 関数を使う．これはタプルイテレータだ．つまり，渡した 2 つの引数について，要素ごとに対を作ってリストにする．

5. さて，交差エントロピーを損失関数として使う新たな応用を検討しよう．定義したばかりの関数を前に定義しておいた確率分布に適用しよう．

```
h_pq = cross_entropy(p, q)
print(f'H(P, Q) = {h_pq:.3f} bits')
```

次のような結果が出力される．

```
H(P, Q) = 1.505 bits
```

これは，交差エントロピーをビット数で表したものだ．この値を検証するには，分布の順序を反対にして計算するだけでよい．

4.7.3 損失関数としてのバイナリ交差エントロピー

損失関数に交差エントロピーを使う新たなアプリケーションを見ることにしよう．出力が (0,1) という 2 クラスしかない二値分類で行う[*2]．この場合，損失は，多数

[*2] 訳注：実際の確率分布は，$y = 0$ または 1 として $q(1) = y$．$q(0) = 1 - y$．予測の分布は $p(1)$，$p(0) = 1 - p(1)$．交差エントロピーは $H(y, p(y)) = -[y \log p(y) + (1 - y) \log(1 - y)]$．

の 2 カテゴリタスクでカテゴリ交差エントロピーの平均に等しい.
$$\text{Loss} = -\frac{1}{N}\sum_i [y_i \log(p(y_i)) + (1-y_i)\log(1-p(y_i))]$$
ここで,N は観測数,y はラベル(すなわち,実際の値),p は推定確率だ.Loss は,分類モデルの性能の測定に使われ,0 が完全モデルだ.目標は,一般に,モデルをできるだけ 0 に近くすることだ.

二値分類では,クラス 1 のラベルに対して確率がベルヌーイ分布としてモデル化される.クラス 1 の確率はモデルによって直接予測され,クラス 0 の確率は 1 から予測確率を差し引くことで得られる.

次に,Python コード(`cross_entropy_loss_function.py`)を示す.

```
import numpy as np

y = np.array([1.0, 0.0, 1.0, 0.0, 1.0, 0.0, 1.0, 0.0, 1.0, 0.0])
p = np.array([0.8, 0.1, 0.9, 0.2, 0.8, 0.1, 0.7, 0.3, 0.6, 0.4])

ce_loss = -sum(y*np.log(p)+(1-y)*np.log(1-p))

ce_loss = ce_loss/len(p)
print(f'Cross Entropy Loss =  {ce_loss:.3f} nats')
```

いつものように,行ごとに追いかけて分析しよう.

1. ライブラリのインポートから始める.

    ```
    import numpy as np
    ```

    ここでは,ベクトルと多次元行列の演算用に設計された Python の追加数理関数を提供する `numpy` ライブラリをインポートした.

2. 次に確率分布を定義する.

    ```
    y = np.array([1.0, 0.0, 1.0, 0.0, 1.0, 0.0, 1.0, 0.0, 1.0, 0.0])
    p = np.array([0.8, 0.1, 0.9, 0.2, 0.8, 0.1, 0.7, 0.3, 0.6, 0.4])
    ```

    すでに述べたように,y はラベル(すなわち,実際の値),p は推定確率だ.

3. 上で定義した式にしたがって交差エントロピーの平均値を計算する.

    ```
    ce_loss = -sum(y*np.log(p)+(1-y)*np.log(1-p))
    ce_loss = ce_loss/len(p)
    ```

4. 結果を出力する.

    ```
    print(f'Cross Entropy Loss =  {ce_loss:.3f} nats')
    ```

    次のような結果が得られた.

    ```
    Cross-entropy Loss = 0.272 nats
    ```

結果が bits ではなく nats になっていることに注意.nat は,情報量の単位で,自然対数を用いて計算する.bit を定義する 2 を底とした対数ではない.

4.8 まとめ

本章では，モンテカルロシミュレーションの基本概念を学んだ．シミュレーションで満足できる結果が得られるように，使用するモンテカルロ法の構成要素について検討した．そして，モンテカルロ法を使って π の値を推定した．

それから，モンテカルロシミュレーションの2つの基本概念，大数の法則と中心極限定理を取り上げた．例えば，大数の法則によって，定積分を推定するためのモンテカルロ分析における中心と重みを決定できた．中心極限定理は非常に重要であり，これによって多くの統計的手続きが機能する．

次に，モンテカルロ法を現実の問題に応用する例として，数値最適化とプロジェクト管理という実際のアプリケーションを分析した．また，モンテカルロ法で数値積分を行う方法を学んだ．

終わりに，感度分析の概念と交差エントロピー手法を実際の例を交えて学んだ．

次章では，マルコフ過程の基本概念を学ぶ．エージェントと環境との相互作用の過程を理解し，最適ポリシーを決定する最適値関数のための整合性条件としてベルマン方程式をどのように活用するかを学ぶ．最後に，ランダムウォークをシミュレーションするマルコフ連鎖の実装方法を学ぶ．

5

シミュレーションに基づいた マルコフ決定過程

マルコフ決定過程（Markov decision process, MDP）は，出力が一部はランダム，一部は意思決定者の制御下にあるような状況での意思決定をモデル化する．MDP は，決定エポック，状態，行動，遷移確率，報酬の 5 つの要素で構成される確率過程だ．マルコフ過程の特徴的な要素は，システムが置かれた，意思決定者の実行可能な行動が利用可能な状態だ．これらの要素は 2 つの集合に分けられる．システムがそこで存在することがわかる状態の集合と各状態で利用可能な動作の集合だ．意思決定者が選んだ動作が，システムからのランダムな応答を決定し，それが新たな状態を導く．この遷移は報酬を返すので，意思決定者はそれを使って選択の利益がどれだけか評価できる．本章では，マルコフ連鎖で意思決定過程を扱うにはどうすればよいかを学ぶ．マルコフ過程の基盤を形成する概念を分析し，さらに，実際的なアプリケーションを分析して，システムの様々な状態間の遷移で正しい動作を選ぶにはどうすればよいかを学ぶ．

本章では次のような内容を扱う．
- エージェントに基づくモデルの紹介
- マルコフ過程の概観
- マルコフ連鎖の紹介
- マルコフ連鎖の応用
- ベルマン方程式の説明
- マルチエージェントシミュレーション
- シェリングの分離モデル

5.1 技術要件

本章では MDP を紹介する．本章の内容を理解するには，代数と数理モデルの基本知識が必要だ．

本章の Python コードを扱うには（本書付属の GitHub にある）次のファイルが必要だ．
- `simulating_random_walk.py`
- `weather_forecasting.py`

- schelling_model.py

5.2 エージェントに基づくモデルの紹介

エージェントに基づくモデル（agent-based simulation, ABM）は，システム全体の効果を評価する自律エージェントの動作と相互作用のコンピュータシミュレーションを目的とする計算モデルのクラスだ．この方法論の強みの1つ，すなわち重要な機能の1つは，これらの相互作用から生み出される創発的特性を決定しようとすることだ．それらの特性はシステムに明示されていないにもかかわらず，目的に向かって独立に振る舞うエージェントのグループが共通の環境内で相互作用する中で自然に創発されるのである．

ABMのアプリケーションは，多くて特に有用だ．それらは，余りに複雑で忠実に再生するのが困難であったり，コストと労力がかかる現象を研究するのに使われる．例えば，ある地域内の住民の振る舞いの研究や溶液の科学的な分子反応のシミュレーション，さらには，サービスを要求したり提供したりするネットワーク上のノードで表現される分散システムの管理などだ．そのようなシステムを分析するための組織上，時間上，経済上のコストは，あまりにも高価だ．さらに，実験そのものが危険を伴うことがある．このツールでは，人工的なシステムの振る舞いによって，実際のシステムの動的な振る舞いを分析し研究できる．

ABMは次の3基本要素で特徴づけられる．
- エージェント：独自の特性と振る舞いを備えた自律エンティティ
- 環境：エージェントがお互いに相互作用する場
- ルール：シミュレーション中に生じる作用と反作用を定義するもの

ABMでは，エージェントが局所情報だけを得るものと仮定する．ABMは分散システムで，大域的に全エージェントに情報を配布したり，システム性能向上のためにエージェントの振る舞いを制御するような中央エージェントを持たない．エージェントはお互いに作用し合うが，同時に一緒に相互作用するのではない．相互作用は，十分近接した（隣接する）同じようなエンティティという部分グループで生じる．同様に，エージェントと環境の間の相互作用も局所化されている．実際，エージェントが環境のあらゆる部分と作用するかどうかは確かではない．

したがって，エージェントが得る情報は，相互作用している部分グループと位置している環境部分の情報となる．モデルが静的でないなら，エージェントが相互作用する部分グループと環境も時間とともに変化する．ABMのエージェントは，同じ種類のエージェントと環境とだけ相互作用する．これは，シミュレーションにおいて基本的なことであり，実際のイベントが生じる文脈が再現されるように表される．通常は，時間とともに変化するエージェントの位置情報を追跡保持して，シミュレーション実行中のすべての動きが保存できる．

場にはその他のオブジェクトも存在し得る．それらは，その位置に応じて様々な特性を表す．エージェントはそれらとの相互作用において，操作，生成，破壊，あるいは，影響を受けて振る舞い変更などを行う．

ABM の特徴は次のような点にまとめられる．
- 社会的および経済的側面を考慮して，個別エージェントの意思決定プロセスを定義する．
- ミクロなレベルの意思決定の影響をマクロなレベルでの結果とリンクするよう取り込める．
- 環境における変化あるいは実装されたポリシーによって起こる全体的な反応を研究できる．

ABM に基づいた方式は，モデル内に存在する様々なステークホルダーが参加することで，構築され検証されねばならない．こうすることで，ABM は局所的および科学的知識の統合により集団学習プロセスを促進して，政策立案者に対して問題を解くための最も適したポリシーを定義するための情報を提供し援助する．

ABM により，ミクロレベルでのエージェントの相互作用がもとになってマクロレベルで出現する構造とパターンを見分けられるようになる．エージェントには，システムの創発的特性は保持されていない．そのような特性は，個別エージェントの個別的な振る舞いをいくら集めても得られない．

ミクロレベルでのエージェントの相互作用に起因するシステムの複雑さが，マクロレベルでのシステムの特性を決定する．この相互作用は，イベントの連鎖でシステムの状態を相互にリンクすることで時間とともに発展する．マルコフ過程では，プロセスの過去から現在までの観察から得られる情報が，将来の状態についての推論に役立つ．

次節では，エージェントに基づいたモデルがどのような構造となるかを完全に理解できるように，このマルコフ過程を勉強する．

5.3 マルコフ過程の概観

マルコフ過程での意思決定は，離散時間確率的制御プロセスとして定義される．2章で，確率過程は，ランダムに進化するシステムをシミュレーションするのに使われる数値モデルだと述べた．自然現象は，まさにその本質的な性質と観測誤差の両方からランダムな要因で特徴づけられる．このランダムな要因は，システムの観測に乱数を導入する．このランダム性は，結果がどうなるかを予測できないために，観測における不確実性を決定する．この場合，可能な多くの値の中で，確率に従った値をとるとしか言えない．

時刻 t でシステムの観測を行うことから始めるならば，その前のインスタンスには影響されないが，過程の進展は t に依存する．そこで，確率過程がマルコフ的だと言うことができる．

> あるプロセスにおいて，その将来の進展が過去には依存せず，システムの観測される状態にのみ依存するとき，このプロセスはマルコフ的と呼ばれる．

マルコフ過程の特徴的な要素には，その状態とそこで意思決定者が実行可能な動作が含まれる．これらの要素は，システムが取りうる状態の集合と各状態で可能な動作の集合という2つの集合で特定される．意思決定者が選択した動作は，システムのランダムな応答を決定して，新たな状態をもたらす．この遷移は，意思決定者が選択の良否を評価するのに使える報酬を返す．

5.3.1 エージェント–環境インタフェース

マルコフ過程では，目的を達成するために2つの要素間の相互作用の特性を考慮して課題に取り組む．この相互作用の2つの要素とは，エージェントと環境だ．エージェントとは目的を達成しないといけない要素であり，環境とはエージェントが相互作用する要素だ．環境は，エージェントの外部のものすべてに対応する．

エージェントは，完全に自律的かつ知的な方法で他のソフトウェアに必要なサービスを提供するソフトウェアだ．これらは，知的エージェントと呼ばれる．

エージェントの本質的な特性は次のようになる．

- エージェントは継続的に環境を監視するが，それによって環境の状態が変化する．
- 可能な動作は，連続集合または離散集合に属する．
- エージェントの動作選択は，環境の状態に依存する．
- この選択は，自明でないため，ある程度の知的操作が必要となる．
- エージェントは選択したことを記憶するが，これは知的記憶と呼ばれる．

エージェントの振る舞いは，目的を達成しようと試みることで特徴づけられる．そのために，エージェントは前もって知らないか，少なくとも完全には知っていない環境において，動作を行う．この不確実性は，エージェントと環境との間の相互作用につきまとう．この段階では，エージェントは測定することによって環境の状態を学習し，それによって将来の動作を計画する．

エージェントが採用する戦略は，誤差理論の原則に基づいて採用される．動作の検証と起こりうる間違いの記憶が，目的を達成するまで繰り返し試みられる．エージェントによるこれらの動作は，継続的に繰り返されて，環境がその状態を変えるようにする．

> エージェントの将来の選択にとって重要なのは，行った動作に対する環境の反応を表す報酬という概念だ．この反応の値は，目的を達成するための動作の重みに比例する．正しい振る舞いにつながるなら正であり，正しくない動作なら負になる．

エージェントが目的を達成するために取り行う意思決定過程は，本質的に次の3つ

5.3 マルコフ過程の概観

にまとめられる．
- エージェントの目的
- エージェントの環境との相互作用
- 環境の全体的または部分的な不確実性

この過程では，エージェントは，センサーの測定により環境から刺激を受ける．エージェントは，環境から受け取る刺激に基づいて何をするかを決定する．エージェントは，動作の結果として，環境の状態変化を決定して報酬を受け取る．

意思決定過程の重要な要素は，図 5.1 で示される．

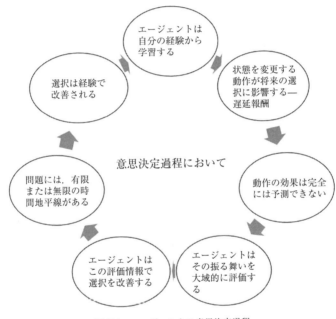

図 **5.1** エージェントの意思決定過程

動作を選択するときには，環境の正式の記述が重要だ．その記述は，環境の特性に関して本質的な情報を返すが，環境の適切な表現ではないかもしれない．

5.3.2 MDP の検討

5.3.1 項ではマルコフ意思決定過程としてエージェント–環境相互作用を論じた．この選択は，負荷と計算の難しさによるものだ．5.3 節の冒頭で述べたように，マルコフ意思決定過程は離散時間確率制御過程として定義される．

そこで，一連の動作を実行するが，各動作は環境の状態に関して非決定的な変化をもたらす．環境を観測することで，動作完了後の状態を知ることができる．他方で，

観測不能なら，動作終了後の状態はわからない．その場合，状態は環境のあらゆる可能な状態の確率分布になる．そのような場合，変化のプロセスはスナップショットの列となる．

時刻 t の状態は，確率変数 s_t で表される．意思決定は，離散確率過程と解釈される．離散時間確率過程は，$t \in N$ の確率変数 x_t のシーケンスだ．要素としては次のようなものがある．

- 状態空間： 確率変数がとる値の集合
- 確率過程の記録（経路）：確率変数の実現値のシーケンス

ある動作に対する環境の応答は，報酬で表される．MDP でのエージェント–環境相互作用は，図 5.2 にまとめられる．

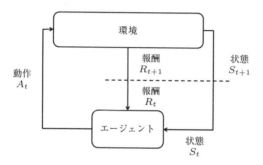

図 5.2 MDP でのエージェント–環境相互作用

エージェント–環境相互作用の本質的なステップは，上の図式で次のように表されている．

1. エージェントと環境の相互作用は，離散的な時間で起こる．
2. 各時刻で，エージェントは環境を監視して，状態 $s_t \in S$ を得る．ここで S は可能な状態の集合だ．
3. エージェントは動作 $a \in A(s_t)$ を行う．ここで，$A(s_t)$ は，状態 s_t で可能な動作の集合だ．
4. エージェントは，可能な動作集合の中から達成する目的に従って 1 つを選択する．
5. この選択は，動作 a が状態 s で行われる確率を表すポリシー $\pi(s,a)$ で決まる．
6. 時刻 $t+1$ でエージェントは，直前に選択した動作に対応する報酬 $r_{t+1} \in R$ を受け取る．
7. 選択の結果として，環境は新たな状態に遷移する．
8. エージェントは，環境の状態を監視して新たな動作を行う．
9. この相互作用が，目的達成まで繰り返される．

反復手続きにおいては，状態 s_{t+1} が前の状態と行われた動作に依存する．これは，MDP のプロセスを定義するもので，次の式で表される．

5.3 マルコフ過程の概観

$$s_{t+1} = \delta(s_t, a)$$

この式において，δ は状態関数を表す．MDP は次のようにまとめられる．
- エージェントは環境の状態を監視して，一連の動作を行う．
- 離散時刻 t において，エージェントは現在の状態を検出し，動作 $a_t \in A$ を行うことを決定する．
- 環境は，この動作に反応し，報酬 $r_t = r(s_t, a_t)$ を返し，状態 $s_{t+1} = \delta(s_t, a_t)$ に遷移する．

> 関数 r と δ は，環境の特徴を表すが現在の状態と動作とにのみ依存する．MDP の目標は，システムの各状態において，動作系列の全体で集積した報酬の和が最大になるようにエージェントが動作を選択できるポリシーを学習することだ．

ここまでで導入した用語のいくつかを分析しよう．これらは，マルコフ過程を理解するのに役立つ重要な概念を表す．

a. 報酬関数

報酬関数は，マルコフ過程において目標を特定する．これは，エージェントが検出した環境の状態を，報酬を表す1つの数に対応させる．このプロセスの目的は，長期間に渡るエージェントの選択の結果得られる全体報酬を最大化することにある．報酬関数は，エージェントが選択した動作から得られた正や負の結果を集め，それらを使ってポリシーを修正する．ポリシーの指示に基づいて選択した動作が，低報酬を返すなら，ポリシーを修正して他の動作を選択するように変える．報酬関数は，意思決定の性能を向上することとエージェントのリスク回避の程度を決定することとの2つの機能を果たす．

b. ポリシー

ポリシーは，意思決定に関するエージェントの振る舞いを決定する．ポリシーは，環境の状態とその状態で選択する動作との対応づけを行い，規則集合すなわち刺激に対する反応を表す．ポリシーは，マルコフ過程のエージェントの基本的な部分で，その振る舞いを決定する．マルコフ意思決定モデルでは，ポリシーが各状態に対するエージェントの取りうる動作を推奨して，解を提供する．ポリシーが，可能な動作の中でもっとも期待される効果が高いものを提供するなら，最適ポリシー (π^*) と呼ばれる．この場合には，エージェントは前の選択を記録しておく必要がない．決定するには，エージェントは現在の状態に関するポリシーを実行するだけでよい．

c. 状態−値関数

値関数は，エージェントが状態の質を評価するのに必要な情報を与える．この関数は，各状態のポリシーに従って得られた期待される目標の値を返すが，それは期待される全報酬を表す．エージェントは，行うべき動作の選択をポリシーに依存する．

5.3.3 割引累積報酬の理解

MDPの目標は，環境の各状態に対してエージェントが行う動作の選択をガイドするポリシーを学習することだ．ポリシーは，エージェントが行う動作の全シーケンスで受け取った全報酬を最大化することにある．全報酬を最大化する方法を学ぼう．ポリシーの採用により得られた全報酬は次のように計算できる．

$$R_T = \sum_{i=0}^{T-t} r_{t+i} = r_t + r_{t+1} + \cdots + r_T$$

この式において r_T は動作の報酬であり，環境を終了状態 s_T に導く．

全報酬を最大にするには，各個別状態で最高報酬を与える動作を選択すればよい．これは，全報酬を最大化する最適ポリシーの選択をもたらす．

> この解があらゆる場合に適用できるわけではない．例えば，目標すなわち最終状態が有限個のステップでは到達できない場合などだ．その場合には，R_T と最大化したい報酬の和とは無限大になる．

別の技法として，割引累積報酬を使うことができる．これは次の値を最大化しようとする．

$$R_T = \sum_{i=0}^{\infty} \gamma^i \times r_{t+i} = r_t + \gamma \times r_{t+1} + \gamma^2 \times r_{t+2} + \cdots$$

この式において，γ は割引係数と呼ばれ，将来報酬の重要さを表す．この割引係数は，$0 \leq \gamma \leq 1$ であり，次の条件を満たす．

- $\gamma < 1$：r_t のシーケンスは有限の値に収束する．
- $\gamma = 0$：エージェントは将来の報酬を考慮せず，現在の状態において報酬を最大化する．
- $\gamma = 1$：エージェントは現在の報酬よりも将来の報酬を優先する．

割引係数の値は，学習過程の途中で変化して，特別な動作または状態を考慮することがある．最適ポリシーは，全報酬がより高くなる場合に，低報酬を返す動作を含むことがある．

5.3.4 探索概念と活用概念の比較

目標に達したら，エージェントは最も報酬の高い振る舞いを探す．そのためには，各動作と得られる報酬とをリンクしなければならない．多くの状態を含む複雑な環境の場合には，この方式では，あまりに多くの動作–報酬対を扱わねばならなくなるので，うまくいかない．

> これは，よく知られた探索–活用ジレンマだ．各状態に対して，エージェントはあらゆる可能な動作を探索し，それらの動作を活用して目標達成の最大報酬を得ようとする．

意思決定においては，次の2つの方式のどちらかを選択する必要がある．
- 活用（exploitation）：現在の情報に基づいて最良の決定をする．
- 探索（exploration）：より多くの情報を集めて最良の決定をする．

最良の長期戦略では，最良の決定を得るために，短期的犠牲を厭わず，適切な情報収集を優先する．

日常生活では，2つの方式のどちらかを選ぶはめになることになるが，少なくとも理論的にはどちらも同じ結果になることが多い．これが探索–活用ジレンマだ．例えば，すでに知っていることを選ぶ（活用）か，新たなことを選ぶ（探索）かを考えてみよう．活用では知識は増えないが，探索ではシステムについて学べる．活用には選択を誤るリスクがあるのは明らかだ．

実世界のシナリオで，この方式を使う例を考えよう．信頼できるレストランに行く最良経路を選ぶことにしよう．
- 活用：知っている経路を選ぶ．
- 探索：新たな経路を試みる．

複雑な問題の場合には，最適戦略に収束するまでに時間がかかりすぎる．その場合，問題に対する解は，探索と活用の間の均衡点で表される．

探索だけに基づくエージェントは，各状態で常にランダムに振る舞って最適戦略に収束しようとするが，実際には到達不可能だ．反対に，活用だけに基づくエージェントは，常に同じ動作をするので，最適にはならない．

ここで，進行が直前の状態だけに依存する確率過程を記述するマルコフ連鎖を学ぶことにしよう．

5.4 マルコフ連鎖の紹介

マルコフ連鎖は，マルコフ過程に帰着される特性を示す離散動的システムだ．これは有限状態系，有限マルコフ連鎖で，状態遷移が決定論的ではなく確率的に生じるものだ．ある瞬間 t に連鎖で得られる情報は，どんな状態でも確率的に与えられ，連鎖の経時的な変化は，瞬間 t から瞬間 $t+1$ にどのような確率で規定するかによって指定される．

> マルコフ連鎖は，過去が未来に現在を通してのみ影響するという方式で，システムが時間とともに変化する確率モデルだ．マルコフ連鎖には過去の記憶がない．

ランダム過程は，値が集合 $j_0, j_1, \ldots, j_n$ で与えられる確率変数の系列 $X =$

$X_0, \ldots, X_n$ で特徴づけられる．この過程は，変化が，n ステップ後の現在の状態にのみ依存するならマルコフ的だ．条件付き確率を使うなら，この過程を次の式で表すことができる．

$$P(X_{n+1} = j \mid X_0 = i_0, \ldots, X_n = i_n) = P(X_{n+1} = j \mid X_n = i_n)$$

離散時間確率過程がマルコフ性を持つなら，マルコフ連鎖と呼ばれる．マルコフ連鎖は，次の遷移確率が n に依存せず，i と j とにのみ依存するなら等質と呼ばれる．

$$P(X_{n+1} = j \mid X_n = i)$$

そのような仮定のもとで，次が成り立つと仮定する．

$$p_{ij} = P(X_{n+1} = j \mid X_n = i)$$

すべての結合確率は，数値 p_{ij} と次の初期分布から計算できる．

$$p_i^0 = P(X_0 = i)$$

この確率は，時刻 0 の分布を表す．確率 p_{ij} は，遷移確率と呼ばれ，各時刻における i から j への遷移の確率だ．

5.4.1 遷移行列

等質マルコフ連鎖の適用は，行列表現を使うと簡単だ．行列表現では，先程の式がもっとわかりやすくなる．マルコフ連鎖の構造を，次の遷移行列で表せる．

$$\begin{matrix} p_{11} & p_{12} & \cdots & p_{1n} \\ p_{21} & p_{22} & \cdots & p_{2n} \\ \cdots & \cdots & \cdots & \cdots \\ p_{n1} & p_{n2} & \cdots & p_{nn} \end{matrix}$$

これは，各行の要素の和が 1 である正行列だ．実際，i 番目の行の要素は，時刻 t で状態 S_i にあり，次の瞬間に S_1 から S_n のどれかに遷移する連鎖の確率を表す．その遷移は，相互排他であらゆる可能性を網羅する．このように各行の和が 1 となる非負行列を確率行列という．非負ベクトル $T = [x_1, x_2, \ldots, x_n]$ で要素の和が 1，つまり

$$\sum_{i=1}^{n} x_i = 1$$

となるものを確率ベクトルと呼ぶ．遷移行列は，1 つの実験を行って結果 i から結果 j になった位置 (i, j) からなる．

5.4.2 遷移図式

マルコフ連鎖の記述法は遷移行列だけではない．遷移図式と呼ばれる有向グラフを使うこともできる．頂点のラベルが状態 $S_1, S_2, \ldots, S_n$ を表し，頂点 S_i から頂点 S_j への矢（有向辺）が S_i から S_j の遷移確率を表す．

5.5 マルコフ連鎖の応用

> 遷移行列と遷移図式は，同じマルコフ連鎖を表すのに必要な同じ情報を含む．

3つの状態 1, 2, 3 をもつ，次のような遷移行列で表されるマルコフ連鎖の例を考えよう．

$$\begin{bmatrix} \frac{1}{3} & \frac{1}{3} & \frac{1}{3} \\ \frac{2}{3} & 0 & \frac{1}{3} \\ \frac{1}{4} & \frac{1}{4} & \frac{2}{4} \end{bmatrix}$$

すでに述べたように，遷移行列は遷移図式と同じ情報を含む．図式の書き方を学ぼう（図 5.3）．3 状態，1, 2, 3 と遷移確率 p_{ij} を表す各状態から次の状態への矢がある．もし状態 i から状態 j への矢が存在しなければ，$p_{ij} = 0$ を意味する．

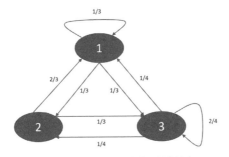

図 5.3 遷移行列に対応する遷移図式

この遷移図式では，ある状態から出る矢の値を足すとちょうど 1 となるが，これは遷移行列の各行の値を足すと 1 になるのとまったく同じだ．

マルコフ連鎖を学んだので，この方法の実際的な例を学ぼう．

5.5 マルコフ連鎖の応用

マルコフ連鎖を使った実際的なアプリケーションの例を見ていこう．まず問題を与え，それに対するシミュレーションを行う Python コードを分析する．

5.5.1 ランダムウォーク（酔歩）

ランダムウォークは，ランダムステップの系列からなる経路をシミュレーションするのに使われる数理モデルのクラスだ．モデルの複雑さは，自由度や方向の個数など，シミュレーションするシステムの機能に依存する．この用語は，1905 年にカジュアル

ウォークという用語を最初に使ったカール・ピアソンに帰せられる．このモデルでは，各ステップがランダムな方向に，統計分布に従った既知の量で進むランダムなプロセスを行う．経路を時間とともに追跡した経路は必ずしも実際の運動経路になるとは限らない．時間経過後の変数の値が返されているだけだ．化学，物理，生物学，経済学，コンピュータサイエンスなどあらゆる分野の科学でこのモデルが広く使われる理由だ．

5.5.2　1次元ランダムウォーク

1次元のランダムウォークは，直線状に動きが制限され，右または左の2方向だけに動く粒子の振る舞いをシミュレーションする．各動作は右方向の固定確率pまたは左方向に確率qのランダムな移動のステップになる．各ステップの長さは同じで，他のステップとは独立だ．次の図式は，粒子の動く経路が左右の方向に制限されている様子を示す．

図 5.4 1次元のウォーク

nパス後，点の位置は，ランダム項で特徴づけられる横軸$X(n)$で示される．目的は，nステップ後に点が始点に戻ってくる確率を計算することだ．

> 点が実際に始点の位置に戻るかどうかは確実ではない．直線上での点の位置を表すには，変数$X(n)$を使う．これは，粒子がnステップ動いた後の横軸上の値を示す．この変数は，二項分布に従う確率変数だ．

粒子の経路は次のように要約できる．各瞬間に，粒子は1ステップで確率変数$Z(n)$が返す値に従って右か左に動く．この確率変数は，次の2つの値のどちらかをとる．

- 確率$p > 0$で$+1$
- 確率qで-1

2つの確率は，次の式で関係づけられる．

$$p + q = 1$$

$n = 1, 2, \ldots$の確率変数Z_nを考えよう．これらの確率変数はお互いに独立で，分布は等しいとする．瞬間nでの点の位置は次の式で表される．

$$X_n = X_{n-1} + Z_n; \quad n = 1, 2, \ldots$$

この式で，X_nはウォークの次の値，X_{n-1}は前の瞬間での観察位置，Z_nはそのステップでの確率変数（ランダムな揺らぎ）だ．

変数 X_n がマルコフ連鎖となる．すなわち，次の瞬間に粒子がある位置にある確率が，たとえ現在までの全瞬間を知っていたとしても，現在の位置にだけ依存するからだ．

5.5.3　1次元ランダムウォークのシミュレーション

ランダムウォークのシミュレーションは，乱数の簡単な連続では表現できない．現在の次のステップは変化の進行を表すからだ．次の2つのステップの間の依存関係は，ステップごとの一貫性を保証している．平凡に独立な乱数を生成したのでは，引き続く数値が大きく変わって，一貫性を保証できない．次のような擬似コードで，簡単なランダムウォークのモデルを実行する動作の系列をどう表すかを学ぼう．

1. 位置 0 から開始する．
2. 2値 $(-1, 1)$ のどちらかをランダムに選択する．
3. この値を前の時刻のステップの値に加える．
4. ステップ 2 から 3 までを繰り返す．

この簡単な反復プロセスは，1,000 個のタイムステップのリストを処理してランダムウォークをするように Python で実装できる．コード（simulating_random_walk.py）を見てみよう．

1. 必要なライブラリのロードで始める．

```
from random import seed
from random import random
from matplotlib import pyplot
```

　random モジュールは様々な分布の擬似乱数生成器を実装するが，それらはメルセンヌ・ツイスターアルゴリズムに基づいている．これは，元来はモンテカルロシミュレーション用の入力として開発されたもので，広範囲のアプリケーションで使うのに適している．

　random モジュールからは，seed と random の 2 関数がインポートされる．このコードでは乱数を生成する．そのために random 関数を使い，呼び出しごとに異なる値が得られる．これは，非常に長い周期をもっている．ユニークな値，すなわち変動を与えるのに役立つが，場合によると，同じデータセットで様々な方法を試したいことがある．それは実験の再現性のために必要だ．そのためには，seed ライブラリの random.seed 関数を使える．この関数は，基本乱数生成器を初期化する．

　matplotlib ライブラリは 3.4.3 項参照．

2. 次に，演算を順に見ていこう．まずシード設定から始める．

```
seed(1)
```

　random.seed 関数は，シミュレーションを再現可能にするので，同じデータ

セットを異なる方法で処理したいときに役立つ.

> この seed 関数は基本乱数生成器を初期化する. 2 つのシミュレーションで同じシードを使えば, 常に同じ乱数列が得られる.

3. 次に進んで, コードの中で重要な変数を初期化する.

    ```
    RWPath = list()
    ```

    RWPath 変数は, ランダムウォークを表す値の列を保持するリストだ. リストは, 様々な種類の値が順に並んだ集まりだ. これは, 編集可能なコンテナ, つまり, 追加・削除・変更ができる. 今回の目的, すなわち経路の引き続くステップで常に更新するには, リストが最も適切な解となる. list 関数は値の列, 現在は空, を受け取り, 次のコードで値を埋め始める.

    ```
    RWPath.append(-1 if random() < 0.5 else 1)
    ```

    リストに追加する最初の値は, 二極化した値だ. 1 か -1 のどちらにするかを決めるだけだ. しかし, この選択は乱数に基づいている. ここでは, random 関数で 0 から 1 の範囲の乱数を生成し, それが < 0.5 かどうかをチェックする. もしそうなら -1 を加え, そうでないなら 1 を加える. この時点で, for ループを反復するが, これは 1,000 ステップ繰り返す.

    ```
    for i in range(1, 1000):
    ```

    各ステップで乱数項を次のように生成する.

    ```
    ZNValue = -1 if random() < 0.5 else 1
    ```

    > リストに最初の値を追加するとき, random 関数で乱数を生成し, 返された値が 0.5 より小さいと ZNValue 変数の値を -1 に, そうでないと 1 にした.

4. 現ステップでのランダムウォークの値を計算できる.

    ```
    XNValue = RWPath[i-1] + ZNValue
    ```

    XNValue 変数は現ステップの横軸の値を表す. これは次の 2 項で計算する. 初項は前の状態での横軸値を表し, 第 2 項は乱数値生成結果だ. XNValue の値をリストに追加する.

    ```
    RWPath.append(XNValue)
    ```

    この手続きが, 設定した通り 1,000 ステップ繰り返される. 終了後には, リストに全シーケンスが保持されている.

5. 最後に, 次のコードで可視化する.

```
pyplot.plot(RWPath)
pyplot.show()
```

pyplot.plot 関数は,リスト RWPath に含まれる値を y 軸に,$0, \ldots, N-1$ のインデックス値を x 軸にプロットする.plot 関数は機能が非常に豊富で,引数をいくつでもとる.

最終的に pyplot.show 関数で図 5.5 のようにグラフを表示する.

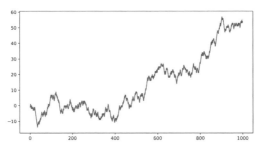

図 5.5 ランダムウォークの経路の傾向プロット

このグラフでは,ランダムなプロセスによる粒子の経路を分析できる.この曲線は関数の傾向を示すもので,必ずしもこの図と同じになるとは限らない.予期されるように,このプロセスは,次のステップが前のステップの位置とは独立で,現ステップにのみ依存するというマルコフ過程になっている.ランダムウォークは,ファイナンスで広く使われる数学モデルだ.実際,市場から得られる情報の効率をシミュレーションするために広く使われている.すなわち,価格は,既知の情報とは独立に,新たな情報の到着で変動する.

5.5.4 気象予報をシミュレーション

マルコフ連鎖のもう 1 つの応用に天気予報モデルの開発がある.このアルゴリズムを Python で実装する方法を学ぼう.まず,簡単なモデルから始める.2 つの天候/状態,晴れと雨だけからなるモデルだ.このモデルでは,明日の天候が今日の天候に影響されるというマルコフ性を備えたプロセスをとる.2 つの状態間の関係は次の遷移行列で表される.

$$P = \begin{bmatrix} 0.80 & 0.20 \\ 0.25 & 0.75 \end{bmatrix}$$

遷移行列は条件付き確率 $P(A|B)$ を返すが,これはイベント B の後でイベント A が起こる確率を示す.この行列は,よって,次のような条件付き確率を含む.

$$\boldsymbol{P} = \begin{bmatrix} \boldsymbol{P}(Sunny \mid Sunny) & P(Rainy \mid Sunny) \\ \boldsymbol{P}(Sunny \mid Rainy) & P(Rainy \mid Rainy) \end{bmatrix}$$

この遷移行列では，各行が完全な分布を含む．よって，すべての数値は非負であり，和は1でなければならない．天候条件は，変化に抵抗する傾向を示す．それゆえに，晴天の後は，次も晴天 $P(Sunny|Sunny)$ の方が次が雨天 $P(Rainy|Sunny)$ よりも確率が大きい．明日の天候は，昨日の天候とは直接関係しない．つまり，マルコフ過程に従う．この遷移行列は図 5.6 の遷移図式と等価だ．

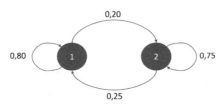

図 5.6　遷移図式

開発するシミュレーションモデルは，次の数日間に雨が降る確率を計算できる必要がある．また，ある期間の晴天と雨天の統計的な比率に合致しなければならない．すでに述べたように，これはマルコフ過程で，前節で分析したツールが，要求される情報を得るのに役立つ．始めよう．

1. Python コード (weather_forecasting.py) が，初期条件の後で，晴天と雨天とを示すことを見ていこう．いつものように，必要なライブラリのロードから始めて，1行ずつ見ていく．

```
import numpy as np
import matplotlib.pyplot as plt
```

numpy ライブラリは 2.4.3 項参照．random.seed と random.choose の2関数を使う．matplotlib ライブラリの説明は 3.4.3 項参照．次の行に進む．

```
np.random.seed(3)
```

random.seed 関数は乱数生成器を初期化する．これにより，乱数を使うシミュレーションが再現可能になる．

2. 天候の状態を定義しよう．

```
StatesData = ["Sunny","Rainy"]
```

晴れと雨の2状態が与えられた．天候変化の遷移行列は次のように設定される．

```
TransitionStates = [["SuSu","SuRa"],["RaRa","RaSu"]]
TransitionMatrix = [[0.80,0.20],[0.25,0.75]]
```

遷移行列は，イベント B の後にイベント A が起こる確率である条件付き確率 $P(A|B)$ を返す．行の各数値は非負で，和が1にならねばならない．次に，状態遷移のリストを含む変数を設定する．

5.5 マルコフ連鎖の応用

```
WeatherForecasting = list()
```

変数 WeatherForecasting は，天気予報結果を保持する．これは list 型だ（説明は 5.5.3 項参照）．

3. 天候を予測する日数を次に決定する．

```
NumDays = 365
```

今のところ，1 年間つまり 365 日天気予報をシミュレーションすることに決めた．今日の予報を含む変数を設定する．

```
TodayPrediction = StatesData[0]
```

ついでに，可能な状態を含んだ最初のベクトル値で初期化した．この値は Sunny 条件に対応する．次のようにして，この値をスクリーンに出力する．

```
print("Weather initial condition =",TodayPrediction)
```

この時点で，NumDays 変数に設定された日数分の天気を予報できる．そのために，設定した日数分処理を繰り返す for ループを使う．

```
for i in range(1, NumDays):
```

ここで，プログラム全体の主要な部分を分析する．for ループの中では，条件構造つまり if 文で，引き続く日の予報をしていく．変数 TodayPrediction に含まれる気象条件から始めて，次の日の天気を予想する．条件は，晴れと雨の 2 つだ．実際には，次のコードにあるように，2 つの制御条件になる．

```
if TodayPrediction == "Sunny":
    TransCondition = np.random.choice(TransitionStates[0],
                    replace=True, p=TransitionMatrix[0])
    if TransCondition == "SuSu":
        pass
    else:
        TodayPrediction = "Rainy"

elif TodayPrediction == "Rainy":
    TransCondition = np.random.choice(TransitionStates[1],
                    replace=True, p=TransitionMatrix[1])
    if TransCondition == "RaRa":
        pass
    else:
        TodayPrediction = "Sunny"
```

- 現在の天候が Sunny なら，numpy random.choice 関数を使い，次の状態での天候を予報する．数値に限らず，数え上げた値列のうちからランダムに要素を選ぶために乱数生成器を使うのはよくある手法だ．random.choice 関数は，引数として渡された非空シーケンスからランダムに要素を選ぶ．次

の 3 引数が渡される.
- TransitionStates[0] 遷移状態の最初の行
- replace=True サンプルを置き換える
- p=TransitionMatrix[0] 渡された要素に対する確率

random.choice 関数は，TransitionStates 行列の値に従って SuSu, SuRa, RaRa, RaSu のどれかをランダムに返す．最初の 2 つは，晴天条件で始めたとき，残りの 2 つは雨天条件で始めたときだ．この値は，TransCondition に格納される．

各 if 文の中にも，さらに if 文がある．これは，天気予報の現在の値を置き換えるか，それともそのままにするかを決定するのに使われる．どうするかを見よう．

```
if TransCondition == "SuSu":
        pass
    else:
        TodayPrediction = "Rainy"
```

変数 TransCondition の値が SuSu なら，現在の天気予報は変わらない．そうでないと，Rainy という値に変える．次の else 節は，雨の条件で同様の手続きをする．For ループの各イテレーションで，最後に天気予報のリストを更新して，現在の予報を出力する．

```
WeatherForecasting.append(TodayPrediction)
print(TodayPrediction)
```

これで，365 日分の天気予報をする．

4. 365 日分の天気予報のグラフを描こう．

```
plt.plot(WeatherForecasting)
plt.show()
```

図 5.7 のグラフが出力される．

これから，晴天予報が雨天予報より多いことがわかる．

> グラフの上の線は晴天を，下は雨天を表す．

図 5.7 天気予報の出力

晴天の多さを数量化するには，ヒストグラムを使える．そうすると，それぞれの日数を数えられる．

```
plt.figure()
plt.hist(WeatherForecasting)
plt.show()
```

図 5.8 が，365 日分の天気予報のヒストグラムだ．

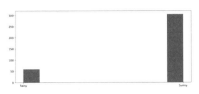

図 **5.8** 天気予報のヒストグラム

これから，晴天が多いことが確認できる．この結果は遷移行列から得られた．実際，晴天条件が続く確率が雨が続く確率より大きいことがわかる．さらに，初期条件が晴天に好都合だった．初期条件が雨ならどうなるかを試すことができる．

5.6　ベルマン方程式の説明

1953 年にリチャード・ベルマンは逐次決定問題を効率的に解くために動的計画法を導入した．逐次決定問題では，周期的に決定が行われ，モデルのサイズに影響する．一方で，これがその後の決定にも影響する．ベルマンが提唱した最適化原理をうまく適用すれば，決定とモデルサイズの相互作用の複雑さを効率的に処理できる．動的計画法は，経時的あるいは逐次的な要素のない問題にも適用できる．

> 動的計画法は，共通の抽象モデルで広範囲の問題に適用できるが，実際には，コンピュータ利用が困難な次元の問題を含むことが多い．この不都合さは，次元の呪いと呼ばれ，計算量概念が正式に定義されるきっかけとなった．

動的計画法の最大の成果は，逐次決定モデル，特に，マルコフ決定過程のような確率モデルで得られたが，他には組合せ論的モデルでも成功した．

5.6.1　動的計画法の概念

動的計画法（dynamic programming, DP）はマルコフ決定過程（MDP）の完全環境モデルに基づいて最適ポリシーを計算するよう設計されたプログラミング技法だ．動的計画法の基盤は，良好なポリシーを得るために状態の値と動作の値を活用するこ

とだ．

MDP には，ポリシー評価とポリシー改善という相互作用する 2 プロセスを使って DP 技法を適用する．
- ポリシー評価：これは，ベルマン方程式を解く反復プロセスで行う．$k \to \infty$ でのこのプロセスの収束は，近似を使い，停止条件を導く．
- ポリシー改善：現在の値に基づいてポリシーを改善する．

ポリシー反復技法では，この 2 つを交互に実行し，片方が終わるともう片方が始まるようにする．

> ポリシー評価での反復プロセスは，収束が前もってはわからず，開始時のポリシーに依存した過程でのポリシー評価になる．この問題を解くには，どこかでポリシー評価を止めても最適値に収束することが保証されねばならない．

5.6.2 最適化原理

動的最適化の有効性は，ベルマンの最適化原理，つまり，最適化ポリシーが初期状態と初期決定が何であれ，残りの決定が，最初の決定から結果として得られる状態に対して最適なポリシーになるという特性を備えていることによって保証される．

この原理に基づけば，問題を段階別に分解し，これまでの経緯とは無関係に，目的関数の動的に決定した値を使って各段階を順次解くことができる．これによって，段階ごとに最適化が可能となり，初期問題を，より簡単な一連のより小さな部分問題に帰着させることができる．

5.6.3 ベルマン方程式

ベルマン方程式は，最適ポリシーと値関数を求めることにより MDP を解く．最適値関数 $V(s)$ は，状態の最大値を返す．この最大値は，各状態での報酬値を最大化する最適動作に対応する．それは，ベルマン方程式により，次の状態の値に割引係数を再帰手続きで追加する．次の式はベルマン方程式の例だ．

$$V(s) = \max_a (R(s,a) + \gamma V(s'))$$

この式の項は次のようになっている．
- $V(s)$ は状態 s の関数値
- $R(s,a)$ は状態 s での動作 a で得られる報酬
- γ は割引係数
- $V(s')$ は次の状態の関数値

確率システムでは，動作を行ったとき，後の状態になるとは言えず，その状態になる確率を示すことだけができる．

日常生活では，「団結は力を生む」ことがわかっている．知的な系においても複数の知的な系が共同動作をして利便性を高められる．複数のエージェントが単一の環境で動作するのは容易いことではないが，そのような相互作用をどうモデル化して，そこからどのような利便性が得られるかを次に見よう．

5.7 マルチエージェントシミュレーション

エージェントは，センサーを通して環境が把握でき，アクチュエータで動作するものと定義される．人工知能は合理的なエージェント，すなわち，適切な性能評価を常に最適化するエージェントという概念に焦点を当てている．合理的なエージェントは，人間，ロボット，ソフトウェアのどのエージェントでも良い．図 5.9 では，エージェントと環境との間の相互作用がわかる．

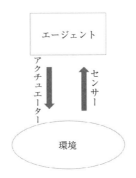

図 5.9 エージェントと環境との相互作用

エージェントが自律的と見なされるのは，外部決定系の干渉に係わる目的達成のために必要な動作を柔軟で独立に選択できる場合だ．ほとんどの複雑な領域では，エージェントが部分的にしか情報を得られず環境に対しても一定の影響力しか行使できないことに注意すべきだ．

エージェントは，次のような特性を備えているなら自律的で知的だとみなせる．
- 反応性：環境を認識して生じた変化に対して適当な時期に反応できる．
- 積極性：主体的に目標に向かって行動を示す．
- ソーシャルスキル：目標達成のために他のエージェントと協働できる．

複数のエージェントが同じ環境で共存し，様々な方式で相互作用するような状況は数多い．実際，1つのエージェントが孤立した系を代表することはきわめて稀だ．マルチエージェントシステム (multi-agent system, MAS) は，相互作用ができる一群のエージェントとして定義できる．MAS は，各エージェントが他のエージェントの利益を犠牲にしても自分の利益だけを最大化しようとする競争的な場合もあれば，シ

ステム全体の利益を最大化するために自分の目標を諦めることも厭わない協力的な場合もある．

相互作用の種類には次のようなものがある．
- 交渉的（negotiation）：エージェントがある変数に割り当てる値について合意を取る場合
- 協働的（cooperation）：エージェントがお互いの動作を協調させて共通の目標を達成しようとする場合
- 協調的（coordination）：エージェント間の競合を避けるよう相互作用する場合

MASシステムを使うことには，次のような利点がある．
- 効率と速度：これは並列計算の可能性による．
- 頑健性：システムは，単一エージェントの故障を克服できる．
- 柔軟性：新たなエージェントをシステムに追加することがはるかに容易となる．
- モジュラー性：コードの再利用性が高まり，ソフトウェア設計段階で非常に役立つ．
- コスト：1単位のエージェントは，システム全体と比較して非常に低コストで済む．

意思決定過程に基づく問題の処理に，マルチエージェントシステムへの注目が高まっているのは，相互に影響し合う独立した計算ユニットで柔軟に独立した実体を表現できるという際立った特徴のためだ．実際，意思決定システムの様々な利害関係者が自律エージェントとしてモデル化できる．実世界の実用的なアプリケーションのいくつかが，分散制約を充足する最適化問題や（最適）集中型と（良くない）非集中型の中間的な効率を備えた規制を特定する問題に基づいた方式で最近実装されるようになった．

5.8 シェリングの分離モデル

2005年にノーベル経済学賞を受けたトーマス・シェリングによるシェリングのモデルは，次のような簡単な規則で，市内を移動可能な2種類の住民が社会的に分離することをモデル化した．
- 各エージェントは，まわりに同じような隣人が少なくとも一定程度いれば，その場所に満足する．
- そうでないと，そのエージェントは移動する．

この隣人関係は，例えば8つの隣接点のムーア近傍のようにモデル化される．このような規則に従ってシステムが進化すると，初めは混合していた住民から，同じような住民ごとのまとまりへと分離された市が得られる．この現象は，マクロな尺度でのシステムに典型的なので，創発的な特性と解釈される．これは，中央の制御や2つのグループ全体の明示的な決定によるものではなく，個別エージェントの規則（ミクロ）とシステム進化の集約結果（マクロ）との間に直接的な因果関係も存在しない．

シェリングの分離モデルは，セルオートマトンでモデル化され，自分たちがマイノリティでないエリアに住みたいという2種類のエージェントからなる場所で，地域隔

離がどのように進行するかの研究に使われた．この分離モデルでは，社会集団の概念に地域的な特性を与えて，分離された近隣地域の形成を分析した．シェリングはエージェントの住民が平面上にランダムに分布していると考えた．エージェントの特性は一般的なもので，分析では住民の二値的な区別を問題にした．エージェントは，近隣の少なくとも 50% が同じ色の地域に住みたいと思う．隣人とは，対象領域の区画に隣接するエージェントだ．

各区画は 1 つのエージェントにより専有される．エージェントのユーティリティ関数は次のような式で与えられる．

$$U(q) = \begin{cases} 0 & \text{if } q < 0.5 \\ 1 & \text{if } q > 0.5 \end{cases}$$

$q \in [0, 1]$ は，近隣の人の間の中でのようなエージェントの割合を示す．エージェントは地域から地域へ移動できる．これは，次の両方の条件で生じる．
- 現在の地域には，主として同じ種類 > 0.5 のエージェントが住んでいる．
- 空白の隣接地域がある．

3 番目の条件を追加できる．
- より満足できる隣接した空き区画がある．

この条件は，移動が高価で，改善する場合にのみ行われるという仮説を表す．この 3 番目の条件は，移動を制限し，分離をなくしはしないが，抑制する．

シェリングの結果は，一様な色の地域という住民分離は，分離において，エージェントが住民が正確に 2 つの種類に分かれている方が好ましいとか，一般にマイノリティでない地域が好ましいとかの選好が必要ではないということを示す．移動する各エージェントがユーティリティに影響し，出会ったエージェントが連鎖反応を起こすのだ．

5.8.1 Python のシェリングモデル

シェリングのモデルを Python で実行するという実用的な例を見ていこう．A と B という 2 種類のエージェントがあるとする．この 2 種類のエージェントは，どんな文脈であれ 2 つのグループを表す．初めに，限られた領域に 2 種類のエージェントをランダムな位置に配置する．すべてのエージェントを配置した後で，各セルは 2 つのグループのどちらかのエージェントがいるか，空かのいずれかだ．

行う作業は，各エージェントが現在の場所に満足しているかどうかチェックすることだ．エージェントは少なくともあるパーセント以上の同じ種類のエージェントに囲まれているなら満足する．このしきい値はモデル内の全エージェントに適用される．しきい値が高いほど，現在の場所にエージェントが不満をもつ割合が多くなる．

エージェントが不満だと，格子上の開いている位置に移動できる．新たな位置の選択は，いくつかの戦略によって行われる．例えば，ランダムに位置を選ぶ，あるいは，空いている最も近い位置に移動する．

Pythonコードは，GitHub上のschelling_model.pyにある．
いつものように，コードを1行ずつ調べていく．
1. ライブラリのインポートから始めよう．

```
import matplotlib.pyplot as plt
from random import random
```

matplotlibは高品質グラフィックを出力するPythonライブラリだ．randomモジュールからrandom関数をインポートする．randomモジュールは様々な分布のPRNGを実装している（2.7節参照）．

2. エージェントを管理するメソッドを含むクラスを定義する．

```
class SchAgent:
    def __init__(self, type):
        self.type = type
        self.ag_location()
```

先頭のメソッド__init__は，クラスの属性を初期化する．SchAgentクラスのオブジェクトをインスタンス化するときに自動的に呼び出される．

```
    def ag_location(self):
        self.location = random(), random()
```

2番目のメソッドag_locationは，エージェントの位置を定義する．この場合には，位置をランダムに選ぶ．実際，random関数を使っている．random関数は，生成された乱数に最も近い浮動小数点数を返す．返される値はすべて0.0と1.0の間になる．これは，エージェントを1.0×1.0の格子内に配置することを意味する．

```
    def euclidean_distance(self, new):
        eu_dist = ((self.location[0] - new.location[0])**2 \
        + (self.location[1] - new.location[1])**2)**(1/2)
        return eu_dist
```

3番目のメソッドeuclidean_distanceは，エージェント間の距離を計算する．そのために，次のように定義されるユークリッド距離を使う．

$$\text{ユークリッド距離} = \sqrt{\sum_i (x_i - y_i)^2}$$

```
    def satisfaction(self, agents):
        eu_dist = []
        for agent in agents:
            if self != agent:
                eu_distance = self.euclidean_distance(agent)
                eu_dist.append((eu_distance, agent))
```

5.8 シェリングの分離モデル

```
        eu_dist.sort()
        neigh_agent = [agent for k, agent in eu_dist[:neigh_num]]
        neigh_itself = sum(self.type == agent.type
                           for agent in neigh_agent)
        return neigh_itself >= neigh_threshold
```

4番目のメソッド satisfaction は，エージェントの満足度を評価する．予期したとおり，エージェントは少なくともあるパーセント同じ種類のエージェントに取り囲まれていると満足する．このしきい値はモデル内の全エージェントに適用される．しきい値は，モデルのシミュレーションパラメータ定義時に設定される．

```
    def update(self, agents):
        while not self.satisfaction(agents):
            self.ag_location()
```

最後のメソッド update は，エージェントが不満な場合に，位置を動かす．

3. SchAgent クラスのメソッドを定義したら，モデルの進化を見るための関数を定義する必要がある．そうすれば，エージェントが格子内を移動する様子を検証できる．

```
def grid_plot(agents, step):
    x_A, y_A = [], []
    x_B, y_B = [], []
    for agent in agents:
        x, y = agent.location
        if agent.type == 0:
            x_A.append(x)
            y_A.append(y)
        else:
            x_B.append(x)
            y_B.append(y)
    fig, ax = plt.subplots(figsize=(10, 10))
    ax.plot(x_A, y_A, '^', markerfacecolor='b',markersize= 10)
    ax.plot(x_B, y_B, 'o', markerfacecolor='r',markersize= 10)
    ax.set_title(f'Step number = {step}')
    plt.show()
```

この関数は，エージェントの種類ごとに x と y というベクトルを作り，現在位置を挿入する．次に，各エージェントの位置を示す図を作る．2種類のエージェントの位置がよくわかるように，種類 A のエージェントを青の三角，種類 B を赤い丸で示す．

4. ここでシミュレーションパラメータを定義する．

```
num_agents_A = 500
num_agents_B = 500
```

```
neigh_num = 8
neigh_threshold = 4
```

2種類のエージェントの個数を定義した (num_agents_A, num_agents_B). 残りの2つのパラメータは, 詳しい説明がいる. 変数 neigh_num は, 隣人数を設定する. ムーアの近隣定義を使うので, 8つの隣人数を設定した. 変数 neigh_threshold は, 満足のしきい値を定義する. この場合, エージェントが少なくとも50%が同じ種類の隣人に囲まれれば満足すると考えた.

5. オブジェクトをインスタンス化する.

```
agents = [SchAgent(0) for i in range(num_agents_A)]
agents.extend(SchAgent(1) for i in range(num_agents_B))
```

6. シミュレーションの実行に移る.

```
step = 0
k=0
while (k<(num_agents_A + num_agents_B)):
    print('Step number = ', step)
    grid_plot(agents, step)
    step += 1
    k=0
    for agent in agents:
        old_location = agent.location
        agent.update(agents)
        if agent.location == old_location:
            k=k+1
else:
    print(f'Satisfied agents with
                    {neigh_threshold/neigh_num*100}\
                    % of similar neighbors')
```

シミュレーション実行では, while ループを使いカウンタ k をチェックする. 変数 k は, 満足したエージェントの個数を数える. よって, 満足したエージェントが全エージェント数より小さければ, エージェントの位置を更新する. このサイクルは, 全エージェントの位置が変わらなくなると停止する.

スクリーンには, 次のような出力がなされる.

```
Step number = 0
Step number = 1
Step number = 2
Step number = 3
Step number = 4
Satisfied agents with 50.0 % of similar neighbors
```

モデルの進化は, 返される図で確認できる. 進化を示すために, すべてのエージェントがランダムな位置にいた初期状態と全エージェントが満足した最終状

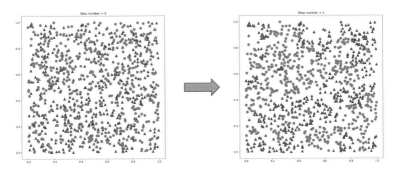

図 5.10　エージェントの初期状態と最終状態の比較

態を図 5.10 に示す.
　左側の格子では，エージェントは 2 つのグループがランダムに位置している．対照的に，右の格子では，エージェントは同じ種類で固まっている．

　本章では，マルコフ過程の基本概念を学んだ．これはプロセスの将来の変化がシステムの観察時の状態にだけ依存して他の過去には依存しないものだ．エージェントが周りの環境と相互作用し，その動作を特徴づける要素がどうなるかを見た．意思決定の背後にある報酬とポリシーの概念を理解した．さらに，進化を支配する遷移行列と遷移図式を分析してマルコフ連鎖を検討した．
　また，学習したこれらの概念を実際に使う応用についても学んだ．ランダムウォークと天気予報モデルを，マルコフ連鎖に基づいた方式で扱った．さらに，最適ポリシーを決定するために最適値関数のコヒーレンス条件としてベルマン方程式を検討した．また，意思決定過程の様々な利害関係者を考慮するマルチエージェントシステムを扱った．
　最後に，格子上にランダムに配置された 2 種類のエージェントが，位置を変えてゆき同種のグループに固まるシェリングの分離モデルを Python のコードで検討した．
　次章では，人口パラメータの信頼区間と標準誤差の頑健な推定を得る方法と，統計の歪みや標準誤差の推定方法を学ぶ．さらに，統計的有意検定を行い，予測モデルの検証を行う方法を学ぶ．

6

リサンプリング手法

　リサンプリング手法には，統計的な正確さを推定するためにデータを再配列するというデータを繰り返しサンプリングするための一連の手法がある．シミュレーションモデルを開発したが不満足な結果だった場合，良くない相関を取り除き，モデルの機能を再検査するために，開始データを再構成することができる．リサンプリング手法は，確率的シミュレーションや乱数の最も興味深い推論応用例だ．これは，伝統的な推論手法が適用できないノンパラメトリック領域で特に有用だ．これは，確率変数に割り当てる乱数，つまりランダムサンプルを生成する．繰り返し演算が増えるに連れて，それだけマシン時間がかかる．実装は非常に簡単で，一度実装すれば自動的に行える．要素はサンプル内，少なくとも母集団の代表例の必要がある．本章では，母集団全体の代表的サンプルから得られる結果を外挿する．この外挿においては，誤差が混入する可能性があるので，サンプルの正確度と不正確な予測になる危険性を評価する必要がある．本章では，統計モデルの検証のためにサンプルの分布の特性を近似するのに，リサンプリング手法を適用する方法を学ぶ．よく使われるリサンプリング手法の基盤を分析するとともに，実際の例を解くのにそれらを活用する方法を学ぶ．

　本章では次のような内容を扱う．
- リサンプリング手法の紹介
- ジャックナイフ技法の検討
- ブートストラッピングの謎を解く
- ブートストラッピング回帰の適用
- 並べ替え検定の説明
- 並べ替え検定を行う
- 交差検証技法への取り組み

6.1　技術要件

　本章では，リサンプリング手法に関する技法を学ぶ．このテーマについては，代数と数理モデルの基本知識が必要だ．

　本章の Python コードを扱うには（本書付属の GitHub にある）次のファイルが必要だ．

- jakknife_estimator.py
- bootstrap_estimator.py
- bootstrap_regression.py
- permutation_test.py
- kfold_cross_validation.py

6.2 リサンプリング手法の紹介

　リサンプリング手法は，母集団からランダムにか系統的手続きによるかで抽出されたデータの部分集合に基づく技法の集合だ．この技法の目標は，統計量，検定，または推定量などの標本分布の特徴を近似して統計モデルを検証することだ．

　リサンプリング手法は確率的シミュレーションと乱数生成の最も興味深い推論応用だ．これはモンテカルロ法の基本概念から始まり，1960年代に広く使われるようになった．モンテカルロ法の開発は主として1980年代に情報技術の発展とコンピュータの能力増強によって生じた．この有用性は，古典的な推論手法が正しく適用できないノンパラメトリック手法の開発にも関係している．

　リサンプリング手法では次のような詳細が観測される．
- 簡単な操作を何回も繰り返す．
- 確率変数に割り当てたり，無作為抽出するための乱数を生成する．
- 操作の反復回数が増えるにつれて，より多くのマシン時間が必要になる．
- 実装は非常に簡単で，一旦実装すれば自動的に働く．

これまでに様々なリサンプリング手法が開発されており，いくつかの特性で分類される．

> 手法の最初の分類は，サンプルデータをランダムに抽出するか，ランダムではない手続きで抽出するかによる．

さらに，次のような分類が行われる．
- ブートストラップ手法と，例えばランダムな抽出カテゴリに属する部分サンプリングなどのその変形．
- ジャックナイフや交差検証などの手続きは，非ランダムなカテゴリになる．
- 並べ替え検定や正確検定などと呼ばれる統計的検定もリサンプリング手法に含められる．

6.2.1 サンプリング概念一覧

　サンプリングは，あらゆる統計的研究で基本的な課題だ．サンプリングによって，基本ユニットのグループ，すなわち，母集団と同じ特性をもち，誤差のリスクが定義

された，母集団の部分集合ができる．
　母集団とは，基本ユニットの有限または無限の集合で，ユニットには，それらに一様だと考えられる特性が付与されている．

> 例えば，温度の母集団とは，各地で，日次，月次，または年次という期間で計測された値の集まりだ．

　サンプリング理論とは，統合的推論のための統合された予備的部分であり，サンプリングという結果をもたらす技法とともに，ユニットを特定してその変量を分析できるようにするものだ．
　統計的サンプリングとは，母集団のあらゆる要素が既知の非ゼロ確率でサンプルに含まれるように要素を無作為（ランダム）抽出するのに使われる手法だ．無作為抽出は，その構造と広がりが対象となる母集団を反映する，代表的なサンプルを作るための強力な手段だ．統計的サンプリングによって，客観的なサンプルが得られる．つまり，要素の選択が研究のためとかデータが得やすいとかの理由で定義される基準に依存せず，母集団内の特定グループを排除したり取り込むような系統的操作が行われないサンプルになる．
　無作為抽出では，確率計算に関して，次のような処理がなされる．
- 結果は数式に従って外挿され，誤差の推定も与えられる．
- 制御は，現実に反する結果に達するリスクに対して与えられる．
- 必要な最小サンプルサイズが，数式によって計算され，それによって与えられた正確度と精度を確保できる．

6.2.2　サンプリングを行う理由
なぜ，母集団全体ではなく，サンプルを分析するほうが望ましいかを学ぼう．
- 統計単位にばらつきがない場合を考えてみよう．統計単位とは，対象要素の集合における単一要素を表し，方法論が適用できる最小単位を意味する．この場合，母集団のパラメータが僅かな測定で決まるので，測定を多くしても役に立たない．統計的母集団とは，特定の実験を行うために集められた要素集合を指す．例えば，同じ統計単位 1,000 個の平均を求めたい場合，この値は，10 個の統計単位だけから得られる値と等しい．

> サンプリングは，母集団のすべての要素が得られない場合に使われる．例えば，過去のことがらの検討は，入手可能な過去データについてのみ行われるが，それは完全でないことが多い．

- サンプリングは，結果を得るのにかなりの時間が節約できるときに行われる．たとえコンピュータを使う場合でも，母集団全体に比べてサンプル数が限定される

なら，データエントリの段階で時間を大幅に節約できるからだ．

6.2.3 サンプリングについての賛否
情報を収集したときには，対象となる母集団の全要素について調査をする．収集した情報について分析を行う場合，母集団を構成する要素の一部を使うことだけが可能だ．サンプリングを推奨するのは次のような理由からだ．
- コスト削減
- 時間削減
- 組織的な負荷の削減

サンプリングに伴う欠点は次のものだ．
- サンプリングのベースは常に得られるとは限らず，それを知ることも容易ではないことがある．

参照母集団が，その構成やサイズについて一部はまだわかっていない場合など，サンプリングでしか選択の余地がないこともある．例えば婚姻関係や出生死亡の動向調査など，サンプリングが常に完全な調査の代わりになるとは限らない．

6.2.4 確率サンプリング
確率サンプリングでは，母集団の各要素が抽出される確率がわかっていなければならない．対照的に，非確率サンプリングでは母集団の各要素が抽出される確率がわからない．

例を考えてみよう．大学で学生のサンプルをとるときに，ある日キャンパスにいる学生から選んだとすると，次のような理由から確率サンプリングにならない．つまり，いない学生には選ばれる機会が一切なくて，よくいる学生ほど他の学生に比べて選ばれる機会が多くなるからだ．

6.2.5 サンプリングのやり方
サンプリングの手続きには，母集団を適切に表現するデータと，抽出するために従う必要のある次のような手順がある．
1. 検出統計において目標母集団を定義する．
2. サンプリング単位を定義する．
3. サンプリングのサイズを決める．
4. サンプリング手法に従い，サンプルを抽出する．
5. 最後に，サンプルの良否を判断する基準を定める．

様々なサンプリング技法について，大体学んだので，実際的なケースを見ていこう．

6.3 ジャックナイフ技法の検討

この手法は，歪みや標準偏差のような統計量の特性を推定するのに使われる．この技法により，パラメータについての仮定をおかなくても，推定値を得ることができる．統計パラメータは，母集団の本質的な特性を定義する値なので，この記述は本質的だ．ジャックナイフ技法は，サンプルの要素を1つ取り除いて，獲得したサンプルの部分集合から対象統計量を計算する．ジャックナイフ推定は，平均，分散，相関係数，最大尤度推定など様々な標本統計量に対して一貫している．

6.3.1 ジャックナイフ法の定義

ジャックナイフ法は，M. H. クヌイ（Quenouille）によって1949年に提案されたが，彼は当時の計算能力のレベルを考えて，演算数が一定に収まるアルゴリズムとして提案した．

> この手法の背後にあるアイデアは，元のサンプルから様々な観測値を1つ取り除いて，対象パラメータを再評価することだ．推定値は，元のサンプルで計算された同じものと比較される．

変量の分布そのものはわかっていないので，推定器の分布もわからない．

ジャックナイフ標本は，次の式に示すように，元の標本から観測値 x_i を取り除くことで作られる．

$$x_i = (x_1, x_2, \ldots, x_{i-1}, x_{i+1}, \ldots, x_n)$$

そこで，サイズが $m = n-1$ の n 個のサンプルが作られる．例を見てみよう．サイズが $n = 5$ の標本を考える．これから次のように，サイズが $m = 4$ のジャックナイフ標本が作られる．

$$x_{(1)} = (x_2, x_3, x_4, x_5)$$
$$x_{(2)} = (x_1, x_3, x_4, x_5)$$
$$x_{(3)} = (x_1, x_2, x_4, x_5)$$
$$x_{(4)} = (x_1, x_2, x_3, x_5)$$
$$x_{(5)} = (x_1, x_2, x_3, x_4)$$

一般に，i 番目のジャックナイフ標本で，擬似統計量 $\hat{\theta}$ を再計算できる．この手続きをジャックナイフの標本ごとに n 回繰り返す．

$$x_{(1)} = (x_2, x_3, x_4, x_5) \to \hat{\theta}_{(1)}$$
$$x_{(2)} = (x_1, x_3, x_4, x_5) \to \hat{\theta}_{(2)}$$
$$x_{(3)} = (x_1, x_2, x_4, x_5) \to \hat{\theta}_{(3)}$$
$$x_{(4)} = (x_1, x_2, x_3, x_5) \to \hat{\theta}_{(4)}$$
$$x_{(5)} = (x_1, x_2, x_3, x_4) \to \hat{\theta}_{(5)}$$

図 6.1 は,ここまでの手続きを示す.

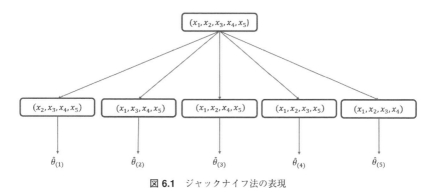

図 6.1 ジャックナイフ法の表現

ジャックナイフ推定で分散を計算するには,次の式が使われる.

$$\text{分散}_{ジャックナイフ} = \sqrt{\frac{n-1}{n} \sum_{i=1}^{n} \left(\hat{\theta}_{(i)} - \hat{\theta}_{(.)}\right)^2}$$

この式において,項 $\hat{\theta}_{(.)}$ は次のように定義される.

$$\hat{\theta}_{(.)} = \frac{1}{n} \sum_{i=1}^{n} \hat{\theta}_{(i)}$$

計算した標準偏差は,パラメータに対する信頼区間の構成に使われる.

推定器の歪みを評価して,可能なら減らすためには,次のように,歪みのジャックナイフ推定を計算する.

$$\widehat{\theta_i^*} = n \times \hat{\theta} - (n-1) \times \widehat{\theta_i}$$

本質的に,ジャックナイフ法は,バイアスを減らし,推定器の分散を評価できる.

6.3.2 変動係数の推定

異なる分布の間で,統計的ばらつき (variability) を比較するには,分布の平均を考慮した変動係数 (coefficient of variation, CV) を使うことができる.変動係数は,

ばらつきの相対尺度であり，次元のない量だ．変動係数により，尺度の単位に関係なく，平均値の周りのばらつきを評価できる．

> 例えば，ドルによる収入の標準偏差は，ユーロによる同じ収入の標準偏差とはまったく異なる値になるが，両方の場合で変動係数は同じになる．

変動係数は，次の式で計算できる．

$$\mathrm{CV} = \frac{\sigma}{|\mu|} \times 100$$

この式においては，次のようなパラメータを使う．
- σ は分布の標準偏差
- $|\mu|$ は，分布の平均値の絶対値

分散は，データの観測値とデータの算術平均との差の二乗平均だ．

$$\sigma^2 = \frac{1}{N} \sum_{i=1}^{N} (x_i - \mu)^2$$

よって，これは観測値 x_i を平均値 μ で置き換えた平方誤差を表す．標準偏差は，分散の平方根であり，平均二乗誤差の平方根を表す．

$$\sigma = \sqrt{\frac{1}{N} \sum_{i=1}^{N} (x_i - \mu)^2}$$

変動係数 CV は，平均値と標準偏差から定義できるが，2 つの分布のばらつきを比較するのに適切な指標だ．特に，測定単位が異なったり，変動範囲が異なるようなデータ間のばらつきを比較するときに CV が役立つ．

分布の平均がゼロに近くなると，変動係数は無限大になる．その場合には，平均の僅かな変動に対しても敏感に反応する．

6.3.3 Python によるジャックナイフサンプリングの実装

ある分布の CV とジャックナイフ法によるリサンプリングで得られた CV を比較する Python コード（jakknife_estimator.py）を調べよう．

1. 必要なライブラリのロードから始めてコードをステップずつ調べよう．

```
import random
import statistics
import matplotlib.pyplot as plt
```

random モジュールについては 2.7.1 項参照．statistics モジュールは，数値データから数理統計量を計算するための関数を多数含む．このモジュールのツールを使って，平均値，中央位置，広がりの尺度などを計算できる．matplotlib ライブラリについては 3.4.3 項参照．

2. データ母集団を表す分布を生成しなければならない．このデータを使って，検討しているサンプリング手法を用いてサンプルを抽出する．そのために，データ保持用の空リストを作る．

```
PopData = list()
```

リストは様々な種類の値が順に並んだ集まりだ．これは，編集可能なコンテナ，つまり，追加・削除・変更ができる．継続的に値を更新する今回の目的には，リストが最も適当な解となる．list 関数は値の並びをリストに変換する．この命令では空リストに初期化するだけだ．

3. リストには乱数をいれる．実験を再現可能にするため，シードを固定しておく．

```
random.seed(5)
```

random.seed 関数はシミュレーションを再現可能にするので，同じデータセットを異なる方法で処理したいときに役立つ．

> この関数は，基本乱数生成器を初期化する．同じシードを使って，シミュレーションを続ければ，常に同じ乱数対のシーケンスが得られる．

4. ここでリストに 100 個の乱数値をいれる．

```
for i in range(100):
    DataElem = 10 * random.random()
    PopData.append(DataElem)
```

このコードでは，0 から 1 の範囲の 100 個の乱数を random 関数で生成する．そして for ループの各ステップで乱数値を 10 倍して 0 から 10 の間の分布を得る．

5. 変動係数を計算する関数を次のように定義しよう．

```
def CVCalc(Dat):
    CVCalc = statistics.stdev(Dat)/statistics.mean(Dat)
    return CVCalc
```

6.3.2 項で示したように，この係数は標準偏差を平均値で割ったものに過ぎない．標準偏差の計算には，statistics.stdev 関数を使う．この関数はサンプルの標準偏差を計算するが，サンプルの分散の平方根だ．データの平均値を計算するには statistics.mean 関数を使う．この関数は算術平均を計算する．これらの新しく作った関数を用いて，作成した分布の変動係数をすぐ計算できる．

```
CVPopData = CVCalc(PopData)
print(CVPopData)
```

次の結果が返される．

```
0.6569398125747403
```

今は，この結果はそのままにしておくが，後でこれをリサンプリングして得られた結果と比較する．

6. 次に進んで，ジャックナイフ法によるリサンプリングを行う．まず，計算に必要な次の変数を設定する．

```
N = len(PopData)
JackVal = list()
PseudoVal = list()
```

N は初期分布にあるサンプル数を表す．リスト JackVal は，Jackknife サンプルの，リスト PseudoVal は，Jackknife 擬似値のリストだ．

7. 新たに作ったリストをゼロに初期化して，この後の計算で問題が生じないようにする．

```
for i in range(N-1):
    JackVal.append(0)
for i in range(N):
    PseudoVal.append(0)
```

リスト JackVal は長さ $N-1$ で，6.3.1 項で述べたように作られる．

8. この時点でジャックナイフ法を行うのに必要なツールはすべて揃った．2 重 for ループを使って初期分布から標本を抽出して，外部ループでは擬似値を計算する．

```
for i in range(N):
    for j in range(N):
        if(j < i):
            JackVal[j] = PopData[j]
        else:
            if(j > i):
                JackVal[j-1]= PopData[j]
    PseudoVal[i] = N*CVCalc(PopData)-(N-1)*CVCalc(JackVal)
```

ジャックナイフサンプル（JackVal）は，外部ループ（for i in range(N)）の各ステップで，元の標本から観測値 x_i を除去して作る．各ステップの最後では，次の式に従い，擬似値を計算する．

$$\hat{\theta}_i^* = n \times \hat{\theta} - (n-1) \times \hat{\theta}_i$$

9. 擬似値の分布を分析するためにヒストグラムを描く．

```
plt.hist(PseudoVal)
plt.show()
```

図 6.2 のグラフが出力される．

10. 得られた擬似値の平均を計算する．

6.4 ブートストラッピングの謎を解く

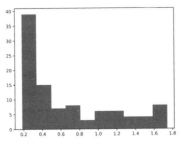

図 6.2　擬似値の分布

```
MeanPseudoVal=statistics.mean(PseudoVal)
print(MeanPseudoVal)
```

次の結果が得られる.

`0.6545985339842991`

このように，得られた値が初期分布の値とほぼ等しいことがわかる．次に擬似値の分散を計算する．

```
VariancePseudoVal=statistics.variance(PseudoVal)
print(VariancePseudoVal)
```

次の結果が返される．

`0.2435929299444099`

最後に，ジャックナイフ推定器の分散を計算する．

```
VarJack = statistics.variance(PseudoVal)/N
print(VarJack)
```

次の結果が返される．

`0.002435929299444099`

これらの結果は様々なリサンプリング手法との比較に使える．

リサンプリング技法は様々であり，問題に対する観点も異なる．ブートストラッピングによるリサンプリングを次に学ぶ．

6.4　ブートストラッピングの謎を解く

最も有名なリサンプリング技法は，1993 年に B.エフロンが開発したブートストラッピングと呼ばれるものだ．ブートストラップ法のロジックは，観測されていない標本を統計的には観測された標本と同じように作るものだ．これは，観測値を入れ戻す抽出手続きによって，一連の観測値からリサンプリングすることで実現される．

6.4.1 ブートストラッピングの紹介

この手続きは，壺から数字を取り出しては，次に取り出す前に戻しておくようなものだ．統計的検定を選んだなら，観測した標本と，同じサイズのリサンプリングで得られた膨大な個数の標本との両方で統計的検定を計算できる．そして，統計的検定の N 個の値から，統計量の実験分布である標本分布を定義できる．

> 統計的検定とは，観測された標本を，初期仮説を否定する標本と，初期仮説を受け入れる標本とに区別するための規則だ．

ブートストラッピングによる標本は，元のデータ系列から無作為抽出されるので，経時的相関構造は保持されない．よって，ブートストラッピングによる標本は観測された標本の特性を少なくとも近似的に示すが，独立性仮説には従わない．これによって，傾向がない，すなわち，系統的な経時的傾向がないという帰無仮説を仮定した統計分布の計算に，ブートストラッピングは適する．

帰無仮説のもとで一般検定統計量の標本分布がわかれば，観測された標本の四分位で計算されたその統計量の値そのものと，標本分布からの推論で得られた値とを比較して，その値が有意水準 5% と 10% の臨界領域に入るかどうかチェックできる．あるいは，観測された標本の計算された統計量が N 個の標本から得られる値をどれだけの割合で超えるか定義することもできる．この値は観測された標本に対する統計的 p 値で，この割合が 5% や 10% の通常採用される値を超えていないかチェックできる．

6.4.2 ブートストラップ定義問題

ブートストラッピングは，統計量の標本分布を近似する復元抽出による統計的リサンプリング技法だ．よって，推定量の平均と分散を近似でき，対象となる統計量の分布がわからない場合でも信頼区間や検定 p 値を計算できる．

> ブートストラッピングは，利用可能な標本だけに基づいて，より多くの標本を生成し，理論的参照分布を作るのに使われる．元の標本のデータを用いて，分布モデルについて仮定をおかずに，統計量を計算し標本分布を推定できる．

つまり，元の標本を使って分布が生成できる．すなわち，母集団の未知の分布関数を実験的に等価なもので置き換えて θ の推定ができる．標本の分布関数は，実験状況で想定しうるあらゆる値の度数分布を構築することで得られる．

簡単な無作為抽出の単純な例では，演算は次のようになる．n 個の要素からなる観測された標本を，次のような式で表す．

$$x = (x_1, \ldots, x_n)$$

この分布から，要素が定数 (n) 個の m 個の他の標本，$x_1^*, \ldots, x_m^*$ をリサンプリング

する．各ブートストラップ抽出では，標本の先頭要素のデータは，複数回抽出される可能性がある．それぞれは抽出される確率が $1/n$ になる．

E を対象とする θ の推定，つまり $E(x) = \theta$ とする．θ は静的な分布での対象を記述するパラメータだ．この量は，ブートストラップ標本から $E(x_1^*), \ldots, E(x_m^*)$ というように計算される．こうして，θ の推定が m 個得られ，これからブートストラップ平均，ブートストラップ分散，ブートストラップパーセンタイルなどが計算できる．これらの値は，対応する未知の値の近似であり，$E(x)$ の分布についての情報を与える．よって，これらの推定量から信頼区間や検証仮説を計算できる．

6.4.3 Python によるブートストラップリサンプリング

ジャックナイフリサンプリングでしたのと同じように行おう．乱数列を生成し，ブートストラップ法でリサンプリングを行い，結果を比較する．コード（bootstrap_estimator.py）を 1 行ずつ調べて理解する．

1. 必要なライブラリのインポートから始める．

```
import random
import numpy as np
import matplotlib.pyplot as plt
```

random モジュールについては 2.7.1 項参照．numpy ライブラリについては 2.4.3 項参照．matplotlib ライブラリについては 3.4.3 項参照．

2. 母集団のデータを代表する分布を生成する．このデータを使って，学んだサンプリング手法で標本を抽出する．そのために，データ保持用の空リストを作る．

```
PopData = list()
```

リストについては，5.5.3 項手順 3 の説明参照．この命令では，リストを空に初期化するだけだ．乱数を生成してこのリストに値を埋める．

3. 実験が再現できるように前もってシードを固定する．

```
random.seed(7)
```

random.seed 関数はシミュレーションを再現可能にするので，同じデータセットを異なる方法で処理したいときに役立つ．

4. 1,000 個の生成乱数値でリストを埋める．

```
for i in range(1000):
    DataElem = 50 * random.random()
    PopData.append(DataElem)
```

このコードでは，0 から 1 の範囲の 1,000 個の乱数を random 関数で生成する．そして for ループの各ステップで乱数値を 50 倍して 0 から 50 の間の分布を得る．

5. ここで，初期母集団の標本抽出を始めよう．最初の標本は，次のように random.choices 関数で抽出する．

```
PopSample = random.choices(PopData, k=100)
```

この関数は，母集団からサイズが k 要素の標本を復元抽出する．1,000 要素の元の母集団から 100 要素の標本を抽出した．

6. ブートストラップ法を次のように応用してみよう．

```
PopSampleMean = list()
for i in range(10000):
    SampleI = random.choices(PopData, k=100)
    PopSampleMean.append(np.mean(SampleI))
```

このコードでは標本の平均値を保持する新たなリストを作る．ここでは，10,000 ステップの for ループを使う．各ステップで，初期母集団から random.choices 関数で 100 要素の標本を抽出する．そして，標本の平均値を求め，それをリストの末尾に追加する．

> 復元抽出でデータをリサンプリングするので，リサンプリングのサイズは元のデータセットのサイズと等しくなる．

7. ここで，得た標本のヒストグラムを出力して，分布を可視化する．

```
plt.hist(PopSampleMean)
plt.show()
```

図 6.3 のグラフが出力される．

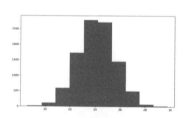

図 6.3 標本分布のヒストグラム

これから，標本が正規分布だとわかる．

8. これまで生成した 3 つの分布の平均を計算する．ブートストラップ推定器から始めよう．

```
MeanPopSampleMean = np.mean(PopSampleMean)
print("The mean of the Bootstrap estimator is ",MeanPopSampleMean)
```

次の結果が返される．

```
The mean of the Bootstrap estimator is 24.105354873028915
```

次に，初期母集団の平均を計算する．

```
MeanPopData = np.mean(PopData)
print("The mean of the population is ",MeanPopData)
```

次の結果が返される．

```
The mean of the population is 24.087053989747968
```

最後に，初期母集団から抽出した簡単な標本の平均を計算する．

```
MeanPopSample = np.mean(PopSample)
print("The mean of the simple random sample is ",MeanPopSample)
```

次の結果が返される．

```
The mean of the simple random sample is 23.140472976536497
```

これらの結果を比較する．母集団とブートストラップ標本の平均は実用上は同じだが，簡単な標本の平均値はずれている．これから，ブートストラップ標本が，一般的な抽出標本よりも初期母集団の代表として優れることがわかる．

6.4.4　ジャックナイフとブートストラップの比較

本項では，これまで学んだ 2 つのリサンプリング手法の強みと弱みを中心に比較する．

- ブートストラップは，ほぼ 10 倍の計算能力を要する．ジャックナイフは，少なくとも理論的には，手計算できる．
- ブートストラップは概念的には，ジャックナイフより簡単だ．ジャックナイフでは，n 個の標本を得るのに n 回繰り返す必要があるが，ブートストラップはある程度繰り返すだけでよい．これは，使用する個数の決定に関するが，常に簡単なことにはならない．一般的な目安としては，非常に強力なコンピュータを使っているのでない限り，1,000 が良いだろう．
- ブートストラップはリサンプリングの結果による変動の追加で，誤差が生じる．サイズが大きいか，特定のブートストラップ標本集合だけを用いた場合には，誤差が小さくなることに注意しよう．
- ジャックナイフは，推定標準誤差がわずかに大きくなるブートストラップよりも保守的だ．
- ジャックナイフは，複製間の差異が小さいので常に同じ結果になる．対照的に，ブートストラップは実行ごとに結果が異なる．
- ジャックナイフは，対の合致尺度の信頼区間を推定するのに最良だ．
- ブートストラップは，歪みのある分布でより良い性能を示す．

- ジャックナイフは，元のデータが小さい標本に最も適している．

次に，ブートストラップを回帰問題にどう適用するかを学ぼう．

6.5 ブートストラッピング回帰の適用

線形回帰分析は，2 変数 x と y との関係を決定するのに使われる．x が独立変数なら，従属変数 y と線形関係があることを検証しようとする．つまり，2 次元平面で点の分布を表す直線を見つけようとする．観測値に対応する点が直線に近ければ，モデルは x と y の関係を実質的に記述できる．観測値を近似する直線は無数にありうるが，1 つだけがデータの表現を最適化する．線形の数学的関係の場合には，y の観測値が次のように x の観測値の線形関数として得られる．

$$y = \alpha \times x + \beta + \epsilon$$

この式の各項は次のように定義される．
- x は説明変数
- α は直線の傾き
- β は y 軸の切片
- ϵ はゼロ平均のランダムな誤差変数
- y は応答変数

α と β は，2 変数 x と y のために収集された観測値から推定されなければならない．傾き α は，説明変数の 1 単位増分に対する応答の平均の変化を表す．
- 傾きが正なら，回帰直線は左から右へと増える．
- 傾きが負なら，直線は左から右へと減る．
- 傾きがゼロなら，x 変数は y の値に影響を与えない．

よって，回帰分析は y の観測値と推定値の差を最小化するパラメータ α と β を見つけることが目標だ．

6.4 節でブートストラップ技法を紹介したが，この方法を使って，例えば，推定モデルで返される不確実度を評価できる．この後の例の分析では，この方法論を用いて，回帰モデルの独立変数で説明される従属変数の有意な変動に，外れ値がどれだけ影響するかを評価する．

次に，Python コード（`bootstrap_regression.py`）を示す．いつものように，1 行ずつ分析しよう．

1. ライブラリのインポートから始める[*1)]．

[*1)] 訳注：LinearRegression のインポートを行うには，そのまえに `conda install -c anaconda scikit-learn` などのコマンドを実行して scikit-learn ライブラリをインストールしておく必要がある．

6.5 ブートストラッピング回帰の適用

```
import numpy as np
from sklearn.linear_model import LinearRegression
import matplotlib.pyplot as plt
import pandas as pd
import seaborn as sns
```

numpyライブラリは多次元行列に役立つ数値関数を含むPythonライブラリで，行列操作の高水準数学関数も多数揃えている．scikit-learn (sklearn) は，オープンソースのPythonライブラリで機械学習用のツールを多数揃えている．特に，分類，回帰，クラスタ化のアルゴリズムが多い．それには，サポートベクターマシン，ロジスティック回帰その他が含まれる．ここでは，sklearn.linear_modelからLinearRegressionをインポートする．この関数は，最小二乗線形回帰を解く．

matplotlibライブラリは高品質グラフを描くPythonライブラリだ．

pandasライブラリは，BSDライセンスのオープンソースライブラリで，Python言語用の高性能で使いやすい数値データ用のデータ構造と演算を多数含む．

最後に，seabornライブラリをインポートした（3.4.5項参照）．

2. 次に，分布を生成する．

```
x = np.linspace(0, 1, 100)
y = x + (np.random.rand(len(x)))
for i in range(30):
    x=np.append(x, np.random.choice(x))
    y=np.append(y, np.random.choice(y))
x=x.reshape(-1, 1)
y=y.reshape(-1, 1)
```

まず，独立変数xの100個の値をlinspace関数を使い生成した．numpyのlinspace関数では，2点 $(0, 1)$ の間に N 個の数値要素を等分に含む配列を定義できる．そして，従属変数yを，random.rand関数を使いxの値に乱数値を足して生成した．random.rand関数は与えられた形の乱数値を生成する．つまり，$[0, 1]$ の一様乱数に基づきランダムな標本を含む，与えられた形の配列を作る．次に，random.choice関数を使い30個の観測値を加えて，人工的に外れ値を追加する．この関数は，引数として渡された非空シーケンスの要素をランダムに返す（2.7.1項のrandom.choice関数の項参照）．最後に，reshape関数を使って，使用する線形回帰モデルに必要なデータフォーマットにする．この場合には，パラメータ $(-1, 1)$ を渡して，-1 の行がどれだけあるかはわからないが，いくつかの行を1にしたことを示す．

3. sklearnを使って線形回帰モデルに適合させる．

```
reg_model = LinearRegression().fit(x, y)
r_sq = reg_model.score(x, y)
print(f"R squared = {r_sq}")
```

LinearRegression 関数は，データセット中の観測された値と線形近似による予測値との間の残差平方和を最小化する．そのためには，単に x と y 変数を渡せばよい．その後で，モデルの性能を評価するために決定係数 R^2 を評価する．R^2 は，値が 0 から 1 の間で，モデルがデータをどれだけよく予測するかを評価する．スクリーンには次の値が表示される．

```
R squared =  0.286581509708418
```

この決定係数の値は，分散の 28% しかモデルで推定されていないことを示す．モデルのパラメータ値，傾きと切片を得なければならない．

```
alpha=float(reg_model.coef_[0])
print(f"slope: {reg_model.coef_}")
beta=float(reg_model.intercept_[0])
print(f"intercept: {reg_model.intercept_}")
```

次の値がスクリーンに出力される．

```
slope: [[0.79742372]]
intercept: [0.5632016]
```

それから，すべての観測値と回帰直線を示すグラフを描かねばならない．そのために，モデルを使って x の値から始めて y の値を得る．

```
y_pred = reg_model.predict(x)
plt.scatter(x, y)
plt.plot(x, y_pred, linewidth=2)
plt.xlabel('x')
plt.ylabel('y')
plt.show()
```

図 6.4 のグラフが返される．

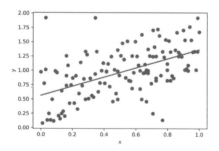

図 6.4 散布図の回帰直線

4. さて．この問題に対して，データの観点から線形回帰モデルを改善してみよう．リサンプリングを使って，データのどのような組合せが，R^2 の最高値をもたら

すかを調べてみよう．ブートストラッピング手続きに使う変数を初期化しないといけない．

```
boot_slopes = []
boot_interc = []
r_sqs= []
n_boots = 500
num_sample = len(x)
data = pd.DataFrame({'x': x[:,0],'y': y[:,0]})
```

最初の3つのリストは傾き，切片，R^2 値を各ブートストラップで得るためだ．引き続いて，初期観測値からのブートストラップの個数と標本の個数を設定する．最後に，リサンプリングに使う初期データ (x, y) の DataFrame を作る．

描こうとする図式の枠組みを作って，ブートストラップの個数分 for ループで命令を繰り返そう．

```
plt.figure()
for k in range(n_boots):
 sample = data.sample(n=num_sample, replace=True)
 x_temp=sample['x'].values.reshape(-1, 1)
 y_temp=sample['y'].values.reshape(-1, 1)
 reg_model = LinearRegression().fit(x_temp, y_temp)
 r_sqs_temp = reg_model.score(x_temp, y_temp)
 r_sqs.append(r_sqs_temp)
 boot_interc.append(float(reg_model.intercept_[0]))
 boot_slopes.append(float(reg_model.coef_[0]))
 y_pred_temp = reg_model.predict(x_temp)
 plt.plot(x_temp, y_pred_temp, color='grey', alpha=0.2)
```

はじめに，sample 関数で初期分布の標本を抽出する．この関数は，2つの引数，n=num_sample と replace=True を渡して，標本の要素をランダムに選ぶ．第1引数は，要素数を初期観測値の個数に設定する．第2引数は，同じ観測値が複数回抽出される復元抽出が行われることを示す．

新たな標本が抽出されたら，モデルを適用するのに使う値を抽出しないといけない．回帰直線のパラメータと決定係数 r_squared を評価した後で，これらの値を初期化しておいたリストに追加する．最後に，現在のモデルの回帰直線を評価して，グラフに追加する．このような手続きを，ブートストラップの個数分繰り返す．

5. 結果に対する最初の可視化評価を行う．

```
plt.scatter(x, y)
plt.plot(x, y_pred, linewidth=2)
plt.xlabel('x')
plt.ylabel('y')
plt.show()
```

まず，観測値の散布図を評価した回帰直線すべてを加える．結果は図 6.5 のようになる．

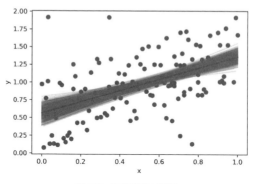

図 6.5 回帰直線の評価

6. 次に，ブートストラッピング手続きで評価したパラメータ（傾きと切片）のヒストグラムと密度曲線をプロットしないといけない．

```
sns.histplot(data=boot_slopes, kde=True)
plt.show()
sns.histplot(data=boot_interc, kde=True)
plt.show()
```

図 6.6 のグラフは初期分布から抽出した標本に適合した 500 モデルすべての傾きの分布を示す．

図 6.7 のグラフは初期分布から抽出した標本に適合した 500 モデルすべての切片の分布を示す．

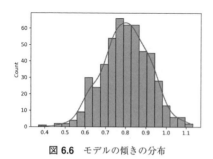
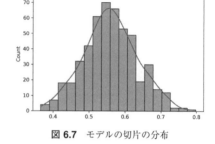

図 6.6 モデルの傾きの分布　　　**図 6.7** モデルの切片の分布

7. このスクリプトの最後は，扱った 500 のモデルの性能をより詳しく評価する．まず，決定係数 r_sqs の値のグラフを描く．

```
plt.plot(r_sqs)
```

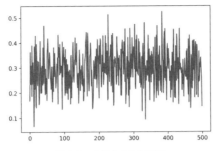

図 **6.8** モデルの性能評価

図 6.8 のグラフが返される.

値が 0.1 から 0.5 の間で振動しているのがわかるので，最大値を抽出する.

```
max_r_sq=max(r_sqs)
print(f"Max R squared = {max_r_sq}")
```

次の値が返される.

```
Max R squared = 0.5245632432772953
```

この値を，データの初期分布で得た値（R squared = 0.286581509708418）と比較すると，達成した改善が明らかだ．説明変数の 28%から 52%になった．よって，ブートストラッピングが非常に良い結果を出したと言える．

この結果をもたらす回帰直線のパラメータ値を取り出そう．

```
pos_max_r_sq=r_sqs.index(max(r_sqs))
print(f"Boot of the best Regression model = {pos_max_r_sq}")
max_slope=boot_slopes[pos_max_r_sq]
print(f"Slope of the best Regression model = {max_slope}")
max_interc=boot_interc[pos_max_r_sq]
print(f"Intercept of the best Regression model = {max_interc}")
```

次の結果が示された．

```
Boot of the best Regression model = 383
Slope of the best Regression model = 1.1086506372800053
Intercept of the best Regression model = 0.3752482619581162
```

このようにして，リサンプリングしたデータの最良近似の回帰直線が描けた．リサンプリング技法を詳細に分析したので，次に，並べ替え検定のやり方を学ぼう．

6.6　並べ替え検定の説明

可能な結果がいくつもある現象を観測するとき，この集合に対する確率法則はどうなるかを自問することがある．統計的検定は，観測した標本に基づいて仮説を棄却で

きるかどうか決定する規則を与えてくれる.

　パラメトリック検定では，実験計画と母集団のモデルについて非常に不確実だ．仮定が必ずしも成り立たない場合，特にデータ法則が検定の必要性と合致しない場合，パラメトリック検定の結果は信頼できない．仮説がデータの分布についての知識に基づかず，仮定の検証ができない場合は，ノンパラメトリック検定を使う．ノンパラメトリック検定は，仮説が少なくて済むので，非常に重要な選択肢だ.

　並べ替え検定は，統計的推論から作成される一連の乱数を使う無作為化検定の一例だ．現代のコンピュータの能力のおかげで，これは広く適用されるようになった．この方法ではデータの分布について仮定を置く必要がない.

　並べ替え検定は次のような手順で行われる.
1. 統計量が，対象のプロセスや関係の強さに比例するような値に定義される.
2. 帰無仮説 H_0 が定義される.
3. データセットが観測されたものの並べ替えに基づいて作られる．混合モードは，帰無仮説に従って定義される.
4. 参照統計量は再計算されて，その値を観測値と比較する.
5. 最後の2ステップを何度も繰り返す.
6. 観測統計量が，並べ替えに基づいたケースの95%で得られた限界値より大きければ H_0 は棄却される.

　2つの実験で，両方とも未知の母集団分布のメンバーである P_1 と P_2 のもとで，同じ標本空間の値を使う．同じデータセット x について，同じ検定統計量を用いる x の推測条件が同じになるなら，各グループの交換可能性が帰無仮説で満足される．並べ替え検定が重要なのは，頑健で柔軟だからだ．この方法を使うには，データから参照分布を生成し，結果の離散則に従うよう各並べ替えごとに検定統計量を再計算する.

　Python で並べ替え検定の実際の例を調べよう.

6.7　並べ替え検定を行う

　並べ替え検定は，2つの独立した標本の中央傾向を比較する強力なノンパラメトリック検定だ．母集団についての変動性を検証する必要もなければ，分布の形を気にする必要もない．この検定は，小さな標本に適用されるという限界がある.

　並べ替え検定では，帰無仮説のもとで検定統計量の分布を返すことでデータ間の相関を評価できる．観測データを適当なだけリサンプリングして，検定統計量の可能な値をすべて計算できる．データセットでは，特徴量にデータラベルが付いている．ラベルを帰無仮説のもとで入れ替えると，その結果の検定は有意水準になる．信頼区間は検定から得られる.

　6.4節で述べたように，統計的有意差検定は最初にいわゆる帰無仮説を想定する．データの2つ以上のグループを比較するとき，帰無仮説は常に対象パラメータに関し

てグループ間では差がないというものだ．帰無仮説は，グループはお互いに等価で，観測された差は偶然性にのみ起因すると述べる．

統計的有意差検定を行うと，その結果を臨界値と比較しなければならない．検定結果が臨界値を超えていれば，グループ間の差は統計的に有意だと宣言され，帰無仮説が棄却される．そうでなければ，帰無仮説は受け入れられる．

統計的有意差検定の結果には，絶対的数学的確実性はないが，確率だけはある．よって，帰無仮説の棄却という決定は，多分正しいが間違っていることもありうる．間違うリスクの尺度は，検定の有意水準と呼ばれる．検定の有意水準は，研究者が選べるが，通常は，0.05 または 0.01 の確率水準が選ばれる．この確率（p 値と呼ぶ）は，観測された差が偶然による確率の定量的な推定値を表す．

差異が完全に標本のばらつきにより帰無仮説が真とするなら，観測されたのよりも極端な結果が得られる確率を p 値は表す．p は確率で 0 から 1 の間の値しか取れない．p 値が 0 に近づくとは観測された差が偶然による確率は低くなることだ．

統計的有意は正しいことを意味するのではなく，単に，観測が偶然によることはなかろうということを意味するだけだ．多数の統計的検定が，対象データの有意な差がある確率で存在するかどうか決定するのに使われている．

ここで分析する例では，2つの観測で得られたデータを比較する．最初のデータセットは，有名なアイリスの花のデータセット，第2のデータセットは，人工的に生成したデータセットだ．目標は，第1のデータセットには，特徴量とラベルとには強い相関があるが，人工的に生成したデータセットには相関がないと検証することだ．

次に Python コード（permutation_tests.py）を示す．いつものように，コードを1行ずつ調べていこう．

1. 必要なライブラリのインポートから始めよう．

```
from sklearn.datasets import load_iris
import numpy as np
from sklearn import tree
from sklearn.model_selection import permutation_test_score
import matplotlib.pyplot as plt
import seaborn as sns
```

sklearn.datasets ライブラリはデータ分析で使われる広範囲のデータセットを含んでいる．その中から有名なアイリスのデータセットをインポートする．numpy ライブラリは 2.4.3 項参照．sklearn ライブラリからは木分類モデルをインポートした．そして，sklearn.model_selection から，並べ替えによる交差検証スコアの有意性を計算する permutation_test_score 関数をインポートする．matplotlib ライブラリは高品質グラフを描く Python ライブラリだ．最後に，seaborn ライブラリをインポートした（3.4.5 項参照）．

2. データをインポートする．

```
data = load_iris()
X = data.data
y = data.target
```

アイリスのデータセットは，英国の統計家で植物学者だったロナルド・フィッシャーが 1936 年に線形判別分析の例として紹介したものだ．このデータセットには，*Iris setosa, Iris virginica, Iris versicolor* という 3 種類のアイリスのそれぞれ 50 個の標本が含まれる．各標本では，花弁と萼片の長さと幅という 4 つの特徴量がセンチメートル単位で測定されている．

次のような変数がある．
- Sepal.Length（cm 単位）
- Sepal.Width（cm 単位）
- Petal.Length（cm 単位）
- Petal.Width（cm 単位）
- Class ：*setosa, versicolour, virginica* のどれか

3. ここで，特徴量はアイリスのデータセットと同じだが，ラベルとは相関がない完全に人工的なデータセットを作る．

```
np.random.seed(0)
X_nc_data = np.random.normal(size=(len(X), 4))
```

そのために，numpy の random.normal 関数を使う．この関数はデフォルトで正規分布を生成し，平均を 1，標準偏差を 1 に等しくする．再現性のためにシードを定義しておく．

4. 目標は，行列 X に含まれる特徴量に基づいてラベル（y）の分類をして，データの相関を評価することだ．分類モデルを選ぼう．

```
clf = tree.DecisionTreeClassifier(random_state=1)
```

ここでは DecisionTreeClassifier を選んだ．決定木アルゴリズムは，分類や回帰に用いられるノンパラメトリック教師あり学習法に基づく．目的は，データの特徴量から推論された決定規則を用いて目標変数の値を予測するモデルを構築することだ．

5. データに並べ替え検定を実施する．

```
p_test_iris = permutation_test_score(
    clf, X, y, scoring="accuracy", n_permutations=1000
)
print(f"Score of iris flower classification = {p_test_iris[0]}")
print(f"P_value of permutation test for iris dataset = {p_test_iris[2]}")
p_test_nc_data = permutation_test_score(
    clf, X_nc_data, y, scoring="accuracy", n_permutations=1000
)
```

```
print(f"Score of no-correletd data classification = {p_
test_nc_data[0]}")
print(f"P_value of permutation test for no-correletd
dataset = {p_test_nc_data[2]}")
```

検定には，並べ替えによる交差検証スコアの有意性を評価する permutation_test_score 関数を用いた．この関数は，目標の並べ替えでデータをリサンプリングして，特性と目標とが独立だという帰無仮説の p 値を計算する．結果が3つ返される．

- score：目標に手を加えない実際の分類のスコア
- permutation_scores： 各並べ替えで得られたスコア
- pvalue：スコアが偶然に得られる近似確率

p 値が分類が行われた無作為化データセットの割合を示す．小さな p 値は，特性と目標との間に実際に依存関係があることを示す．大きな p 値は，実際には依存関係がないことを示す．

6. アイリスデータセットでの検定では次の結果が得られた．

```
Score of iris flower classification = 0.9666666666666668
P_value of permutation test for iris dataset =
0.000999000999000999
```

1,000 回の並べ替えをした．決定木に基づく分類器の正確度は非常に高く，モデルはアイリスの種類を優秀な性能で予測した．p 値は非常に低くて，目標変数 y が行列 X の特徴量に実際に依存することを確認する．

7. 次に，人工的に生成したデータで同じ検定を行う．次の結果が返される．

```
Score of no-correletd data classification =
0.2866666666666667
P_value of permutation test for no-correletd dataset =
0.8711288711288712
```

分類スコアは低く，予測は正確度が良くないことを示す．p 値は大きくて特徴量と目標との相関が見出されなかったことを示す．

8. 最後に，並べ替え検定の結果の可視化分析を行う．

```
pbox1=sns.histplot(data=p_test_iris[1], kde=True)
plt.axvline(p_test_iris[0],linestyle="-", color='r')
plt.axvline(p_test_iris[2],linestyle="--", color='b')
pbox1.set(xlim=(0,1))
plt.show()
```

図 6.9 のグラフが表示される．

このグラフは並べ替え検定を 100 回行った結果のヒストグラムと確率密度関数を示す．青の破線は p 値，赤の直線は分類器の正確度を示す．これは元のデー

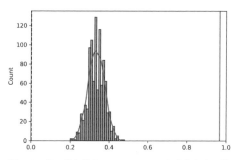

図 6.9 並べ替え検定のヒストグラムと確率密度関数

タ（アイリスのデータセット）なので，特徴量と目標変数との間に強い相関があり，分類器のスコアは目標変数を並べ替えたものよりはるかに高い．目標変数の並べ替えは，特徴量と目標変数との相関を失わせる．また，p 値はグラフの左端にあり，値が低く特徴量と目標変数との間の強い相関を示す．

ランダムに生成したデータではどうなるかを見よう（図 6.10）．

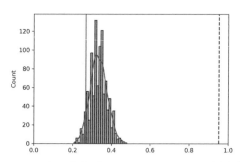

図 6.10 ランダムに生成したデータのヒストグラムと確率密度関数

この場合には，ランダムなデータなので，特徴量と目標変数との間に何の相関も見られず，分類器のスコアは低く，目標変数を並べ替えたものの間にある．また，p 値はグラフの右端で大きく，特徴量と目標変数との間の相関が低いことを示す．

並べ替え検定の実際的なケースを分析したので，交差検証を適用してデータリサンプリングを行う方法を学ぼう．

6.8　交差検証技法への取り組み

交差検証は，予測精度に基づいたモデル選択手続きで使われる手法だ．標本は，訓練集合と検証集合に二分割され，訓練集合は構成と推定に，検証集合は推定モデルの

予測の正確度の検証に使われる.予測を反復して合成することにより,モデルの高い正確度が得られる.交差検証法は,観測値を切り捨てるという点でジャックナイフに似ている.k 分割交差検証という別の手法では,標本を k 個の部分集合に分割して,それぞれを検証集合として残す.

> 交差検証は,統計的学習技法でその性能や柔軟度の選択における平均二乗誤差(mean squared error, MSE)(および,一般に精度の尺度)の推定に使える.

交差検証は,回帰問題と分類問題の両方に使える.シミュレーションモデルの3大検証技法は,検証集合方式,1つ抜き交差検証(leave-one-out cross-validation, LOOCV),k 分割交差検証だ.次項では,これらの概念をもっと詳しく学ぶ.

6.8.1 検証集合方式

この技法ではデータセットを次の2つにランダムに分割する.
- 訓練集合
- 検証集合,ホールドアウト集合とも呼ぶ.

統計的学習モデルは,訓練集合に適合して,検証集合のデータの予測に使われる.結果の検定誤差は,回帰の場合には MSE が普通だが,実際の検定誤差の推定値を与える.検証集合は,サンプリング手続きの結果として得られており,サンプリング結果が異なれば,検定誤差推定が異なる.

この検定技法には様々な賛否がある.いくつかは次のとおりだ.
- この手法は,ばらつきが大きい傾向があり,選択したテスト集合が変わると結果が大きく変わる.
- 機能推定には利用可能な要素のほんの一部しか使われない.それにより,機能推定の精度に劣り,検定誤差を過剰推定する可能性がある.

LOOCV と k 分割交差検証は,これらの欠点を克服しようというものだ.

6.8.2 1つ抜き交差検証

LOOCV も観測した集合を2部分に分けるが,同じ程度の2つの部分にする代わりに,次のようにする.
1. 1つの観測値 (x_1, y_1) を検証に使う.残りの観測値は訓練集合になる.
2. 関数は,訓練集合の $n-1$ 個の観測値に基づき推定する.
3. 予測値 y_1 は,x_1 を使って得られる.(x_1, y_1) は,関数の推定には使われていないので,検定誤差の推定は次のようになる.

$$\mathrm{MSE}_1 = (y_1 - \hat{y}_1)^2$$

ただし,MSE_1 が検定誤差に対して公平であるとしても,非常に変動しやすいので推定として良くない.これは単一の観測値 (x_1, y_1) に基づいているためだ.

4. 上の手続きを検証を (x_2, y_2) として繰り返す. 関数の新たな推定は残りの $n-1$ 個の観測値に基づき, 次のように検定誤差を計算する.

$$\mathrm{MSE}_2 = (y_2 - \hat{y}_2)^2$$

5. この手順を n 回繰り返して, n 個の検定誤差を得る.
6. MSE 検定の LOOCV 推定は, n 個の MSE 値の平均で, 次のように計算される.

$$\mathrm{CV}_n = \frac{1}{n} \sum_{i=1}^{n} \mathrm{MSE}_i$$

LOOCV は, 検証集合方式よりも次のような点で優れる.
- 関数の推定に $n-1$ 個の要素を使うのでバイアスが減る. 結果として, LOOCV 方式は検定誤差を傾向として過剰推定しない.
- 検定集合の選択に偶然性がないので, 同じ初期データセットなら結果にばらつきがない.

LOOCV は, 計算負荷が大きく, 大きなデータセットには計算に長時間かかる. 線形回帰の場合には, 計算負荷が軽い直接計算の式がある.

6.8.3 k 分割交差検証

k 分割交差検証 (k 分割 CV) では, 観測集合をランダムにほぼ同じサイズの k 個のグループ (フォルダと呼ぶ) に分割する. 最初のフォルダを検証集合にして, 残りの $k-1$ 個のフォルダで関数を推定する. 平均二乗誤差 MSE_i をとっておいた検証集合で計算する. この手続きを, 検証フォルダを変えて k 回繰り返す. よって, k 個の検定誤差の推定が得られる. k 分割 CV 推定は, 次のように, これらの値の平均を計算する.

$$\mathrm{CV}_{(k)} = \frac{1}{k} \sum_{i=1}^{k} \mathrm{MSE}_i$$

この手法には, $k \ll n$ なら計算負荷が少ないという利点がある. さらに, k 分割 CV は, 様々なサイズのデータセットで LOOCV よりばらつきが少ないという傾向がある.

k 分割 CV では, 数 k の選択が重要だ. 交差検証でこの k が変わるとどうなるかを k について極端な選択をした場合で考える.
- k が大きいと, 訓練集合が大きくなり, バイアスが少なくなる. これは, 検証集合が小さいことを意味して, ばらつきが大きくなる.
- k が小さいと, 訓練集合が小さくなり, バイアスが大きくなる. これは, 検証集合が大きくなることを意味して, ばらつきが小さくなる.

6.8.4 Python を使った交差検証

本項では, 交差検証の応用例を見る. まず, アルゴリズムによって行われる手続き

6.8 交差検証技法への取り組み

を検証するために同定用の簡単なデータを含むデータセットの例を作る．そして，k 分割 CV を適用して結果を分析する．

Python コードは，`kfold_cross_validation.py` だ．

1. いつものように，必要なライブラリをインポートすることから始める．

```
import numpy as np
from sklearn.model_selection import KFold
```

numpy ライブラリは 2.4.3 項参照．

scikit-learn（sklearn）については，6.5 節参照．2007 年にリリースされて以来，scikit-learn は，その提供する広範囲のツールのために，教師ありと教師なしの両方の機械学習分野で最も広く使われるライブラリになっているが，ドキュメント化されている API のおかげで，使いやすく機能が豊富だ．

> API（application programming interface）とは，アプリケーションソフトウェアを作り統合して使うときの定義とプロトコルの集合だ．API によって，他のプロダクトやサービスがどのように実装されているかを知らなくてもそれらと通信できる．新たなツールや製品を作るとき，あるいは既存のツールや製品を扱うとき，API によって，柔軟性，設計の簡素化，管理，利用，さらにはイノベーションの機会がもたらされる．

scikit-learn API は，ユーザインタフェースの機能と多数の分類およびメタ分類アルゴリズムの最適実装を組み合わせている．さらに，広範囲の，データの前処理，交差検証，最適化，モデル評価関数が揃っている．scikit-learn は，コードをわずかに変更するだけで様々なアルゴリズムでの実験ができるツールがあるので，アカデミックな研究に特に広く使われている．

2. 最初のデータセットを生成する．

```
StartedData=np.arange(10,110,10)
print(StartedData)
```

値が 10 から 100 までの 10 ずつ増える 10 個の整数からなるベクトルを作った．そのために numpy arange 関数を使った．この関数は範囲内で等間隔の値を生成する．3 つの引数は次のようになっている．

- 10：開始値．ここから始まる．この値を省略したデフォルトは 0 だ．
- 110：範囲の末端．浮動小数点数の場合を除いて，この値は含めない．
- 10：値の間隔．2 数間の差になる．デフォルトは 1．

これで次のような配列ができる．

```
[10 20 30 40 50 60 70 80 90 100]
```

3. k 分割 CV を行う関数を設定する．

```
kfold = KFold(5, True, 1)
```

scikit-learn の KFold 関数は，デフォルトではシャッフルせずにデータセットを k 分割する．分割された各々は一度は検証に使われ，そのときは残りの $k-1$ 組が訓練集合として使われる．渡される 3 引数は次のようになっている．

- 5：分割個数．少なくとも 2 以上．
- True：オプションのブール値．True の場合は，データが分割前にシャッフルされる．
- 1：乱数生成器に使われるシード．

4. 最後に，k 分割 CV を使ってデータをリサンプリングする．

```
for TrainData, TestData in kfold.split(StartedData):
    print("Train Data :", StartedData[TrainData],"Test
Data :", StartedData[TestData])
```

そのために，データセット分割位置のインデックスを返す kfold.split メソッドで要素生成の for ループを実行する．各ステップでは，抽出された要素を出力する．

次のような出力がなされる．

```
Train Data : [10 20 40 50 60 70 80 90]
Test Data : [30 100]
Train Data : [10 20 30 40 60 80 90 100]
Test Data : [50 70]
Train Data : [20 30 50 60 70 80 90 100]
Test Data : [10 40]
Train Data : [10 30 40 50 60 70 90 100]
Test Data : [20 80]
Train Data : [10 20 30 40 50 70 80 100]
Test Data : [60 90]
```

データ対（Train Data, Test Data）が，モデルの訓練と検証に次々と使われる．こうして，オーバーフィットとバイアスという問題を回避できる．モデルを評価するたびに，データセットの抽出対が使われ，残りのデータセットが訓練に使われる．

6.9 まとめ

本章ではデータセットのリサンプリングの方法を学んだ．この問題を解く様々な技法を分析した．まず，サンプリングの基本概念を分析して母集団からの抽出標本を使う理由を学んだ．そして，その方式についての賛否を検討した．リサンプリングアルゴリズムの働きも分析した．

それから，最初のリサンプリング手法としてジャックナイフ法を扱った．まず，こ

6.9 まとめ

の手法の背景にある概念を定義し，次に元の母集団から標本を得る手続きに進んだ．学習した概念を実用化できるように，実際的な例にジャックナイフサンプリングを適用した．

次に，未観測だが観測された標本と同じような標本を作るブートストラップ法を検討した．これは，観測値を入れ戻す復元抽出でリサンプリングすることで行われる．手法の定義後，例を使って，この手続きの特性を調べた．さらに，ジャックナイフとブートストラップを比較した．そして，回帰問題にブートストラップを適用する実際的な例を分析した．

基盤となる並べ替え検定の概念を分析して並べ替え検定の例を検討した後，本章の最後では様々な交差検証法を調べた．例を使って k 分割 CV 法の知識を深めた．

次章では，様々な最適化技法とその実装について学ぶ．数理的最適化技法と統計的最適化技法の違いを理解して，統計的勾配降下法の実装を学ぶ．そして，欠落変数や潜在変数の推定法とモデルパラメータの最適化法を学ぶ．最後に，実世界アプリケーションで最適化手法の活用法を学ぶ．

7

シミュレーションを使って
システムを改善し最適化する

シミュレーションモデルによって，わずかな資源で多くの情報が得られる．実生活ではよくあることだが，シミュレーションモデルも性能改善のために改良できる．最適化技法により，モデルの性能を改善して，結果と資源活用の両面で改善を図る．計算量は，まず問題のサイズから来る変数の個数と制約，次に非線形関数があるかどうかで決まる．最適化問題を解くには，当面の近似解が与えられたとき，近似演算を繰り返すことでさらに近似を良くする反復的アルゴリズムが必要となる．初期近似から始めて，一連の近似によって，解を漸進的に決めていくのだ．

本章で，シミュレーションモデルの性能を高める主要な最適化技法の使い方を学ぶ．勾配降下法，ニュートン-ラフソン法，確率的勾配降下法の使い方も学ぶ．また，これらの技法を実際の例にどう適用するかも学ぶ．

本章では次のような内容を扱う．
- 数値最適化技法の紹介
- 勾配降下法の検討
- ニュートン-ラフソン法の理解
- 確率的勾配降下法の知識を深める
- 期待値最大化（EM）アルゴリズムの方式
- シミュレーテッドアニーリング（SA）法の理解
- Python による多変量最適化発見手法

7.1 技術要件

本章では，シミュレーションモデルを使ってシステムを改善し最適化する技法を学ぶ．このテーマについては，代数と数理モデルの基本知識が必要だ．本章の Python コードを扱うには（本書付属の GitHub にある）次のファイルが必要だ．
- gradient_descent.py
- newton_raphson.py
- gaussian_mixtures.py
- simulated_annealing.py
- scipy_optimize.py

7.2 数値最適化技法の紹介

実生活では，最適化はいくつかの候補の中で最適の選択肢を選ぶことを意味する．誰でも，行き先への経路，1日の行動，貯蓄の仕方などを最適化している．数学では，最適化は関数を最大または最小にする変数値の選択を意味する．最適化とは，アプリケーションに有用なモデルとは何かを明らかにして，最適解を効率的に見つける技術体系だ．

最適モデルは，多くのアプリケーションにおいて実用上の関心がもたれている．実際，コストを最小化したり，利得を最大化したりする選択決定には多数の意思決定プロセスが関与するので，最適モデルが役立つ．最適化理論においては，関連事項として数理最適化モデルがあり，可能な選択肢が方程式や不等式で表されて，評価関数や制約で特徴づけられる．数理最適化モデルには次のような様々なものがある．

- 線形最適化
- 整数最適化
- 非線形最適化

7.2.1 最適化問題の定義

最適化問題では，集合 F において関数 f ができるだけ小さな値をとる点を決定する．この問題は，次の式になる．

$$\min f(x) \quad \forall x \in F$$

これには次のような要素がある．

- f：目的関数
- F：x の可能な選択すべてを含む集合で，実行可能集合と呼ばれる

> 最大化問題，すなわち，関数 f が最大値をとる点を見つける問題は，目的関数の符号を反転することで常に最小化問題に帰着させることができる．

上の式を満たし関数 f を最小化する要素は，大域最適解，最適解，最小解と呼ばれる．目的関数 f の対応する値は，大域最適値，最適値，最小値と呼ばれる．

最適問題の計算量，すなわち，解決の困難さは，明らかに目的関数と実行可能集合の構造の特性に依存する．通常，最適化問題は，ベクトル x の選択に完全な自由度があるかどうかで特徴づけられる．よって，次のような2種類の問題があると述べられる．

- 制約なし最小化問題：$F = Rn$，すなわち実行可能集合 F が全体集合 Rn に合致する場合

- 制約付き最小化問題：$F \subset Rn$，すなわち実行可能集合 F が全体集合 Rn の一部分である場合

最適化問題を解こうとするとき，最初の困難は，それが適切な状態にあるか，すなわち，F の中に関数 $f(x)$ が最小値をとるような点があるかどうかを理解することだ．実際，次のような状況が起こりうる．
- 実行可能集合 F が空である．
- 実行可能集合 F は空ではないが，目的関数の下限が $-\infty$ かもしれない．
- 実行可能集合 F は空でなく，目的関数の下限も $-\infty$ ではないが，F には f の大域最小点が存在しないかもしれない．

最適化問題において，大域最小点が存在するための必要ではないが十分条件は，次のようなワイエルシュトラスの定理で表現される．$F \subset Rn$ を非空なコンパクト集合とする．f を F 上の連続関数とする．その場合，f の大域最小点は F に存在する．

この定理は，実行可能集合がコンパクトな制約付き問題のクラスにだけ適用できる．非コンパクト実行可能集合の問題，つまり，$F = Rn$ なら，この問題での存在性結果には，問題の最適解を含む F の部分集合を特徴づける必要がある．

> コンパクト空間とは，任意の開被覆が有限の部分被覆をもつ位相空間だ．

一般に，扱っている問題に最適解が常に存在するとは限らなくて，存在しても，常に一意に決まるとは限らない．

7.2.2 局所最適性の説明

残念ながら，すべての大域最適性条件には，適用範囲が限られるという制約がある．実際，それは，実行可能集合の目的関数の全体的な振る舞いに関わっており，計算量の観点からは複雑な条件で記述する必要が生じる．最適化モデルを定義する際に導入される大域最適性に次いで，局所最適性の定義をしておくのが適当だろう．

局所最適とは，可能解の小さな近傍での問題の最良な解と定義できる．図 7.1 では，

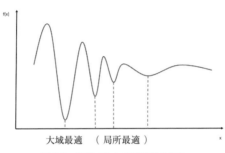

図 7.1 関数 $f(x)$ の局所最小条件

関数 $f(x)$ に対して 4 つの最小条件が見つかる．これらは局所最適だ．

しかし，大域最適になるのは 1 つだけで，残りは局所最適のままだ．局所最適性条件は，アプリケーションの観点ではより有用となる．それは，その点が最小化問題の局所最小点になるからだ．よって，理論的な観点では，最適化問題の局所最小値の十分な記述にはならないが，最小化アルゴリズムの定義においては重要な役割を演じることができる．

実生活で起こる多くの問題は，非線形最適化問題として表される．これは，技術的および科学的な観点から，このクラスの難しい数学的問題を扱い，解く手法の研究と開発により大きな興味がもたれている背景だ．

次に，最も広く使われている最適化技法を見ていこう．

7.3 勾配降下法の検討

シミュレーションアルゴリズムの目的は，モデルの予測値とデータから返される実際の値との差をなくすことだ．実際の値と期待値との差が小さくなると，アルゴリズムによるシミュレーションがうまくいったということになるからだ．差をなくすことは，構築されているモデルの目的関数を最小化することを意味する．

7.3.1 降下法の定義

降下法は，初期位置 $x_0 \in R^n$ から始めて，次の式で定義される位置の列 $\{x_n\}_{n \in N}$ を生成する．

$$x_{n+1} = x_n + \gamma_n g_n$$

ここで，ベクトル g_n は探索方向を，スカラー γ_n は g_n 方向に進む距離であるステップ長と呼ばれる正パラメータを示す．

降下法では，ベクトル g_n とパラメータ γ_n を，目的関数 f の値がイテレーションごとに減少するよう，次のように選ぶ．

$$f(x_{n+1}) < f(x_n) \quad \forall n \geq 0$$

ベクトル g_n を使えば，降下方向が，$x = x_n + \gamma_n g_n$ という直線が勾配ベクトル $\nabla f(x_n)$ と鈍角をなすように定まる．こうして，γ_n が十分小さい場合に f の減少が保証できる．

g_n の選択方法に基づいて，様々な降下法がある．一般的なのは次のようなものだ．
- 勾配降下法
- ニュートン-ラフソン法

勾配降下アルゴリズムの分析から始めよう．

7.3.2 勾配降下アルゴリズムの方式

勾配とは，関数値の増加率が最大になる方向を示す．関数グラフの接線の傾きを表

7. シミュレーションを使ってシステムを改善し最適化する

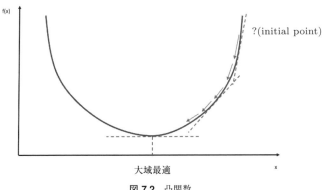

図 7.2 凸関数

すベクトル値関数だ．図 7.2 で示されている凸関数を考えよう．

勾配降下アルゴリズムの目的は，関数の最小の点に到達することだ．技術的なポイントは，勾配とは微分であるということだ．つまり，目的関数の傾きを表している．

これをより良く理解するために，夜に山の中で道に迷い周りがよく見えないと仮定しよう．足元の土地の傾きしかわからないとする．目的は，山の最も低い地点に達することだ．そのためには，少しずつ歩いて，傾きが最大になる方向に行く．これを，一歩ずつ反復していけば，最終的には谷に達する．

数学的には，微分はある点での関数の変化率だ．よって，微分の値は，ある点の傾きだ．勾配は同じことだが，ベクトル値関数で，偏微分だ．これは，勾配がベクトルで，その成分がある変数に関する偏微分になっていることを意味する．

関数 $f(x,y)$，つまり 2 変数 x と y の関数を分析しよう．勾配は，第 1 要素は x についての，第 2 要素は y についての f の偏微分を含むベクトルだ．f の偏微分を計算したなら，次が得られる．

$$\frac{\delta f}{\delta x}, \quad \frac{\delta f}{\delta y}$$

これら 2 つのうちの最初が x についての偏微分，次が y についての偏微分だ．勾配は次のベクトルになる．

$$\nabla f(x,y) = \begin{bmatrix} \dfrac{\delta f}{\delta x} \\ \dfrac{\delta f}{\delta y} \end{bmatrix}$$

上の式は，2 次元空間の点，つまり 2 次元ベクトルを値とする関数だ．各成分は，関数の変数それぞれの最も急な上昇方向を示す．それは，関数値が最も増大する方向だ．

同様に，5 変数関数があれば，5 つの偏微分からなる勾配ベクトルが得られる．一般に，n 変数関数の n 次元勾配ベクトルの結果は次のようになる．

$$\nabla f(x,y,\ldots,z) = \begin{bmatrix} \dfrac{\delta f}{\delta x} \\ \dfrac{\delta f}{\delta y} \\ \ldots \\ \ldots \\ \dfrac{\delta f}{\delta z} \end{bmatrix}$$

しかし，勾配降下のためには，f を最大化しようとはしない．最小化，つまり，関数を最小にする点を探す．

関数 $y = f(x)$ があるとする．勾配降下は，関数 f が x の近傍で微分可能であれば，この関数は勾配ベクトルの逆方向に動かすと最も速く減少するという観察に基づいている．x のある値から始めて，次のように書ける．

$$x_{n+1} = x_n - \gamma \nabla f(x_n)$$

ここで，係数は次のようになる．
- γ：学習率
- $\nabla f(x_n)$：勾配ベクトル

十分小さい γ 値に対して，このアルゴリズムは有限回の反復で関数 f の最小値に収束する．

> 基本的に，勾配が負ならその点の目的関数は減少しており，最小点に達するためにパラメータをより大きな値の方に動かす必要を意味する．反対に，勾配が正なら，より小さな値に達するためにパラメータをより小さな値のほうに動かす．

7.3.3 学習率の理解

勾配降下アルゴリズムは，目的関数の最小値を反復プロセスで探す．各ステップで，目的関数を最小化する降下のために勾配を推定する．この手続きでは，学習率パラメータの選択が重要になる．このパラメータは，目的関数の最適値にどれだけ迅速に，あるいはどれだけ遅く到達するかを決める．
- 学習率が小さすぎると，最良値に収束するまでの反復回数が多くなりすぎる．
- 学習率が非常に大きいと，最適解を通り過ぎる危険がある．

図 7.3 では，学習率の値による 2 つのシナリオを示す．

このために，適切な学習率が重要だ．最適な学習率を見つける最良の方法は，試行錯誤によるものだ．

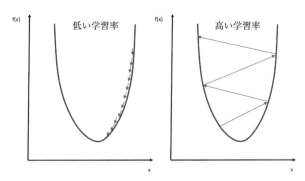

図 7.3 学習率の 2 つのシナリオ

7.3.4 試行錯誤法の説明

試行錯誤という用語は，問題に対する解を見つけるための，試してみて，望ましい効果が得られたかどうかをチェックするヒューリスティック手法を意味する．望ましい結果が得られたなら，その試みが問題への解を構成し，そうでないなら別の試みを試していく．

この手法の重要な特性は次のとおりだ．
- 解に向かって進む：単に解を求めるだけで，なぜそれがうまくいくのかを見つけようとはしない．
- 当面の問題に限る：他の問題へも一般化できるとは考えない．
- 最適ではない：通常，解を 1 つ見つけることに限定するので，最良の解となることは普通はない．
- 完璧な知識を必要としない：あまり良く知られていない問題への解を見つけようとする．

試行錯誤法は，問題のあらゆる解を求めるのに，あるいは，最良解が複数あるならそれを見つけるのにも使える．その場合，望ましい結果が得られた最初の試みで止まらず，それを記録しておいて，すべての解を見つけるまで試みを続ける．結局は，所与の基準に基づき，得られた解の中でどれが最良かを決める．

7.3.5 Python による勾配降下の実装

本項では，これまで勾配降下について学んだことを応用して，実際的な例を扱う．関数を定義し，学んだ手法で関数の最小点を見つける．いつものように，コード（GradientDescent.py）を 1 行ずつ見ていく．

1. 必要なライブラリのインポートから始める．

```
import numpy as np
import matplotlib.pyplot as plt
```

numpy ライブラリについては 2.4.3 項参照．

7.3 勾配降下法の検討

matplotlibライブラリは 3.4.3 項参照.
2. 関数を定義する.

```
x = np.linspace(-1,3,100)
y=x**2-2*x+1
```

まず，独立変数 x の区間を定義する．これは関数のグラフを描いて可視化するのに必要なだけだ．そのために linspace 関数を使う．この関数は，数の列を作る．開始点，終了点，点の個数という 3 引数を渡す．次に，放物線関数を定義した．

3. 関数のグラフを描いて表示する．

```
fig = plt.figure()
axdef = fig.add_subplot(1, 1, 1)
axdef.spines['left'].set_position('center')
axdef.spines['bottom'].set_position('zero')
axdef.spines['right'].set_color('none')
axdef.spines['top'].set_color('none')
axdef.xaxis.set_ticks_position('bottom')
axdef.yaxis.set_ticks_position('left')
plt.plot(x,y, 'r')
plt.show()
```

まず，新たな図を定義し，x 軸が関数の最小値，y 軸が放物線の中央に来るよう軸を設定する．これにより，関数の最小点の位置を視覚的に把握しやすくなる．図 7.4 が出力される．

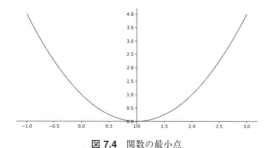

図 7.4 関数の最小点

見てわかるように，関数の最小点は，$y = 0$ となる，x が 1 の点だ．これは，勾配降下法で決定する値だ．

4. 勾配関数を定義しよう．

```
Gradf = lambda x: 2*x-2
```

関数の勾配は微分だったことを思い出そう．この場合，1 変数関数なのでやさしい．

5. 反復手続きに入る前に，変数列を初期化する必要がある．

```
ActualX = 3
LearningRate = 0.01
PrecisionValue = 0.000001
PreviousStepSize = 1
MaxIteration = 10000
IterationCounter = 0
```

そこで，これらの変数の意味を詳細に述べよう．

- `ActualX`：独立変数 x の現在の値．はじめに，$x = 3$ で初期化するが，これはグラフ中で表示範囲の右端だ．
- `LearningRate`：学習率．0.01 に設定する．値を変えたらどうなるかを試せる．
- `PrecisionValue`：アルゴリズムの精度を定義する値．反復手続きなので，解はイテレーションごとに洗練され，収束に向かう．収束には膨大な反復回数がかかることもあるので，資源節約のためには，適切な精度まで達したら反復を止めることを推奨する．
- `PreviousStepSize`：精度の計算結果，初期値は 1．
- `MaxIteration`：アルゴリズムの最大反復回数．収束しきらなくても手続きを止める．
- `IterationCounter`：カウンタ．

6. 反復手続きを開始できる．

```
while PreviousStepSize > PrecisionValue and
IterationCounter < MaxIteration :
    PreviousX = ActualX
    ActualX = ActualX - LearningRate *
Gradf(PreviousX)
    PreviousStepSize = abs(ActualX - PreviousX)
    IterationCounter = IterationCounter +1
    print("Number of iterations = ",IterationCounter ,"\
nActual value of x is = ",ActualX )
    print("X value of f(x) minimum = ", ActualX )
```

反復手続きは，`while` ループを使い，2 条件が成り立つ（`TRUE`）間は繰り返す．どちらかが `FALSE` になると止まる．精度と反復回数が 2 つの条件だ．

この手続きは，7.3.1 項で述べたように，勾配が降下する方向に x の値を更新する必要がある．次の式に従ってそれを行う．

$$x_{n+1} = x_n - \gamma \nabla f(x_n)$$

サイクルの各ステップで，x の直前の値が格納されて前のステップでの精度が，2 つの x 値の差の絶対値で計算される．各ステップの最後に，反復回数と x の現在値が出力される．

```
Number of iterations = 520
Actual value of x is = 1.0000547758790321
Number of iterations = 521
Actual value of x is = 1.0000536803614515
Number of iterations = 522
Actual value of x is = 1.0000526067542224
Number of iterations = 523
Actual value of x is = 1.000051554619138
Number of iterations = 524
Actual value of x is = 1.0000505235267552
Number of iterations = 525
Actual value of x is = 1.0000495130562201
Number of iterations = 526
Actual value of x is = 1.0000485227950957
```

各ステップで，x の値は正しい値に近づいている．ここまで 526 回反復した．

7. 手続きの最後で，結果を出力する．

```
print("X value of f(x) minimum = ", ActualX)
```

次のような結果が返される．

```
X value of f(x) minimum = 1.0000485227950957
```

確認できるように，値は正確な値 1 に非常に近い．差は，反復手続きの停止に示した精度の値だ．

勾配降下法に基づく最適化技法の実際の応用を詳細に分析したので，次に，関数のゼロ点を計算する反復法のニュートン–ラフソン法を学ぼう．

7.4 ニュートン–ラフソン法の理解

ニュートン法は，非線形方程式の解を近似する主要な数値解法だ．関数の線形近似を繰り返してゼロ点の推定値を改善する．

7.4.1 解を求めるためにニュートン–ラフソン法を使う

非線形関数 f と近似の初期値 x_0 に対して，ニュートン法は，$k > 0$ の各 k について，近似値の列 $\{x_k\}$ を，x_k の近傍で関数 f を線形モデルで近似して与える．このモデルは，現在の反復点 x_k の近傍に属する点 x での関数 f の，次のようなテイラー展開で構築される．

$$f(x) = f(x_k) + (x - x_k)f'(x_k) + (x - x_k)^2 \frac{f''(x_k)}{2!} + \cdots$$

テイラー展開を 1 次で打ち切ると，次のような線形モデルが得られる．

$$f(x) = f(x_k) + (x - x_k)f'(x_k)$$

この方程式は, x_k の十分狭い近傍では成り立つ.

x_0 を初期データとすると, イテレーションの最初は, $k = 0$ における線形モデルでのゼロ値となる x_1 を計算することだ. つまり, 次のスカラー線形方程式を解くことだ.

$$f(x) = 0$$

この式から, 次の反復の x_1 は, 次で与えられる.

$$x_1 = x_0 - \frac{f(x_0)}{f'(x_0)}$$

同様に, 次の方程式では x_2 を, そして x_3 というように, 一般化した式は次のようになる.

$$x_{n+1} = x_n - \frac{f(x_n)}{f'(x_n)}$$

この式は, 7.3.1項の降下法の一般式とよく似ている. 幾何学的な観点では, この式は, 点 $(x_k, f(x_k))$ での関数 f の接線を表している. そのために, この手法は接線法とも呼ばれる.

幾何学的には, この手続きは次のような手順を踏む.
- 開始点 x_0 で接線を引く.
- この直線の x 切片を求める. その点が新たな x_1 値になる.
- 収束するまでこの手順を繰り返す.

図 7.5 にこの手続きを示す.

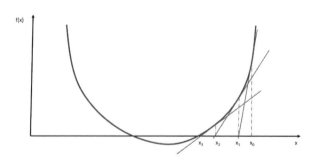

図 7.5 接線を見つける手続き

このアルゴリズムは, すべての k で $f'(x_k) \neq 0$ なら, 問題なく定義されている. 計算コストに関しては, 各反復で関数 f とその微分の評価が点 x_k の前に必要となる.

7.4.2 数値最適化に対するニュートン–ラフソン法の方式

ニュートン–ラフソン法は, 数値最適化問題を解くのにも使える. その場合, この手

法は関数のゼロ点を見つけるニュートン法を，関数 f の微分に適用する．それは，関数 f の最小値を決定することが 1 階微分 f' の解を求めることと等価だからだ．1 階微分の解が最適性条件となる．

この場合，漸化式は次のようになる．

$$x_{n+1} = x_n - \frac{f'(x_n)}{f''(x_n)}$$

この式の項は次のようなものだ．
- $f'(x_n)$ は関数 f の 1 階微分
- $f''(x_n)$ は関数 f の 2 階微分

> ニュートン–ラフソン法は，速度の点で通常，勾配降下法より好まれる．しかし，これには 1 階および 2 階の微分式についての解析的知識が必要であり，初期値によっては期待と大きく異なる最小値・最大値へ収束することもある．

この手法の変形では，大域収束や直接法で方向決定を避けて計算コストを下げるものがある．

7.4.3 ニュートン–ラフソン法の適用

本項では，ニュートン–ラフソン法についてこれまで学んだことを実際の例に適用する．関数を定義して，この手法を用いて関数の最小点を求める．いつものようにコード（Newton-Raphson.py）を 1 行ずつ見ていこう．

1. 必要なライブラリのインポートから始める．

```
import numpy as np
import matplotlib.pyplot as plt
```

2. 関数を定義する．

```
x = np.linspace(0,3,100)
y=x**3 -2*x**2 -x + 2
```

まず，独立変数 x の間隔を定義する．これは，グラフを描いて関数を可視化するためにのみ必要だ．開始点，終了点，生成する点の個数の 3 引数を渡す．次に，3 次関数を定義する．

3. 関数のグラフを描く．

```
fig = plt.figure()
axdef = fig.add_subplot(1, 1, 1)
axdef.spines['left'].set_position('center')
axdef.spines['bottom'].set_position('zero')
axdef.spines['right'].set_color('none')
axdef.spines['top'].set_color('none')
```

```
axdef.xaxis.set_ticks_position('bottom')
axdef.yaxis.set_ticks_position('left')
plt.plot(x,y, 'r')
plt.show()
```

まず，図を作り，x 軸が関数の最小値になるように，y 軸が最小点の位置に来るよう座標軸を決める．これによって，関数の最小点の位置が見やすくなる．図 7.6 のグラフが出力される．

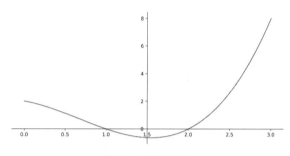

図 7.6 関数の最小点

この図では，関数の最小点が x がほぼ 1.5 の値で起こるのがわかる．これは，ニュートン–ラフソン法で決める値だ．後で比較するために，この正確な値を抽出しておく．

```
print('Value of x at the minimum of the function', x[np.argmin(y)])
```

この値を得るために，numpy の argmin 関数を使った．これは，ベクトルの最小要素のインデックスを返す．次の結果が返される．

```
Value of x at the minimum of the function 1.5454545454545454
```

4. 関数の 1 階微分と 2 階微分を定義する．

```
FirstDerivative = lambda x: 3*x**2-4*x -1
SecondDerivative = lambda x: 6*x-4
```

5. パラメータを初期化する．

```
ActualX = 3
PrecisionValue = 0.000001
PreviousStepSize = 1
MaxIteration = 10000
IterationCounter = 0
```

これらのパラメータには次のような意味がある．

7.4 ニュートン-ラフソン法の理解

- `ActualX`：独立変数 x の現在値．はじめに $x = 3$ で初期化したが，これはグラフの表示領域では左端だ．
- `PrecisionValue`：アルゴリズムの精度．反復手続きなので，解は，イテレーションごとに洗練されて収束に向かう．収束に長い時間がかかるかもしれないので，資源節約のために，適当な精度に達したら反復手続きを停止することが推奨される．
- `PreviousStepSize`：計算した精度，初期値は 1.
- `MaxIteration`：アルゴリズムの最大反復回数．収束しなくても，これで手続きを停止する．
- `IterationCounter`：反復の回数のカウンタ．

6. 次のように，ニュートン-ラフソン法を適用する．

```
while PreviousStepSize > PrecisionValue and
IterationCounter < MaxIteration :
    PreviousX = ActualX
    ActualX = ActualX - FirstDerivative(PreviousX)/
SecondDerivative(PreviousX)
    PreviousStepSize = abs(ActualX - PreviousX)
    IterationCounter = IterationCounter +1
    print("Number of iterations = ",IterationCounter ,"\
nActual value of x is = ",ActualX )
```

この手続きは，7.3.5 項で問題の解決に用いたのと同じだ．`while` ループは，両条件が成り立つ（`TRUE`）間，繰り返される．どちらかが `FALSE` になると停止する．この2条件は，精度のチェックと反復回数だ．

ニュートン-ラフソン法は，次のような漸化式で，値を求める．

$$x_{n+1} = x_n - \frac{f'(x_n)}{f''(x_n)}$$

各サイクルで x の直前の値を格納して精度を2つの x 値の差の絶対値から求める．各ステップの最後では，反復回数と現在の x の値を次のように出力する．

```
Number of iterations = 1
Actual value of x is = 2.0
Number of iterations = 2
Actual value of x is = 1.625
Number of iterations = 3
Actual value of x is = 1.5516304347826086
Number of iterations = 4
Actual value of x is = 1.5485890147300967
Number of iterations = 5
Actual value of x is = 1.5485837703704566
Number of iterations = 6
Actual value of x is = 1.5485837703548635
```

7.4.2項で述べたように，解に達するために必要な反復回数は，大きく変動する．実際，勾配降下法では526回の反復が必要だったのだが，ニュートン-ラフソン法では6回だけの反復で済んだ．
7. 最後に，結果を出力する．

```
print("X value of f(x) minimum = ", ActualX)
```

次の結果が返される．

```
X value of f(x) minimum = 1.5485837703548635
```

確かめられるとおり，この返された値は，正確な値 1.5454545454545454 に非常に近い．反復回数の条件に設定した精度の値分だけしか違わない．

7.4.4 割　線　法
ニュートン法の変形として，割線法がある．これは，$n+1$ ステップにおいて，式 $y = f(x)$ の接線を横軸の点 x_n で考える代わりに，横軸の点 x_n と x_{n-1} での割線を接線のかわりに用いるものだ．

言い換えると，x_{n+1} を，この割線の x 切片として計算する．ニュートン法の場合と同様に，割線法は次のような反復手続きになる．
1. 与えられた初期値 x_0 と x_1 とから，x_2 を求める．
2. 次に，x_1 と x_2 とから，x_3 を求める．

これを続けていく．

ニュートン法と比較すると，割線法には，関数の微分を計算しなくても良いという利点がある．よって，ニュートン法と異なり，関数の微分がわかっていなくても適用できる．しかし，解の近傍において，計算上の問題が生じる場合がある．

次に，微分可能関数の最適化に対する反復手法である，確率的勾配降下法を学ぼう．

7.5　確率的勾配降下法の知識を深める

7.3節で述べたように，勾配降下法の実装では，空間でランダムに選んだ点での関数とその勾配を計算する．

そこから，勾配に示される方向へ移動する．これにより，関数値が最小になる方向が決まり，関数が実際に以前の点で計算された値より小さくなるかを試験できる．小さくなっていれば，この手続きを反復して，新たな勾配を再計算する．それは，前とはまったく違う可能性がある．その後は，新たに最小値を探していく．

この反復手続きでは，各ステップで，システム状態全体を更新する．これは，システムの全パラメータを再計算することを意味する．計算の手間という観点では，これは非常に高価な演算コストがかかり，推定手続きが非常に遅くなるということだ．標準的な勾配降下法では，重みがデータセット全体の勾配を計算した後に更新されるが，

確率的な手法では，ある回数のあとシステムパラメータを更新する．それらは，プロセスの速度向上のためにランダムに選ばれ，局所最小状況を避けるようになっている．

現象の観測値が n 個あるデータセットを考える．ここで，f をパラメータ x に関して最小化したい目的関数とする．

$$f(x) = \frac{1}{n} \sum_{i=1}^{n} f_i(x)$$

この式を分析すると，目的関数 f の評価は，データセットにある n 個の各値について f の値を評価することとなる．

古典的な勾配降下法では，各ステップで，関数の勾配は，次の式のように，データセットのすべての値について計算して得られる．

$$x_{n+1} = x_n - \gamma \frac{1}{n} \sum_{i=1}^{n} \nabla f_i(x_n)$$

場合によっては，この式の和の計算は，データセットが非常に大きかったり，目的関数が初等的な式で与えられていなかったりして，非常に手間がかかることがある．確率的勾配降下法は，勾配関数の近似によって，この課題を克服する．各ステップで，データセットに含まれるデータについて勾配の和を計算する代わりに，データセットのランダムな部分集合を使う．

よって，前の式を次の式で置き換える．

$$x_{n+1} = x_n - \gamma \nabla f_i(x_n)$$

この式では，$\nabla f_i(x_n)$ がデータセットからランダムに選んだデータの勾配だ．

この技法の賛否は次のようなものだ．
- 観測の一部だけを使うので，アルゴリズムはパラメータ空間をより広く探索でき，最小値に関して新たな点やより良い点を見つける可能性が大幅に増える．
- アルゴリズムの各ステップが計算という点で，大幅に速くなり，最小点への収束が確かに速くなる．
- パラメータ推定がデータセットの一部だけをメモリにロードして計算するので，巨大データセットにも適用できる．

次に，最大尤度推定を行うのに広く使われる反復アルゴリズムが，不完全なデータの場合にどのように働くかを見よう．

7.6　期待値最大化（EM）アルゴリズムの方式

EM（expectation-maximization）法は，データ分布の未知パラメータ θ の最大尤度推定（maximum likelihood estimation, MLE）という概念に基づく．標本空間 X について，$x \in X$ がパラメータ θ に依存する密度 $f(x|\theta)$ から抽出された観測値とす

る．次の式のように，単一観測値 x について，θ の尤度関数を定義する．

$$L(\theta \mid X) = f(x \mid \theta)$$

尤度関数は条件付き確率関数であり，第 1 引数を固定した場合の第 2 引数の関数となる．

標本が，n 個の独立な観測からなる場合は，尤度は次のようになる．

$$L(\theta \mid X) = \prod_{i=1}^{n} f(\theta \mid x_i)$$

尤度の値は 0 に非常に近いので，パラメータの最大尤度推定の微分計算を簡単にするために，対数変換を施して，対数尤度を扱うことができる．

$$l(\theta \mid x) = \sum_{i=1}^{n} \log(L(\theta \mid x_i))$$

MLE の目標は，尤度を最大化するパラメータ θ^* を選ぶことだ．

$$\theta^* = \arg\max_{\theta} \{l(\theta)\}$$

EM アルゴリズムは，MLE の反復アルゴリズムだ．この手法は単純なので，この種の問題では非常に一般的だ．このアルゴリズムでは，E ステップと呼ばれる期待フェーズと M ステップと呼ばれる最大化フェーズが交互に現れる．E ステップでは，完全データと前の推定からパラメータの対数尤度の期待値を計算する．M ステップでは，E ステップで更新したデータを用いて新たにパラメータの最大尤度を推定する．この手続きを，直前の推定値との差が前もって決定したしきい値に達してアルゴリズムが収束するまで繰り返す．

E ステップは，平均ベクトルと共変行列を使って，観測した変数値から不完全な変数値を予測する回帰方程式を作る．このステップの目的は，確率的回帰のデータ補完と似た方法で，パラメータ値を予測することだ．

次の M ステップでは，完全なデータに対する標準的な式を新たに作られたデータに適用して，平均の推定ベクトルと分散共分散行列を更新する．新たなパラメータ推定は，次の E ステップで，未知のパラメータ推定の新たな回帰方程式作成に使われる．

EM アルゴリズムでは，この 2 ステップを平均と共分散行列の違いがほとんどなくなるまで続ける．その時には，アルゴリズムが MLE に収束している．EM の背後にある概念は，潜在変数の観測標本を使って，観測されていない標本の値を予測するというものだ．

EM アルゴリズムでは，幅広い問題を解くためのツールがある．その中では次のようなものが使える．

- 潜在変数の値推定

- データセットの欠損値の補完
- 有限混合モデル（finite mixture model, FMM）のパラメータ推定
- 隠れマルコフモデル（hidden Markov model, HMM）のパラメータ推定
- 教師なしクラスタ学習

よって，ガウス混合問題を扱うために EM の方法を学ぼう．

7.6.1 ガウス混合問題のための EM アルゴリズム

　潜在変数は，複雑な分布をモデル化する実用的な手法として広く使われている．適切に選べば，潜在変数は，モデルの構造を大幅に簡素化できる．潜在変数は，直接観測できず，測定不能で，仮説的に設定され，その効果を通して分析される．他の測定可能変数に対する潜在変数のリンク，関係，影響が，この隠れた変数についての手がかりを表す．観測変数と潜在変数の同時分布は，観測変数のみの少ない分布に比べれば大きくて管理しやすいことが多い．潜在変数を使ったモデルは，潜在変数モデルと呼ばれる．

　潜在変数モデルの中では，混合問題が一般的だ．これは，通常，モデル化の責任をいくつかの比較的簡単な成分で分担するという方法論に基づく．これらの成分を，それぞれに重みをもたせた混合分布へと組み合わせる．混合分布には，扱いやすくて，いくらでも複雑な分布をモデル化できるという興味深い特性がある．多くの一般的な演算や計算が，個別の成分や混合分布に独立に行える．さらに，成分の個数が増えても，モデルの複雑さを直感的に制御できる．

　混合モデルは，母集団の中に部分母集団が存在する場合の確率モデルとして使うことができる．また，一般母集団における複数の観測の確率分布を表す混合分布としても定義できる．混合モデルは，観測集合の部分母集団の特性や分析中の母集団から得られたデータの推定，近似，予測のために使われる．

　単純な分布の中で，ガウス分布（正規分布）は，最も広く使われている．3 章の 3.4.5 項において，この分布を定義した．正規分布は，左右対称でベル型という重要な特性を持つ．中央では，期待値と中央値が一致して，四分位範囲は平均二乗偏差の 1.33 倍になる．確率変数は $-\infty$ から $+\infty$ の値をとる．

　ガウス混合モデル（Gaussian mixture model, GMM）の目的は，各成分を含むデータ要素を特定して，各成分の近似や推定を求めることだ．データが，複数の部分母集団からなったり様々な生成過程からなる場合，単一の統計分布では，データ分布を説明できない．それには，各成分のパラメータと，各成分が全体の分布に寄与する割合によって定義される混合モデルで通常記述されるのと同じ分布の構成を使う必要がある．

　ガウス混合モデルは，データが未知のパラメータをもつ様々なガウス分布の混合であるという仮定に基づく確率モデルだ．このモデルは，各クラスタの中央（平均）とばらつき（分散）の情報と，事後確率を与える．例えば，2 つの分布があったとして，データラベルが既知なら，分布のパラメータ（平均と分散）に戻ることができる．パ

ラメータが既知なら，ラベルを同定できる．他方で，（パラメータやラベルの）情報が何もないと，確率アルゴリズムを使ってパラメータを推定する．

モデルを定義するパラメータ集合は，多くの技法で推定できる．例えば，EM アルゴリズムは混合分布の最大尤度を推定する反復的なツールだ．このツールの基本は，データセットに存在する各観測値を特定のクラスタに同定する多項指標変数を使うことだ．このモデルでは，始点は，複数の部分母集団の加算的混合による母集団から抽出されたと仮定する確率変数だ．GMM は，それぞれがある型またはグループと考えられる通常は小さな，有限個の潜在クラスでの異質性を自然で直感的に表現する．

本項では，ガウス混合分布のパラメータを推定するために，EM アルゴリズムを実際に使う例を見る．この例では，2 つのガウス分布を平均と標準偏差を指定して作る．次いで，新たに生成したデータを併合して，この新たな分布をガウス混合分布としてモデル化し，分布のパラメータを推定する．目的は，最初に作った 2 つのガウス分布のパラメータを復元することだ．

いつものように，コード（gaussian-mixtures.py）を 1 行ずつ見ていこう．

1. ライブラリのインポートから始める．

```
import numpy as np
import seaborn as sns
from matplotlib import pyplot as plt
from sklearn.mixture import GaussianMixture
import pandas as pd
```

numpy ライブラリは 2.4.3 項参照．次の seaborn ライブラリは 3.4.5 項参照．matplotlib ライブラリは高品質グラフを描く Python ライブラリだ．さらに，sklearn.mixture モジュールから GaussianMixture 関数をインポートした．この関数は，EM アルゴリズムを使いガウス混合分布のパラメータを推定する．最後の pandas ライブラリは 6.5 節参照．

2. ガウス分布のパラメータを設定する．

```
mean_1=25
st_1=9
mean_2=50
st_2=5
```

ガウス分布の平均と標準偏差を設定した．

3. 2 つの分布を作る．

```
n_dist_1 = np.random.normal(loc=mean_1, scale=st_1, size=3000)
n_dist_2 = np.random.normal(loc=mean_2, scale=st_2, size=7000)
```

これには，numpy ライブラリの random.normal 関数を使った．平均，標準偏差，生成標本数の 3 引数を渡した．

4. 1 つの母集団による 2 つの分布を併合する．

7.6 期待値最大化（EM）アルゴリズムの方式

```
dist_merged = np.hstack((n_dist_1, n_dist_2))
```

numpyライブラリのhstack関数は，水平方向（列ごとに）シーケンスをまとめた配列を作る．

そこで，ヒストグラムを描いて作った母集団を見てみる．

```
sns.set_style("white")
sns.histplot(data=dist_merged, kde=True)
plt.show()
```

seabornライブラリのhistplot関数を使って，データセットの分布を示す1変数または2変数ヒストグラムを表示する．図7.7が表示される．

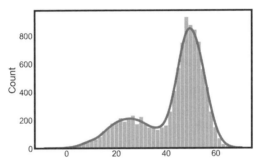

図 7.7　データセットの分布の2変数ヒストグラム

データに2つの分布があることがすぐわかる．パラメータを評価する必要がある．

5. そのために，GMMを使う．

```
dist_merged_res = dist_merged.reshape((len(dist_merged), 1))
gm_model = GaussianMixture(n_components=2, init_params='kmeans')
gm_model.fit(dist_merged_res)
```

まず，GaussianMixture関数を使えるように母集団データを整形する．k平均クラスタ化は分割手法で，期待どおりにデータセットを互いに素なクラスタに分割する．データセットを与えると，この分割手法は，データを複数に分割して，それぞれがクラスタになる．この手法では，初期分割から始めて，要素をあるクラスタから別のクラスタに割り当て直す．最後に，fit関数を使って，併合した初期ガウス分布を用いたモデルに適合させる．

6. GMMのシミュレーションで得られたパラメータを初期分布のと比較できる．

```
print(f"Initial distribution means = {mean_1,mean_2}")
print(f"Initial distribution standard deviation = {st_1,st_2}")
print(f"GM_model distribution means = {gm_model.means_}")
```

```
print(f"GM_model distribution standard deviation =
{np.sqrt(gm_model.covariances_)}")
```

次のデータが表示される.

```
Initial distribution means = (25, 50)
Initial distribution standard deviation = (9, 5)
GM_model distribution means = [[24.12193283] [49.87502388]]
GM_model distribution standard deviation =
                [[[8.36021272]] [[5.15620167]]]
```

25 と 50 という初期平均に対して，初期値に非常に近い 24.12 と 49.87 を得た．標準偏差については，9 と 5 という初期値に対して 8.3 と 5.15 という推定値になった．

7. これらのパラメータを用い，2 つの初期分布を結合して得られる分布の各値のクラスを予測できる．

```
dist_labels = gm_model.predict(dist_merged_res)
```

この行では，GMM の predict 関数を使った．この関数は，訓練モデルを用いて dist_merged_res のサンプルデータのラベルを予測する．

2 つのクラスの分布の表現を見よう．

```
sns.set_style("white")
data_pred=pd.DataFrame({'data':dist_merged, 'label':dist_labels})
sns.histplot(data = data_pred, x = "data", kde = True, hue = "label")
plt.show()
```

図 7.8 が返される．

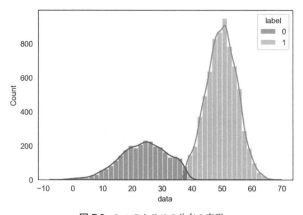

図 7.8 2 つのクラスの分布の表現

8. 初期分布と GMM で推定した分布を比較するために，初期分布を表現する．

```
label_0 = np.zeros(3000, dtype=int)
label_1 = np.ones(7000, dtype=int)
labels_merged = np.hstack((label_1, label_0))
data_init=pd.DataFrame({'data':dist_merged,
 'label':labels_merged})
```

最初に，初期分布と同じ個数の要素からなる 2 つのクラスのラベルから 2 つのベクトルを作る．そして，1 つのベクトルに積み上げて，2 カラムの pandas DataFrame を作り，第 1 カラムには分布を併合して，第 2 カラムにはラベルを追加する．

後は，結果を表示するだけだ．

```
sns.set_style("white")
sns.histplot(data = data_init, x = "data", kde = True, hue = "label")
plt.show()
```

図 7.9 が表示される．

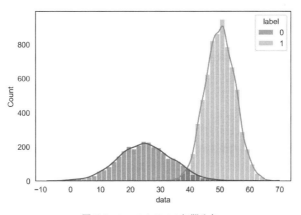

図 **7.9** 2 つのクラスの初期分布

図 7.8 と 7.9 の比較から，2 つの分布のパラメータ推定の品質がわかる．この推定が，初期分布について何の情報もなく行われたことに注意しよう．

EM 法の実際の適用例の詳細な分析をしたので，次に，もう 1 つ別の最適化手法を学ぼう．

7.7　シミュレーテッドアニーリング (SA) 法の理解

SA (simulated annealing，焼きなまし) 法アルゴリズムは，組み合わせ論的最適

化問題を解く，一般的な最適化技法だ．このアルゴリズムは，確率技法と反復アルゴリズムに基づく．

7.7.1 反復改善アルゴリズム

探索アルゴリズムと解の反復改善は，局所探索アルゴリズムとして知られている．これらのアルゴリズムは，次のようなステップで行われる．

1. 構成 A から始める．一連のイテレーションを行う．各イテレーションで，現在の構成から A の近傍の別の構成に遷移する．
2. 遷移がコスト関数の改善につながるなら，現在の構成をその近傍で置き換える．そうでないなら，比較のために近傍の別のを比較に選ぶ．
3. アルゴリズムは，コストが他の近傍の構成のどれよりも悪くならないときに終了する．

このクラスのアルゴリズムは次のような欠点がある．

- 定義から，局所探索アルゴリズムは局所最小値で終わり，この局所最小値が大域最小値とどれだけ違っているかの情報が何もない．
- 得られた局所最小値の品質は，最初に選んだ構成に依存し，良い解を得るための出発点を選ぶための方法を示す一般的な基準がない．
- 一般に，アルゴリズムを完了するまでの時間に制限がない．

しかし，局所探索には，一般に簡単に適用できるという利点がある．構成の定義，コスト関数，生成機構は，一般に問題とはならない．

上に述べた欠点を克服するため，このアルゴリズムにはいくつかの修正版ができた．

- あらゆる可能な構成について，一様に分布させた多数の初期構成でアルゴリズムを実行する．
- 以前の実行で得られた情報を使って，その後の計算のための初期構成を選択する．
- 局所最適をアルゴリズムが乗り越えられるように，より複雑な生成機構を導入する．

さらに，コスト関数の値を悪化させる構成も受け入れるが，一般には，局所探索アルゴリズムは解のコスト改善だけを受け入れる．このような改善は，SA アルゴリズムで提供される．SA アルゴリズムに基づいた近似アルゴリズムによる解は，初期構成に依存せず，一般に全体最適をよく近似できる．SA は，漸近的に大域最適を見つけ，局所探索の欠点を見せず，問題の一般性に対して適用できるアルゴリズムとなる．

7.7.2 SA の 実 際

SA アルゴリズムは，金属の硬化処理と組み合わせ問題を解く過程との類似に基づく．焼きなまし（annealing）は，金属を加熱した後ゆっくりと冷却させる物理的過程を表す．このように，十分な高温にして徐々に冷やすと，分子が最小エネルギー配置になる．

この過程で，状態はエネルギー減少の方向に変化する．エネルギー増加を含む固体

の状態 i から状態 j への遷移は，次の式で定義される確率で生じる．

$$p = e^{\left(\frac{E_i - E_j}{kT}\right)}$$

この式では，要素は次のようなものだ．
- E_i, E_j：2つの状態に対するエネルギー
- k：ボルツマン定数
- T：金属の温度

このモデルは，最適化問題を解く SA で使われる．その場合，問題の目的関数とエネルギーとが対応して，温度がアルゴリズムの制御変数に対応する．最適解の探索では，目的関数の改善につながる解だけでなく，上の式に従った温度依存受容確率で悪くなる解も対象とする．この機能が SA の主な利点，解に対する探索空間を拡張して，目的関数が局所最適にとどまってしまう問題を克服することになる．

SA アルゴリズムは次のようなステップを想定する．最初に，制御パラメータに高い値を与える．次に，一連の構成を生成して，目的関数の最小点を求める．次のような基準に従って，現在の解の近傍で構成を選択する．目的関数の値との差が負なら，新たな構成で古い構成を置き換える．そうでなく，目的関数の値との差が正なら，上の式に従って入れ替える確率を計算する．非負確率で目的関数の値がより大きくなる解になる．このプロセスを，構成の確率分布がボルツマン分布に達するまで続ける．

制御パラメータの値は，離散ステップで次第に下げられ，システムは平衡状態になりうる．アルゴリズムの前半では，温度値が高く，受容基準も高い．この最初の段階では，多くの並べ替えを試して探索空間全体を調べられる．温度が低下し，モデルが最小エネルギー状態に達すると，最小エネルギー変動だけが許される．これは，局所探索空間だけで解の改善だけを図るので勾配降下を思い出させる．

温度パラメータは，最適化問題の大域最適を求める上で本質的な役割を担う．解空間全体を探索するために，より悪い解の確率がゆっくり減少するよう調節される．

アルゴリズムは，制御値が，目的関数の値を悪くするどのような構成もこれ以上は受け入れられないという値に達したら終了する．このようにして得られた解は，問題の解として扱われる．よって，この手法は，初期に探索空間を調べる大域最適化と，良い結果を得るのに重要な局所最適化とを活用する．この手法が，局所最小位置から逃れられないという可能性を排除するものではないことを注意すべきだ．これは，パラメータ値に非常に敏感で，チューニングが難しい．パラメータ調整の困難さが SA の弱点だ．

このアルゴリズムの実用的アプリケーション（simulated_annealing.py）を見てみよう．いつものように，1行ずつ分析しよう．

1. 必要なライブラリのインポートから始める．

```
import numpy as np
import matplotlib.pyplot as plt
```

numpy ライブラリは 2.4.3 項参照. matplotlib ライブラリは 3.4.3 項参照.
2. 最小化したい関数とその探索領域を作る.

```
x= np.linspace(0,10,1000)
def cost_function(x):
    return x*np.sin(2.1*x+1)
```

両端の値が 0 と 10 で, その間に等間隔に 1000 個の要素がある配列を作る. これは, 関数の存在領域, つまり, 解を探す空間を表す. 次に, 目的関数として正弦波関数を作る. この関数には様々な最小点があるので選んだ. 念のために関数のグラフを示す.

```
plt.plot(x,cost_function(x))
plt.xlabel('X')
plt.ylabel('Cost Function')
plt.show()
```

図 7.10 が表示される.

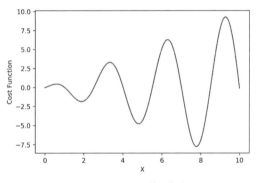

図 **7.10** コスト関数の表示

この図から, 0 から 10 の間に 3 つ最小点があるのがわかる.
3. この手法のパラメータを設定する.

```
temp = 2000
iter = 2000
step_size = 0.1
```

4. 次に, システム変数を初期化する.

```
np.random.seed(15)
xi = np.random.uniform(min(x), max(x))
E_xi = cost_function(xi)
xit, E_xit = xi, E_xi
cost_func_eval = []
acc_prob = 1
```

7.7 シミュレーテッドアニーリング (SA) 法の理解

はじめに，numpy random.seed 関数を使って乱数生成器のシードを設定する．この関数は基本乱数生成器を初期化する．次に，コスト関数を評価する最初の x 値を設定する．これには，random.uniform 関数を使う．これは，定義された範囲の乱数を生成する．この場合，範囲は x 変数で設定した範囲だ．その後，反復手続きで必要な一時変数を初期化する．目的は，x の一時変数を作り，コスト関数を評価し，値が受理できるかどうかチェックすることだ．一時変数は，アドホックに作った配列（cost_func_eval）に格納される．最後に，受理確率を含む acc_prob 変数を初期化する．

5. 反復手続きを開始できる．

```
for i in range(iter):
    xstep = xit + np.random.randn() * step_size
    E_step = cost_function(xstep)
```

各サイクルで，x を前の値に乱数とステップサイズを掛けたものを足し合わせて更新する．この新たな x 値に対応して，関数を評価する．

そして，最初のチェックを行う．

```
        if E_step < E_xi:
            xi, E_xi = xstep, E_step
            cost_func_eval.append(E_xi)
            print('Iteration = ',i,
                'x_min = ',xi,'Global Minimum =', E_xi,
                'Acceptance Probability =', acc_prob)
```

推定エネルギーがこれまで受理されたものより少なければ，改善値を更新する．この値をまず cost_func_eval 配列に追加し，そして，得られた改善情報をスクリーンに表示する．

```
        diff_energy = E_step - E_xit
        t = temp /(i + 1)
        acc_prob = np.exp(-diff_energy/ t)
```

ここでは，本項の冒頭で示した式にあるとおり，受理確率を評価する．まず，エネルギーの差を計算し，温度値を更新し，最後に受理確率を計算する．

最後に，新たな点を受理するかどうかを決める．

```
        if diff_energy < 0 or np.random.randn() < acc_prob:
            xit, E_xit = xstep, E_step
```

結果として，反復手続きでのコスト関数改善のグラフを描く．

```
plt.plot(cost_func_eval, 'bs--')
plt.xlabel('Improvement Step')
plt.ylabel('Cost Function improvement')
plt.show()
```

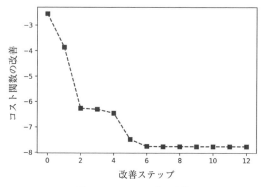

図 **7.11** コスト関数の改善

図 7.11 のグラフが表示される.
受理された改善ステップに関する情報も表示される.

```
Iteration = 0 x_min = 8.352060345432603 Global Minimum
= -2.549691087509061 Acceptance Probability = 1
Iteration = 1 x_min = 8.268146731695177 Global
Minimum = -3.865265080181498 Acceptance Probability =
1.0011720530797679
Iteration = 2 x_min = 8.077074224781931 Global
Minimum = -6.264757086553908 Acceptance Probability =
1.0013164397397474
Iteration = 4 x_min = 8.072960126990173 Global
Minimum = -6.3053561226675905 Acceptance Probability =
0.9993874938212183
Iteration = 14 x_min = 8.057426141282635 Global
Minimum = -6.45398523520768 Acceptance Probability =
1.0011249991583007
Iteration = 17 x_min = 7.908942504770391 Global
Minimum = -7.482144101692382 Acceptance Probability =
0.9960707945643333
Iteration = 18 x_min = 7.805571271239743 Global
Minimum = -7.755842336539771 Acceptance Probability =
1.0092963751415767
Iteration = 21 x_min = 7.767739570791674 Global
Minimum = -7.763382995462104 Acceptance Probability =
1.0072493114830527
Iteration = 27 x_min = 7.793961859355448 Global
Minimum = -7.763418087146118 Acceptance Probability =
0.9975392161808777
Iteration = 36 x_min = 7.775446728598834 Global
Minimum = -7.765853968129766 Acceptance Probability =
1.007367947545534
Iteration = 41 x_min = 7.778624797903834 Global
```

```
Minimum = -7.766277157406623 Acceptance Probability =
0.9981491502724658
Iteration = 138 x_min = 7.781197205345049 Global
Minimum = -7.766364644616736 Acceptance Probability =
1.036566292077183
Iteration = 1174 x_min = 7.78075358444397 Global
Minimum = -7.7663658475723265 Acceptance Probability =
1.3178155041756248
```

コスト関数のトレンドのグラフと得られた最終値の比較から，アルゴリズムが大域最小値をもたらしたと結論づけられる．

実際的な例で最適化手続きを分析したので，SciPy ライブラリにある多変量最適化手法を見ていこう．

7.8 Python による多変量最適化発見手法

本節では，Python の SciPy ライブラリにある数理最適化法を分析する．SciPy は，numpy に基づいた数理アルゴリズムや関数をまとめている．データを処理して表示するのに使える一連のコマンドや高水準クラスが含まれる．SciPy により，Python に機能が追加され，MATLAB のような商用システムと同様のデータ処理およびシステムプロトタイピング環境が整う．

SciPy を使う科学アプリケーションは，世界中の開発者が作成した数値計算分野での膨大なモジュールを活用できる．数値最適化問題も利用可能なモジュールに含まれている．

SciPy の optimize モジュールには，制約付きおよび制約なしの目的関数最小化/最大化用の関数が多数ある．非線形問題も局所最適と大域最適の両アルゴリズムを備えている．さらに，線形計画法，制約付き非線形最小二乗法，解の探索，曲線適応などに関する問題も扱われる．以降では，その中のいくつかを扱う．

7.8.1 ネルダー–ミード法

最もよく知られた最適化アルゴリズムは，微分と微分から演繹される情報に基づいたものだ．しかし，実アプリケーションから得られる多くの最適化問題は，目的関数の解析式がわからず，微分計算が不可能であったり，計算が特別に複雑になったりして，微分計算のプログラムが簡単に作れない．この種の問題を解くために，微分を近似しようとするのではなく，標本点集合の関数値を使って，他の手段で新たなイテレーションを決定するアルゴリズムが開発されてきた．

ネルダー–ミード法は，シンプレックスと呼ばれる幾何学的形状をなす試験点評価で非線形関数を最小化する．

> シンプレックスとは，ユークリッド空間において閉で凸な点集合と定義される．線形計画法の最適化問題に典型的な解が求められる．

シンプレックスという形状を選択したのは，それ自体変形する空間の傾向に形状を適応させられることと $n+1$ 点の記憶で済むということとの 2 つの理由からだ．$n+1$ 個の点と関数値で特定されるシンプレックスに基づいた直接探索法をイテレーションごとに行う．試験点とその関数値を計算して，関数値がその前のシンプレックスでの降下条件を満たす新たなシンプレックスを作る．

ネルダー–ミード法は，イテレーションごとの関数評価の効率が，特に，通常は 1 点か 2 点の評価で新たなシンプレックスができるので，良い．しかし，勾配評価は何も使わないので，最小値に達するのに長くかかることがある．

この手法は，SciPy optimize モジュールの minimize ルーチンを使って Python で簡単に実装できる．この手法を使った簡単な例（SciPyOptimize.py）を見ていこう．

1. 必要なライブラリのインポートから始める．

```
import numpy as np
from scipy.optimize import minimize
import matplotlib.pyplot as plt
from matplotlib import cm
from matplotlib.ticker import LinearLocator, FormatStrFormatter
from mpl_toolkits.mplot3d import Axes3D
```

3D グラフィックスを生成するのに必要なライブラリ（Axes3D）がインポートされた．

2. 関数を定義する．

```
def matyas(x):
    return 0.26*(x[0]**2+x[1]**2)-0.48*x[0]*x[1]
```

matyas 関数は，連続，凸，単峰，微分可能な関数で 2 次元空間で定義される．この matyas 関数は次の式で定義される．

$$f(x,y) = 0.26(x^2 + y^2) - 0.48xy$$

この関数の定義域は $x, y \in [-10, 10]$ だ．この関数には，$f(0,0) = 0$ の大域最小点がある．

3. matyas 関数を可視化する．

```
x = np.linspace(-10,10,100)
y = np.linspace(-10,10,100)
x, y = np.meshgrid(x, y)
z = matyas([x,y])

fig = plt.figure()
```

```
ax = fig.add_subplot(projection='3d')
surf = ax.plot_surface(x, y, z, rstride=1, cstride=1,
            cmap=cm.RdBu,linewidth=0, antialiased=False)

ax.zaxis.set_major_locator(LinearLocator(10))
ax.zaxis.set_major_formatter(FormatStrFormatter('%.02f'))

fig.colorbar(surf, shrink=0.5, aspect=10)

plt.show()
```

はじめに，独立変数 x と y を規定した $[-10, 10]$ の範囲で定義する．numpy の meshgrid 関数を使って格子を作る．この関数は，x と y の値に対応した行と列の配列を作る．この行列を使って，matyas 関数を表す z 変数の対応する点をプロットする．x, y, z 変数を定義して，関数を表す 3 次元グラフをトレースする．図 7.12 がプロットされる．

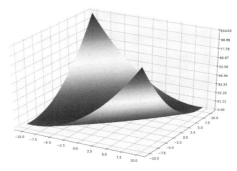

図 7.12 関数を表す meshgrid の結果

4. すでに述べたように，ネルダー–ミード法は，関数の評価に限っているので微分を計算する必要がない．これは，次のように直接この手法を使えるということだ．

```
x0 = np.array([-10, 10])
NelderMeadOptimizeResults = minimize(matyas, x0,
         method='nelder-mead',
         options={'xatol': 1e-8, 'disp': True})
print(NelderMeadOptimizeResults.x)
```

そのために，関数の最小値を求める探索手続きの開始点をまず定義する．そして，SciPy optimize モジュールの minimize 関数を使う．この関数は，多変数のスカラー関数の最小を見つける．次のようなパラメータが渡された．
- matyas：最小化したい関数
- x0：初期ベクトル

- method='nelder-mead'：最小化手続きに使われる手法名.
  他に，次のオプション引数が使われた．
  - 'xatol': 1e-8：収束を認める絶対誤差の定義
  - 'disp': True：収束メッセージの出力のために True と設定
5. 最後に，最適化手法の結果が次のように出力される．

```
Optimization terminated successfully.
         Current function value: 0.000000
         Iterations: 77
         Function evaluations: 147
[3.17941614e-09 3.64600127e-09]
```

最小値は，値 0 と予期通りに見つけられた．さらに，これに対する座標が次のようにわかった．

```
X = 3.17941614e-09
Y = 3.64600127e-09
```

これらは，期待どおり，非常にゼロに近い．真の値との差は，この手法に設定した誤差に合致する．

7.8.2 パウエルの共役方向法

共役方向法は，元々，対称な正定値係数行列の線形系の解を与え，狭義に凸な 2 次関数を最小化する反復法として導入された．

2 次関数を最小化する共役方向法の主な特徴は，線形独立に加えて互いに共役という重要な特性を持つ方向の集合を簡単に生成できることだ．

パウエルの方法は，探索段階で 2 次関数の最小が p $(p < n)$ 方向で見つかれば，それぞれの方向へのステップで，最初から p 番目のステップまでの最終変位がすべての p 部分方向に関して共役になるという考えに基づいている．

例えば，異なる出発点から同じ方向に探索して，点 1 と点 2 とが得られた場合，1 と 2 が形成する線は最大値に向かう．これらの直線で表される方向は共役方向と呼ばれる．

パウエル法を実際的な場合に適用して分析しよう．7.8.1 項で定義した matyas 関数を使う．

1. 必要なライブラリのインポートから始める．

```
import numpy as np
from scipy.optimize import minimize
```

2. 関数を定義する．

```
def matyas(x):
    return 0.26*(x[0]**2+x[1]**2)-0.48*x[0]*x[1]
```

3. 手法を適用する．

```
x0 = np.array([-10, 10])
PowellOptimizeResults = minimize(matyas, x0, method='Powell',
        options={'xtol': 1e-8, 'disp': True})
print(PowellOptimizeResults.x)
```

SciPy optimize モジュールの minimize 関数を使う．この関数は，多変数のスカラー関数の最小を見つける．次のようなパラメータが渡された．
- matyas：最小化したい関数
- x0：初期ベクトル
- method='Powell'：最小化手続きに使われる手法名．

他に，次のオプション引数が使われた．
- 'xatol': 1e-8：収束を認める絶対誤差の定義
- 'disp': True：収束メッセージの出力のために True と設定

4. 最後に，最適化手法の結果が出力される．次の結果が返される．

```
Optimization terminated successfully.
        Current function value: 0.000000
        Iterations: 3
        Function evaluations: 66
[-6.66133815e-14 -1.32338585e-13]
```

最小値は，値 0 と 7.8.1 項で規定したとおりに見つけられた．さらに，これに対する座標が次のようにわかった．

```
X = -6.66133815e-14
Y = -1.32338585e-13
```

これらは，期待どおり，非常にゼロに近い．ここで，同じ関数に適用した2つの手法の比較ができる．収束するのに必要な反復回数が，パウエル法では3なのにネルダー–ミード法では 77 だ．関数の評価回数も 147 に対して 66 と大幅に減った．最後に，真の値との差は，パウエル法で小さくなった．

7.8.3 他の最適化方法論のまとめ

SciPy optimize パッケージの minimize ルーチンには，無制約および制約付き最小化のために多数の手法が用意されている．これまでの項でそのうちの2つを詳細に分析した．次のリストでは，このパッケージで提供されるよく使われる手法をまとめておく．
- ニュートン–ブロイデン–フレッチャー–ゴールドファーブ–シャンノ (Newton-Broyden–Fletcher–Goldfarb–Shanno, BFGS) 法：非線形問題を解くのに使われる反復的無制約最適化手法．この手法では，1階微分がゼロの点を見つける．
- 共役勾配 (conjugate gradient, CG) 法：この手法は共役勾配アルゴリズムに属

し，多変量スカラー関数の最小化を行う．この手法には，系の行列が対称で定値の必要がある．
- ドッグレッグ信頼領域法（dog-leg trust-region, dogleg）：この手法は，まず現在の最良解のまわりで，もとの目的関数を近似できる領域を定義する．そして，このアルゴリズムは領域内に踏み込む．
- Newton-CG：切断ニュートン法（truncated Newton's method）とも呼ばれる．共役勾配に基づいた手続きを使って方向を決める手法で，2次関数を大雑把に最小化する．
- 記憶制限 BFGS（limited-memory BFGS, L-BFGS）法：これは，準ニュートン法に属し，系統的にコンピュータメモリを節約した BFGS 法だ．
- 線形近似による制約最適化（constrained optimization by linear approximation, COBYLA）：演算機構は反復的で，線形計画法を用いて前の段階で求めた解を洗練する．収束は，段階的にペースを落として達成する．

7.9 まとめ

本章では，シミュレーションモデルで提供される解を改善する様々な数値最適化技法を学んだ．数値最適化の基本概念から始めて，最小化問題の定義，局所最小と大域最小の区別を学んだ．そして，勾配降下に基づく最適化技法を調べた．技法を数学的に定式化して，幾何学的な表現を与えた．さらに，学習率と試行錯誤に関する概念についての知識を深めた．これにより，2次関数の最小を探索する問題を解くことで，概念を強化する実際的な事例に取り組んだ．

その後，関数の解を求めるニュートン–ラフソン法の使い方を学び，数値最適化の同じ方法論の使い方を学んだ．さらに，この技法の実際の事例を分析して，学んだ概念を実地に使った．凸関数の局所最小の探索を行った．

それから，数値最適化問題の計算コストを大幅に減らす確率的勾配降下アルゴリズムを学んだ．この結果は，各段階で，可能な中から確率的に1つ選択するという，勾配推定を使うことで達成された．そして，最適化手続きを改善する EM アルゴリズムと SA 法を分析した．

最後に，Python SciPy パッケージに含まれる多変量数値最適化アルゴリズムを検討した．そのなかの2つで，数学的に定式化して，その手法を使い実際の例を試した．他のアルゴリズムについては，その特徴をまとめた．

次章では，ソフトコンピューティングの基本概念と遺伝プログラミングの実装法を学ぶ．さらに，遺伝アルゴリズム技法を理解して，記号回帰の実装法とセルオートマトン（CA）モデルの使い方を学ぶ．

8

進化システム入門

進化アルゴリズムは，自然を手本とした自然メタファーモデルという広範なカテゴリの一部となる，問題解決の確率的手法だ．これらは，生物学から着想を得ており，自然進化のメカニズムの模倣に基づく．ここ数年で，この技法は，実用上重要な多くの問題に適用されてきた．

本章では，SC（ソフトコンピューティング）の基本概念と遺伝プログラミングの実装方法を学ぶ．さらに，遺伝アルゴリズム技法を理解して，記号回帰の実装法とセルオートマトンモデルの使い方を学ぶ．

本章では次のような内容を扱う．
- SC 入門
- 遺伝プログラミングの理解
- 遺伝アルゴリズムの探索と最適化への適用
- 記号的回帰（SR）の実行
- CA（セルオートマトン）モデルの探求

8.1 技術要件

本章では，遺伝プログラミングを使ってシステムを最適化する方法を学ぶ．このテーマについては，代数と数理モデルの基本知識が必要だ．本章の Python コードを扱うには（本書付属の GitHub にある）次のファイルが必要だ．
- genetic_algorithm.py
- symbolic_regression.py
- cellular_automata.py

8.2 SC 入門

過去数十年で，多くの研究者が多数の手法とシステムを開発してきたが，その多くが実世界のアプリケーションで成功を収めている．そのようなアプリケーションでは，ほとんどの手法が，有名なベイズ推論，経験則，意思決定システムなど確率論的パラダイムに基づいている．1960 年代以降，ファジー論理，遺伝アルゴリズム，進化計算，

ニューラルネットといった，ひとまとめに SC（soft computing，ソフトコンピューティング）と呼ばれる手法を用いて画期的な理論が提唱されるようになった．これらの新たな SC 手法は，確立された確率論的アプローチと組み合わされて，実世界での応用に有効かつ強力なものとなった．これらの技法は，情報の不正確さや不完全性を取り込み，非常に複雑なシステムをモデル化できることから，多くの分野で有用なツールとなっている．

SC には次のような特徴がある．

- 不確実で複雑な系のモデル化と制御およびファジー集合論に端的に示されるような言語記述による知識表現の能力
- その計算が，生命体に特有な選択と変異の法則に着想を得た遺伝アルゴリズムを最適化する能力
- 大脳皮質に着想を得たニューラルネットのような複雑な機能的関係を学習する能力

SC の特に特徴的な機能には，実際，不確実，曖昧，不完全なデータと，一貫した並列性，ランダム性，近似解，適応型システムがある．

> SC の構成的方法論は，かなりの計算能力を必要とする．実際，どの方法論も，妥当な時間で実行できるようになったのはようやく現代のコンピュータになってからである．

歴史的には，ニューラルネットは 1959 年，ファジー論理は 1965 年，確率推論は 1967 年，遺伝アルゴリズムは 1975 年に生まれている．元来は，アルゴリズムには，きちんと定義された名前と通常ははっきりした科学コミュニティが伴っていた．近年，これらのアルゴリズムの強味と弱味の理解が進み，それぞれの特徴を生かしたハイブリッドアルゴリズムの開発が始まった．これは，科学コミュニティにおける現在の高度な統合を反映した新たな統合傾向を示すものだ．このような活動から新たな分野である SC が生まれた．SC は，定性的な知識を表現するファジー論理の汎用性，局所探索で適切な洗練を行うニューラルネットの効率的データ，大域探索を効率的に行う遺伝アルゴリズムの能力を組み合わせた分野だ．結果的に，構成分野のよりも優れたハイブリッドアルゴリズムが開発され，実世界の問題解決に最良のツールが得られる．

本節のはじめで，SC には，ファジー論理，遺伝アルゴリズム，進化計算，ニューラルネットがあると述べた．これらの方法論の簡単な記述を見ていこう．

8.2.1　ファジー論理（FL）

FL（fuzzy logic）は，言語概念の曖昧さをコンピュータが理解し操作できる表現に翻訳する数学的な方式に当たる．FL は言語的変数を，真に対する感覚を失わず数値変数に変換できるので，人間の推論や深い知識の改善したモデルを構築できる．FL とファジー集合論は，複雑で定義できず，古典的手法やツールでは数理解析ができなかったシステムの挙動を記述する近似的な指標，効果的で柔軟なツールを提供する．

ファジー集合論は古典集合論の一般化なので，不完全性や曖昧性の条件下で情報状況の様々な側面を忠実に捉える柔軟性がある．このように，モダンなファジー集合システムは，言語的変数だけでなく，あらゆる種類の情報不確実性を扱えるようになっている．

8.2.2 人工的ニューラルネットワーク（ANN）

ANN（artificial neural network）は生物の神経系からヒントを得ている．ANNには，普遍的近似化，環境への学習適応能力，入力データを生成する現象の理解に関する弱い仮説を呼び出す能力がある．ANN は，解析モデルが存在しないか，あまりに複雑で解析モデルが適用できない問題を解くのに適している．ANN の基本構成要素は，人工ニューロンと呼ばれ，生物のニューロンの動作原理をほぼモデル化している．ANN は，ニューロンだけでなく，相互接続機構やグローバルな機能特性においても生物をモデル化する．ANN の詳細については，10 章でさらに論じる．

8.2.3 進化計算

自然生殖のメカニズムには，進化，突然変異，適者生存がある．これらにより，ある環境における生命体の適応が，その後の世代を通じて可能になる．計算論の観点では，これは最適化プロセスだ．進化機構を人工的コンピューティングシステムに応用することを進化計算（evolutionary）と呼ぶ．このことから，進化アルゴリズムが淘汰の力でコンピュータを自動最適化ツールに変えたとすら言える．この方法論は，最適に近い解を生み出す，暗黙の並列性を擁した，効率的で，適応力のある，頑健な研究プロセスだ．

自然の進化の機構がどのように SC に翻訳されるかをより良く理解するために，遺伝アルゴリズムの機能の詳細を分析しよう．

8.3　遺伝プログラミングの理解

コンピュータは，登場以来，計算速度向上に使われてきたが，それ以外にも自然界の生物の特性やその進化を説明し，再現するモデル構築に使われた．脳の働きや学習方法を電子的に再現することでニューラルネットワークが生まれたなら，生物進化のシミュレーションが進化計算を生み出したことになる．コンピュータの進化システムの初期の研究は 1950 年代から 1960 年代に行われ，工学的問題の最適化ツールとして有用な生物進化の機構を明らかにしようとしていた．進化戦略という用語は，空気力学構造のパラメータ最適化のために使う手法としてレッヒェンベルクが 1965 年に導入した．その後，進化戦略の分野は他の研究者の関心を集め，専門会議が開かれる研究分野となった．

8.3.1 遺伝アルゴリズム（GA）入門

GA（genetic algorithm）は，自然界のシステムの適応という現象を研究して，その機能をコンピュータシステムに翻訳するという目的で1960年代にホランドによって導入，開発された．ホランドのGAは生物進化の抽象化で，値が0か1の遺伝子の文字列からなる染色体の母集団を次のような選択，交叉，変異，反転などの遺伝演算子を用いて新たな母集団に進化させるものだった．

- 選択演算子は，染色体を分類して，最も適切なものが生殖機会が多いよう分類する．
- 交叉は，染色体の一部を交換する．
- 変異は，ランダムに染色体の一部の遺伝子の値を変える．
- 反転は，染色体の一部の遺伝子配列の順序をひっくり返す．

GAは，本質的に非常に柔軟で，同時に頑健だ．よって，様々な分野で使えるが，主に，複雑な数値関数の最適化で利用される．

> 多くの場合，交叉と変異の遺伝子の連続的混合が局所最適で留まることを防ぐので，GAは勾配降下などの他の技法よりも効果的だ．

柔軟性と頑健性という特長から，GAは，次のような分野で使われる．

- 組合せ論的最適化：一連のオブジェクトの最適な配置を見つける問題に効果的に使われる．
- ビンパッキング：収穫量や生産量を最大化する限られた資源の最適配置の探索に使われる．
- 設計：組合せ論的最適化と機能最適化の組合せを実装することで，GAは設計分野でも使われる．先入観をもたずに処理することで，設計者が思いもよらない解を見つけることがある．
- 画像処理：異なる時刻に撮影された同一エリアの画像の整列や目撃者の証言から容疑者の識別情報を作る．
- 機械学習：人工知能分野では，課題に対するマシンの訓練に使われる．

8.3.2 GAの基本

生命体はすべて，染色体を含んだ細胞からできている．染色体は，生体の設計図となるDNA鎖だ．染色体は，特定のタンパク質をコード化する遺伝子からできている（図8.1参照）．簡単に言えば，遺伝子はある特性をコード化する．対立遺伝子という用語は，その特性の様々な構成を指す．個人の遺伝子の総体をゲノムと呼ぶ．ゲノムに含まれる特定の遺伝子集合を遺伝子型と呼ぶ．

生体の成長過程で，遺伝子型から，目の色，身長，脳のサイズなど生体の特徴を支配する表現型が現れる．自然界では，ほとんどの有性生殖を行う生物は2倍体であり，生殖の際に，1対の染色体の間で遺伝子の組み換えが起こる．遺伝子転写のエラーに

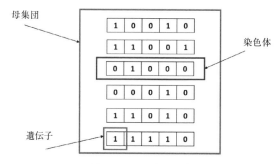

図 8.1 GA の基本要素

起因する突然変異が子孫に生じることがある．個体の適性は，繁殖に十分なだけ生きている確率または子孫の数の関数として定義される．GA のアプリケーションでは普通，染色体が 1 つで，その他の情報をもたない個体を使う．染色体という用語を，しばしばビット列で表す問題の解を示すのに使う．遺伝子は，1 ビットまたはビットの小さなブロックだ．バイナリ符号では，対立遺伝子は 0 か 1 だ．

　進化計算分野のすべての研究者が認める GA の厳密な定義は文献上存在しないし，他の進化計算手法と区別する定義もない．しかし，すべての GA に共通する特徴としては，染色体の母集団，適性に基づく選択，新たな子孫を生み出す交叉，ランダムな突然変異があげられる．染色体は一般に，対立遺伝子が 0 か 1 の値をとる（バイナリコード）ビット列で表現される．染色体は，解探索空間の 1 点を表し，GA は，進化の世代ごとに子孫を作り親の母集団を置き換えて染色体の母集団を変更する．各染色体には，問題を解く能力に関係した生殖の適性度がある．染色体の適性は，問題に応じてユーザが定義する適当な関数に基づいて計算される．

　GA は比較的簡単にプログラムできるが，振る舞いは複雑だ．従来の理論は，解の良い構成要素を GA が並列に発見して再結合すると仮定する．良い解は，悪い解に比べて，考慮される問題の解を表現するのに適したビット列になる．初期母集団ができたら，いくつかの遺伝演算子で再結合が起こる．

8.3.3　遺伝演算子

考慮する環境には，m 個の個体からなる母集団 P があるとする．最適化問題の場合，最適化する n 個の変数がある．母集団は，n 変数からなる m 個の個体からなる．

$$P = \{p_1, p_2, \ldots, p_m\}$$

各要素 p_i は，次のように n 変数からなる母集団の個体だ．

$$p_k = [p_1^k, p_2^k, \ldots, p_n^k], \quad k = 1, \ldots, m$$

この式のベクトル表現は，GA で使う言語によって符号化される．初期母集団はラン

ダムに，またはヒューリスティックスに基づき作られる．

母集団のサイズ m が，GA の効率に影響するので注意して選ばねばならない．少なすぎると，母集団の多様性が保証されず，アルゴリズムの収束が速すぎる．多すぎると，淘汰圧が適切ではなくなり，収束するまでの待ち時間が非常に長くなる．m の適切な選択としては，$2n \leq m \leq 4n$ が考えられる．

解く問題ごとに適応度関数を作らねばならない．染色体に対して，適応度関数は適応度と呼ばれる単一の数値を返す．これは，染色体が表す個体の有用性や能力に比例すると考えられる．多くの問題，ことに最適化関数では，適応度関数は関数の値そのものを測る．

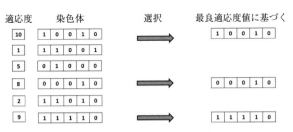

図 8.2 母集団で最良の両親を選択

GA の生殖過程では，個体は選択過程（図 8.2）を経て再結合され，次世代となる子孫を生み出す．親は，無作為に選んだ中から優秀なものを選ぶ．優秀な親は複数選ばれることがあるが，最悪の親は決して選ばれない．最も一般的な選択方法は，問題解決の個体の適応度と選択確率を直接結びつけるものだ．ルーレットと呼ぶ機構を実装して，選択が各個体の適応度関数に厳密に比例するよう統計的に保証する．代わりに，同時に複数の無作為評価を行うこともできるが，個体数が特に多くない場合，評価に値しない個体が有利になることは避けねばならない．別の方法は，優秀な個体を変更せずにある程度の個数を保存し，進化過程で失われないようにする．しかし，この場合はアルゴリズムが未熟な状態で収束するリスクがある．

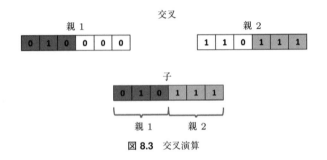

図 8.3 交叉演算

8.3 遺伝プログラミングの理解

2個体選択後，交叉と変異演算子を使い染色体を再結合する．交叉は2個体の染色体をランダムにある点で切断しては結合して新たな染色体を作る（図8.3）．子どもには，両親の遺伝子の一部が遺伝するが，全体は同じにならない．交叉は通常，選ばれたすべての対に適用するわけではない．無作為抽出を行い，交叉演算の確率を普通は0.6から1.0の間にする．交叉が起こらない場合は，親を複製するだけだ．

変異は，交叉の後で，子どもそれぞれに適用される（図8.4）．変異演算子は遺伝子の値をランダムに変える．変異の生起確率は一般に非常に低く，普通は0.001だ．伝統的な理論では，交叉が変異より，探索空間の探索速度の関係で重要視される．変異は，ランダム性をもたらすだけだが，探索空間で探索漏れが生じないことを保証する．

図 **8.4** GA の変異演算子

GAが正しく実装されれば，母集団が何世代か進化し，最良個体の適応度と各世代の平均値とが大域最適に向かって増加する．収束は，均一性が増加する割合で判断される．ホランドは，構成要素の概念を形式化するために，スキーマという概念を導入した．スキーマのパターンは，1，0，*（アステリスク，ワイルドカード）からなるビット列だ．このスキーマは，すべての遺伝子がそのパターンに合致する，ありうる全個体の空間の1つの部分空間をなす．

次のスキーマを分析しよう．

$$A = [0*****1]$$

これは全部で7ビットの列で，0で始まり1で終わる．スキーマのそれぞれの個体にはそれぞれ異なる特徴があるが，すべてに，順序や長さという共通した特性がある．

$o(A)$ で表されるスキーマ A の次数は，定位置の個数，つまり0と1の個数，非*の個数だ．次数は，スキーマの特定性を定義し，スキーマの変異後の生存確率を計算するのに役立つ．

$\delta(A)$ で表されるスキーマ A の長さは，ビット列の先頭と末尾の位置の距離で定義される．これは，スキーマの情報の簡潔さを定義する．1つの定位置しかないパターンは，定義長が0であることに注意しよう．例にあげたスキーマ A は次数2で，2つの定位置ビットを含む．定義長は，外側の定義されたビットの距離，6だ．

GAの伝統的な理論の基本仮定は，スキーマが構成要素であり，選択，変異，交叉演算子でアルゴリズムが働く対象だというものだ．その世代で，アルゴリズムは n 個

体の適応度を評価するが，それは暗黙にははるかに多数のスキーマの平均適応度を推定することだ．

> 適応度が平均を超える短い低次スキーマは，世代間で個体が指数関数的に増加する．

GAの収束は，採用する適応度関数に大きく依存する．進化途上のスキーマ間の競合は，一般に低次の分割から高次の分割へと進行する．このような場合，低次の分割に高次の分割についての誤った指標が含まれていると，GAが適応度関数の最大点を見つけるのは困難になる．

遺伝プログラミングの基本概念については十分説明したので，このアルゴリズムを使って，モデルのパラメータを最適化する実際的な場合を分析しよう．

8.4 遺伝アルゴリズムの探索と最適化への適用

7章で，数値最適化技法については学んだので，最適化方法論についてかなりわかっているはずだ．

問題の解の探索でよく直面する課題の1つは，互いに対照的な一連の側面を共存させる，一番良い方法の調整だ．対象外の変数による制約から選ばれた特性を最適化するために，研究者は様々な可能性の中から一連の妥協を要求される．最適化プロセスは，最適な点または点の集まりを探し出して，より良い性能を得ることだ．最適化手続きの判断には，しばしば，収束にだけ焦点が絞られ，その時の性能がまったく無視される．これは，数学の計算における最適化の概念に由来する．ほとんどの問題分析において，最良解への収束は主目標ではなく，以前の経験を克服して改善することが試みられる．明らかに，最適化の目標は改善だ．

基本的に，遺伝プログラミングでの最適解の探索は次の手順からなる．

1. 母集団のランダムな初期化
2. 適応度評価による親の選択
3. 生殖のための親の交叉
4. 子どもの変異
5. 子孫の評価
6. 主な母集団と次数で子孫を結合

この手続きをPythonで実装する方法を見ていこう．アルゴリズムをできるだけわかりやすくするために，多変数方程式を最大化する係数を求めるという簡単な最適化問題を扱う（genetic_algorithm.py）．次のような方程式があると仮定する．

$$y = a \times x_1 + b \times x_2 + c \times x_3 + d \times x_4$$

この方程式で，パラメータの意味は次のとおりだ．

- y：方程式の結果で，適応度
- x_i：方程式の 4 変数
- a, b, c, d：探索する方程式の係数

いつものように，コードを 1 行ずつ見ていこう．

1. 必要なライブラリのインポートから始める．

```
import numpy as np
```

numpy ライブラリは 2.4.3 項参照．

2. パラメータを初期化する．

```
var_values = [1,-3,4.5,2]
num_coeff = 4
pop_chrom = 10
sel_rate = 5
```

各パラメータの意味を調べよう．
- `var_values`：独立変数の開始式での値．最適化手続きは，1 つの列しか扱わないので，他の組合せで調べたいなら，x_i に他の値を設定して手続きを繰り返す．
- `num_coeff`：最適化する係数の個数
- `pop_chrom`：母集団の染色体数．各染色体は，問題の最適化解候補を表す．
- `sel_rate`：生殖のため選択される親の数

3. 考慮する母集団のサイズを定義する．

```
pop_size = (pop_chrom,num_coeff)
```

これは，行数が（問題の最適化解候補）染色体数で列数が方程式の（最適化したい）係数数の行列だ．

ここで，母集団を初期化する．

```
pop_new = np.random.uniform(low=-10.0, high=10.0, size=pop_size)
print(pop_new)
```

NumPy の random.uniform 関数でランダムに母集団を初期化した．これは，定義された範囲の乱数を生成する．次のような母集団が返される．

```
[[ 5.62001356 -0.33698498  5.98386158  7.99349938]
 [-8.99933866  4.36708159  0.1752488   8.24435752]
 [-2.7168974  -0.62478605  3.96715342  0.95252127]
 [-2.49535006 -1.31442411  3.93149064 -3.00483574]
 [-6.78770529  0.33676806  8.36153357  4.16832494]
 [-2.5726188  -1.01028351  8.18507797 -2.48511823]
 [ 3.03714886 -4.21650291 -8.75350175 -4.97657289]
 [-2.50146921 -5.51742108 -1.09468644 -6.07296704]
 [-4.67969645  5.85248018 -5.2888357  -2.39211734]
 [-1.77859384 -7.64974142 -2.88171404 -6.88599093]]
```

パラメータを初期化したので，係数の最適化に進める．
4. 最適解の探索を開始するため，世代数をまず設定する．

```
num_gen = 100
```

進化アルゴリズムは，以前の個体を新たな個体で置き換えた新母集団を生成し，現在の世代に遺伝演算を施すことを，前もって定めた停止条件になるまで繰り返す．この場合は，停止条件は世代の最大数だが，問題の適応度値の達成受理基準を設けることもできる．

for ループを使って，設定した世代数分手続きを繰り返す．

```
for k in range(num_gen):
    fitness = np.sum(pop_new *var_values, axis=1)
    par_sel = np.empty((sel_rate, pop_new.shape[1]))
```

各世代で，この手続きは母集団の適応度を評価する．この場合は，従属変数 y を，最初に示した方程式に従って評価するだけだ．そのためには，係数と変数 x_i の積の和を取るだけだ．そして，遺伝進化のために選んだ選択母集団を含む行列（par_sel）を初期化する．それには，NumPy の empty 関数を使い，指定した形と型の新たな配列を，エントリを初期化せず返す．この行列は，行数が，進化で選ぶ解の個数と定義した sel_rate で，母集団と同じ列数だ．

システムの進化を追いかけるのに役立つ値を出力しよう．さらに，現在の世代と最良適応度を出力しておく．

```
print("Current generation = ", k)
    print("Best fitness value : ", np.max(fitness))
```

5. 遺伝演算を，選択を手始めに適用する．

```
for i in range(sel_rate):
        sel_id = np.where(fitness == np.max(fitness))
        sel_id = sel_id[0][0]
        par_sel[i, :] = pop_new[sel_id, :]
        fitness[sel_id]=np.min(fitness)
```

選択演算子は，自然選択と同じように，次のような仮定に基づいて振る舞う．性能が最低の個体は排除する．性能が最高の個体は，含んでいる情報を次世代に伝える平均以上の成績なので選択する．基本的に，現在の母集団で最大適応度の個体を選んで，par_sel 行列に移す．適応度は最終的に最小値に置き換わる．これは必要だ．さもないと，後のイテレーションで同じものが常に選ばれてしまう．この演算を sel_rate 回反復して，最強の染色体を選ぶ．

6. 交叉演算に移り，2個体の染色体を分割して，混ぜて2つの新しい個体を作ろう．

```
offspring_size=(pop_chrom-sel_rate, num_coeff)
offspring = np.empty(offspring_size)
```

8.4 遺伝アルゴリズムの探索と最適化への適用

```
crossover_lenght = int(offspring_size[1]/2)
for j in range(offspring_size[0]):
        par1_id = np.random.randint(0,par_sel.shape[0])
        par2_id = np.random.randint(0,par_sel.shape[0])
        offspring[j, 0:crossover_lenght] = par_sel[par1_
id, 0:crossover_lenght]
        offspring[j, crossover_lenght:] = par_sel[par2_
id, crossover_lenght:]
```

交叉は，両親の遺伝子という遺産を組み合わせて，それぞれ半分ずつの遺伝子を持つ子どもを作る．交叉には様々な種類がある．この例では，1点交叉を選んだ．両親をランダムに選び，交叉長を選択する．ビット列が offspring_size[1] 長だと仮定して，交叉長を染色体の長さを半分に分けるように選び，第1子が第1親の先頭から crossover_lenght までの遺伝子と第2親の crossover_lenght から末尾までの遺伝子をもつようにする．

交叉は GA の駆動力であり，収束に最も影響力がある演算子だ．ただし，不正な使用は，研究が局所最大で早々に収束することになりかねない．

基本的に，まず子のサイズを定義する．これは，行数が染色体数（pop_chrom）—生殖のため選ばれる親の数（sel_rate）の行列だ．次に，形と型を与えてエントリを初期化しない NumPy empty 関数を使い，この次元（offspring_size）の配列を初期化する．交叉の長さを染色体の長さの半分に固定する．交叉の基本パラメータを設定した後で，プロセスを子ども行列の行数分反復する for ループを使って子どもを生成する．すでに述べたように，子どもは両親の遺伝子の部分をあわせてつくる．

7. ランダムに遺伝子を変更するために変異演算を行う．

```
for m in range(offspring.shape[0]):
        mut_val = np.random.uniform(-1.0, 1.0)
        mut_id = np.random.randint(0,par_sel.shape[1])
        offspring[m, mut_id] = offspring[m, mut_id] + mut_val
```

変異は，一様分布で無作為に個体の遺伝型の遺伝子を変更し，母集団に多様性を加え，研究が新たな空間に，またはすでに失われた対立遺伝子を回復する．子ども配列の全行を横断するよう for ループで反復する．各サイクルで，遺伝子に，変異追加の値がまずランダムに生成される．それから，変更される遺伝子がランダムに決定され，ランダムな値が遺伝子に加えられる．

8. 生成サイクルの終わりに達したので，母集団を更新する．

```
pop_new[0:par_sel.shape[0], :] = par_sel
pop_new[par_sel.shape[0]:, :] = offspring
```

選択した親の染色体をまず追加し，交叉で生成され変異で修正される子どもがキューに入れられる．

9. 世代の最後では，結果を回復しなければならない．

```
fitness = np.sum(pop_new *var_values, axis=1)
best_id = np.where(fitness == np.max(fitness))
print("Optimized coefficient values = ", pop_new[best_id, :])
print("Maximum value of y = ", fitness[best_id])
```

はじめに，最終母集団の適応度を再評価し，最大値の位置を決めた．そして，方程式の係数の組合せと決定する y の最大値の両方をスクリーンに表示する．次の結果が表示される．

```
Optimized coefficient values = [[[ 10.58453911
-19.11676776

        23.11509817 2.38742604]]]
Maximum value of y = [176.72763626]
```

ある演算子が他の演算子にマイナーまたはメジャーな影響を及ぼすパラメータは，交叉，変異，生殖の確率だ．確率の和は 1 でなければならない．母集団でより大きな多様性を維持するために，交叉の後ですら変異する GA の変異体があったとしてもだ．パラメータの選択と使われる演算子は，問題の領域に強く依存し，アプリオリに GA の仕様を確定することは不可能だ．

GA 利用の最適化の実際の例を詳細に分析したので，記号的回帰を実行するのに役立つ遺伝プログラミングを見てみよう．

8.5 記号的回帰（SR）の実行

数理モデルは，入力から出力を返す一群の方程式とパラメータだ．数理モデルは，常に精度と単純性との間の妥協だ．実際，モデルで現れるパラメータの値が近似的にしかわからないのに，高度なモデルに頼るのは無意味だ．数理モデルの探索は，例えば，非線形現象を記号化する場合など，非常に複雑だ．これらの場合，入力データにある情報や関係を，記号方程式の形で外挿するプロセスから貴重な助けが見いだせる．この記号的回帰 (symbolic regression, SR) 過程は，古典的なものとは異なり，数理モデルの基礎構造とパラメータを同時に修正できるという利点がある．記号的回帰モデルは，次の式で表される．

$$y = f(x_1, x_2, \ldots, x_n)$$

この方程式で，パラメータは次の意味をもつ．
- y：システム出力
- x_i：システム入力

モデルは，関数や関数の組合せ f によって表現される入力データの組合せを返す．

変数 x_i は望みの答え y に関係するかしないかわからない．実際，見つかった解の品質を規定するのはシステムそのものだ．

SR では，入出力対で表される多変量データに適切な最適数式を同定できる．そうするために，SR は，ダーウィンの進化論に基づき，実際に可能な解のクラスを返す進化アルゴリズム（evolutionary algorithms, EA）を使う．各解は母集団，そのメンバーは個体と呼ばれる．この方法論の主たる目標は，新たな母集団を反復して生成する過程で，その母集団で最良の解を表す最良の個体を見つけることだ．各個体は，木構造で数式を表す．木では，節点が数学演算に，葉が数式のオペランドに対応する．各データレコードで数式の結果が計算され，適応度関数の適用によって評価がなされ，現在の結果と期待結果との誤差が返される．受理可能な結果をもたらす数式の進化は，8.3 節で述べた原則，選択，交叉，変異の原則に従って行われる．

選択は，適応度関数の与える指標に基づき，実モデルに最も近い結果を返す最良の数式を選択する．選択された数式は，2 つの数式の部分木を入れ替える交叉によって結合される．こうして得られた新たな数式は，両親の最良の遺伝情報を含む，つまり，子どもは最良解に属する部分から出来上がる．最後に，変異演算が，ユーザ定義の変異確率に基づき，1 つ以上の遺伝子を変更して，遺伝的多様性を保証する．新たな数式集合が新たな母集団を表し，これが次の進化サイクルで使われる．サイクルは，適応度関数の期待する値に達するまで繰り返される．

そこで，記号的回帰の実際的な例（`symbolic_regression.py`）を見ていこう．データから数理モデルを導出するのに記号的回帰を使う方法を記述するために，人工的にデータ分布を生成した．これには，次の式を使った．

$$f(x,y) = x^2 + y^2$$

これは，簡単な 2 変数関数の式だ．後で，このグラフから簡単なものであることがわかる．そして，この方程式からデータを生成し，データからこの式を作り直すことを試みる．

いつものように，コードを 1 行ずつ見ていこう．

1. 必要なライブラリのインポートから始める．

```
import numpy as np
import matplotlib.pyplot as plt
from mpl_toolkits.mplot3d import Axes3D
from gplearn.genetic import SymbolicRegressor
```

`numpy` ライブラリは多次元行列に役立つ数値関数を含む Python ライブラリで，行列操作の高水準数学関数も多数揃えている．`matplotlib` ライブラリは高品質グラフを描く Python ライブラリだ．さらに，3D グラフィックスを生成するのに必要なライブラリ（`Axes3D`）がインポートされた．最後に，`gplearn.genetic`

ツールボックスから SymbolicRegressor 関数をインポートした [*1]．

2. データを生成して 2 変数関数をグラフ表現する．

```
x = np.arange(-1, 1, 1/10.)
y = np.arange(-1, 1, 1/10.)
x, y = np.meshgrid(x, y)
f_values = x**2 + y**2
```

はじめに，独立変数 x と y を範囲 $[-1, 1]$ で定義する．numpy の meshgrid 関数を使って格子を作る．この関数は，x と y の値に対応した行と列の配列を作る．次に関数の値を計算する．

関数を表示する．

```
fig = plt.figure()
ax = Axes3D(fig)
ax = fig.add_subplot(projection='3d')
ax.plot_surface(x, y, f_values)
plt.xlabel('x')
plt.ylabel('y')
plt.show()
```

図 8.5 のグラフが表示される．

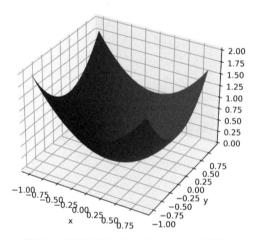

図 8.5 記号的回帰を使って得られる 2 変数関数

[*1] 訳注：conda install -c conda-forge gplearn などで前もって gplearn をインストールしておく必要がある．

8.5 記号的回帰 (SR) の実行

3. 数理モデルの導出に使うデータを生成する.

```
input_train = np.random.uniform(-1, 1, 200).reshape(100, 2)
output_train = input_train[:, 0]**2 + input_train[:, 1]**2
input_test = np.random.uniform(-1, 1, 200).reshape(100, 2)
output_test = input_test[:, 0]**2 + input_test[:, 1]**2
```

データセットを2つ作った. 最初の集合 (訓練集合) は, アルゴリズムの訓練に使う. このデータは, 収束基準が満たされるまで個体進化の開始データとして使う. 第2の集合 (テスト集合) は, アルゴリズムの性能評価に使う. 入力データの生成には numpy の random.uniform 関数を使い, 定義された範囲の一様分布の乱数を生成する. 出力は, 2変数の平方を加算するという2変数関数を適用して生成する.

4. 記号的回帰を行うのに必要なパラメータを設定する.

```
function_set = ['add', 'sub', 'mul']
sr_model = SymbolicRegressor(population_size=1000,
                             function_set=function_set, generations=10,
                             stopping_criteria=0.001, p_crossover=0.7,
                             p_subtree_mutation=0.1,
                             p_hoist_mutation=0.05,
                             p_point_mutation=0.1,
                             max_samples=0.9, verbose=1,
                             parsimony_coefficient=0.01,
                             random_state=1)
```

はじめに, アルゴリズムで使う数学関数を定義した. 求めている関数がわかっているので関数の個数を制限した. 実際には, あらゆる予見される関数を含めて, 矛盾するものを除外するのが適切だ. 関数が増えると解探索空間が大きくなる. 次に, gplearn ライブラリの SymbolicRegressor 関数を使った. これは, 記号式で遺伝プログラミングを行う scikit-learn ライブラリの拡張だ.

次のようなパラメータが渡された.

- population_size: 各世代でのプログラム数
- function_set: 進化プログラムを作るときに使う関数
- generations: 進化の世代数
- stopping_criteria: 進化を早めに止めるのに必要な値
- p_crossover: トーナメント勝者で交叉を行う確率
- p_subtree_mutation: トーナメント勝者で部分木変異を行う確率
- p_hoist_mutation: トーナメント勝者でホイスト変異を行う確率
- p_point_mutation: トーナメント勝者で点変異を行う確率
- max_samples: 各プログラムの評価のために x から抽出する標本数
- verbose: 進化構築過程での情報露出

- parsimony_coefficient: 好ましくない選択なので適応度を調整して大規模プログラムにペナルティを与える定数
- random_state: 乱数生成器で使われるシード

5. モデルを訓練できる．

```
sr_model.fit(input_train, output_train)
```

進化の手続きを見られるようにしたので，次のようなデータがスクリーンに表示される（図 8.6）．

```
    |  Population Average   |             Best Individual             |
---- ------------------------- -------------------------------------------- ----------
Gen   Length      Fitness   Length     Fitness     OOB Fitness    Time Left
 0    36.62        1.157      7       0.237825      0.184028        9.00s
 1     9.83       0.63691    11       0.0597335     0.0556074       5.76s
 2     7.14       0.468389    7          0              0           4.80s
```

図 8.6　記号的回帰手続きの進化

最後に，結果をスクリーンに表示する．

```
print(sr_model._program)
print('R2:',sr_model.score(input_test,output_test))
```

次の結果が返される．

```
add(mul(X1, X1), mul(X0, X0))
R2: 1.0
```

数学モデルが得られた．数式が記号形式であることに注意する．演算子（add と mul）と変数（X1 と X0）がわかる．演算子を変数に適用すると次の数式が簡単に得られる．

$$x_1^2 + x_0^2$$

R2 は決定係数（R-squared）を指す．これは，値が 0 から 1 の間で，モデルがデータをどれだけよく予測するかを評価する．決定係数の値が大きいほど，モデルの予測が良くなる．最大値が得られたので，この数学モデルはデータに完全に適合した．

記号的回帰を用いてデータから数学モデルを得る方法を詳細に分析したので，物理世界に啓発された最古の計算モデル，CA（セルオートマトン）を調べることにしよう．

8.6　CA（セルオートマトン）モデルの検討

CA（cellular automaton，セルオートマトン）の最初の研究は，1950 年代に生物学に興味をもったフォン・ノイマンによって，自然のシステムの挙動をシミュレーションできる人工的システムを定義するために行われた．マシンによって自己再生過程が

8.6 CA（セルオートマトン）モデルの検討

シミュレーションできるなら，マシンの演算を記述できるアルゴリズムが存在するはずだというわけだ．CA 研究は，普遍的計算ができるモデルを再現することを目指していた．計算成分と記憶成分を区別しないという特性を持つ計算モデルを研究しようとした．CA での相互作用は，局所的，決定論的，同期的だ．このモデルは，空間と時間の両方で，並列的，同質的，離散的だ．CA の物理的世界へのつながりと，その単純性は，自然現象をシミュレーションする分野での成功の基盤となった．

CA は，統計力学の自己組織化システムを研究するのに使われる数学モデルだ．実際，ランダムに初期構成を与えると，CA の不可逆的な特性により，非常に多様な自己組織化現象が得られた．CA は位相幾何学的に扱われ，この数学手法では，オートマトンをコンパクト距離空間における連続関数と考えた．複雑系なので，CA は熱力学の第 2 法則に従い，微視的で孤立した物理系であっても，エントロピーが最大の状態に達して，時間の経過とともに無秩序となる．微視的，不可逆的，散逸的な系，すなわち，環境とエネルギーや物質の交換が許されているオープンシステムは，自己組織化現象により，無秩序状態からより秩序のある状態に進化できる．

よって，CA は，離散的時空変数によって，物理系を数学的に再現するが，その測定は，離散的な値の限られた集合に限定される．CA は，時間の経過とともに，何世代にもわたって進化する．新たな世代は，前の世代を置き換え，新たな変数の値に影響する．値が線形依存関係をもたないという事実だけで，自明でないオートマトンが生成される．自然界の生物におけるパターンの形成は，非常に単純な局所的規則により支配されており，CA モデルを採用することでうまく記述できる．正則行列をなす格子上の各空間単位に，生きている細胞の種類を表す離散値が付随する．短距離相互作用が，様々な遺伝的特性の出現につながる．

CA は，セルの形状が常に同じ，無限の規則的な格子上で定義される．格子の各点はセルと呼ばれる．格子上のセルは，各瞬間で有限個の状態の中のどれかをとる．最も単純な場合，状態は，0 か 1 つまり真か偽の 2 つだ．離散時間間隔で，すべてのセルが同時に，近傍と呼ばれる他の有限個のセルの状態に基づいて，自分の状態を更新する．通常，あるセルの近傍とは，距離がある値より小さいすべてのセルのことだ．次の状態を決定するために各セルに適用される規則は，すべて同じだ．CA の大域進化は，セルのネットワークの全体構成の進化だ．各構成は，セルのネットワークの全体的状態に関連して，世代とかパターンとか呼ばれる．格子の次元数や状態の個数などを変えることで，互いに異なる CA を定義できる．

瞬間 $t+1$ での CA の全体の振る舞いは，前の瞬間 t での状態と，通常は，同期して状態遷移に影響する遷移演算とを反映したものだ．単一セルの振る舞いに影響する規則は局所的と呼ばれ，総合的な振る舞いに影響する規則は大域的と呼ばれる．振る舞いの変化は，世代と近傍（まわりにあるセルで相互に振る舞いに影響する）に影響する．初期構成はシードと呼ばれ，セル単体またはセルのパターンによる．初期状態

の選択は任意の場合も設計時の選択による場合もある．
まとめると，CA は次の要素で定義される．
- セル：2 次元または 3 次元空間を定義する最小単位を表す．セルの無限ネットワークは宇宙を記述できる．
- セルの状態：瞬間 t での対象空間単位の状態．満（full）または空（empty）．セルの状態は，プロジェクトの必要性に応じて定義される．

8.6.1 ライフゲーム

CA の例に，コンウェイが考案したライフゲームがある．格子は 2 次元で，セルは正方形だ．セルは「生」（黒）または「死」（白）のどちらかの状態だ（図 8.7 参照）．各セルはまわりの 8 個のセル（近傍）の状態により，次の規則で状態を変える．
- 生きているセルは，生きている近傍の個数が 1 つ以下になると死ぬ（孤立死）．
- 生きているセルは，生きている近傍の個数が 4 以上なら死ぬ（過密死）．
- 死んだセルは，生きている近傍の個数が 3 なら，生き返る（誕生）．
- その他の場合は，セルの状態を保持する．

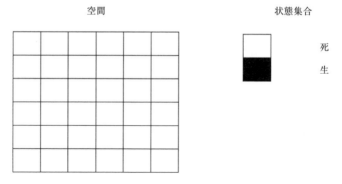

図 8.7 ライフゲーム CA の 2 次元格子とセルの状態

規則はきわめて単純だが，振る舞いは驚くべきことに自明なものではなくなる．実際，コンウェイは，与えられたパターンがすべてのセルが死ぬような構成であるかどうかは決定不能であることを示した．

この CA の構成で観測されるパターンの様々な種類は，色々と分類されてきた．その 1 つは次のようなものだ．
- 固定物体（still life）：時間が経っても変わらず，固定した点にあるパターン
- 振動子（oscillator）：不変ではないが，周期的に変わり，何世代かでもとに戻るパターン
- 移動物体（spaceship）：有限世代で同じ形に戻るが，空間を移動するパターン

- 繁殖型（cannon）：振動子と同様に，有限世代で元の状態に戻るが，移動物体を放出するパターン

観測されたパターンの多くが，意図をもって設計されたというよりは，ランダムな構成から発生したことに注意しよう．実際，パターンの進化途中では，物体が互いに衝突し，お互いを破壊することも，新たなパターンを生み出すこともある．

次に，Python で CA モデルの簡単な例を実装しよう．

8.6.2　CA のウルフラム・コード

基本 CA モデルとは，ある意味で想像できる限り最も単純な CA だ．1 次元でセルは 2 状態，さらに近傍は自分のほかは 2 つだ．基本 CA が他と異なるのは局所更新規則だけだ．一般に，規則の個数は，$s\hat{}(s\hat{}n)$ で与えられる．ここで，$s =$ 状態数，$n =$ 近傍の個数（隣接セル数と本体）．基本 CA の場合，$s = 2$, $n = 3$．よって $2\hat{}(2\hat{}3) = 2\hat{}8 = 256$ だ．これらの多くは，状態の名前を変えたり，隣接セルを左右入れ替えたりすると同じものになる．基本 CA の局所更新規則を参照するには，一般にウルフラム番号を使う．ウルフラムは，いくつかの状態と近傍をもつ 1 次元 CA をその振る舞いの性質に基づき分類する方法を提案して，4 つのクラスを示した（ウルフラム分類）．

- クラス 1：定義されたステップ数の後は，迅速に一様な状態に収束する CA．
- クラス 2：安定または反復状態に迅速に収束する CA．構造は短い．
- クラス 3：状態がまったくランダムに進化する CA．初期の様々なスキーマから，興味深い世代を生成し，フラクタル曲線のようなものができる．このクラスは，大域的にも局所的にも最も無秩序だ．
- クラス 4：反復的または安定状態になるだけでなく，お互いに複雑に相互作用する CA．局所的には，秩序が観測される．

複雑なクラスの中では，クラス 4 が時空伝播能力のある構造（グライダー）があるので興味深く，ウルフラムはこのクラスの CA には普遍計算能力があるという仮説を立てた．

ウルフラムによれば，入力値の可能な組合せに対して，次のような 8 ビット列の規則が一意に規定される．

$$f(1,1,1), \quad f(1,1,0), \quad f(1,0,1), \quad f(1,0,0),$$
$$f(0,1,1), \quad f(0,1,0), \quad f(0,0,1), \quad f(0,0,0)$$

各ビットを 3 つのセルの状態と考えることができる．

例えば，次のセルの更新規則，126 を考えよう．十進数 126 の 8 ビット 2 進表現は 01111110 なので，基本 CA のウルフラム番号 126 の局所更新規則は，次のようになる．

8. 進化システム入門

$$f(1,1,1) = 0, \quad f(1,1,0) = 1, \quad f(1,0,1) = 1, \quad f(1,0,0) = 1,$$
$$f(0,1,1) = 1, \quad f(0,1,0) = 1, \quad f(0,0,1) = 1, \quad f(0,0,0) = 0$$

よって 3 近傍セルを考えると，セル更新規則は次の図 8.8 のようになる．

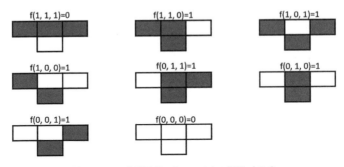

図 **8.8** セル状態更新のウルフラムの規則（126）

この規則で示されるセルの更新は次のようなものだ．
1. 正方格子の一番上の先頭行はランダムに初期化される．
2. その値からはじめて，図 8.8 の規則に従い，次の行のセルが更新される．
3. この手続きを格子の底の行まで繰り返す．

実際の例（cellular_automata.py）に移ろう．いつものように，コードを 1 行ずつ見ていこう．
1. 必要なライブラリのインポートから始める．

```
import numpy as np
import matplotlib.pyplot as plt
```

numpy ライブラリは 2.4.3 項参照．matplotlib ライブラリは 3.4.3 項参照．
2. 格子のサイズとウルフラムの更新規則を設定する．

```
cols_num=100
rows_num=100
wolfram_rule=126
bin_rule = np.array([int(_) for _ in np.binary_
repr(wolfram_rule, 8)])
print('Binary rule is:',bin_rule)
```

格子の行と列の個数（100×100）をまず設定した．次いで図 8.8 のウルフラム規則（126）を設定する．そして，ウルフラム番号を 2 進数で表す．これには，NumPy の binary_repr 関数を使い，入力した数を 2 進表現文字列で返す．結果を数の配列にしたいので，整数値に変換する int(_) 関数を使った．最後に結果をスクリーン表示する．

8.6 CA（セルオートマトン）モデルの検討

```
Binary rule is: [0 1 1 1 1 1 1 0]
```

これはまさに期待どおりで，十進数 126 の 8 ビット 2 進表示だ．
3. 格子を初期化する．

```
cell_state = np.zeros((rows_num, cols_num),dtype=np.int8)
cell_state[0, :] = np.random.randint(0,2,cols_num)
```

まず，サイズ (rows_num, cols_num) $= 100 \times 100$ の格子を作り，すべてを 0 にする．そして，すでに述べたように，乱数で第 1 行を初期化する．指定範囲の選択要素の整数を返す NumPy の random.randint 関数を使った．乱数値は 0 か 1 で，cols_num (100) の個数ある．
4. 格子のセルの状態を更新する．

```
update_window= np.array([[4], [2], [1]])
for j in range(rows_num - 1):
    update = np.vstack((np.roll(cell_state[j, :], 1), cell_state[j, :],
              np.roll(cell_state[j, :], -1))).astype(np.int8)
    rule_up = np.sum(update * update_window, axis=0).astype(np.int8)
    cell_state[j + 1, :] = bin_rule[7 - rule_up]
```

まず，セル更新規則の使えるウインドウ (update_window) を定義する．そして，行ごとにセルの状態を更新する．まず，3 つの近傍セル（左，中央，右）の状態を調べる．更新規則の位置を近傍セルの状態の和と更新ウインドウの積で計算する．得られた数 (0〜7) がウルフラムシーケンスの位置を次のように与える．

$$7 = f(1,1,1), \quad 6 = f(1,1,0), \quad 5 = f(1,0,1), \quad 4 = f(1,0,0),$$
$$3 = f(0,1,1), \quad 2 = f(0,1,0), \quad 1 = f(0,0,1), \quad 0 = f(0,0,0)$$

最後に，ウルフラムの更新規則から 2 進形式でセル状態を得る．これには，得た数 (rule_up) から 7 を引けばよい．
5. 更新セル状態の格子を出力する．

```
ca_img= plt.imshow(cell_state,cmap=plt.cm.binary)
plt.show()
```

図 8.9 が表示される．

規則 126 は，平均成長率がどの多項式モデルよりも速い規則的なパターンを生成する．これは，カオス的な振る舞いが，クライダー，グライダーガン，静的生命体構造など広範囲の図形に分解できる特別な場合を表す．

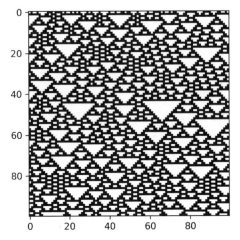

図 8.9 ウルフラム 126 のクラスの基本 CA の時空図式の先頭 100 行

8.7 ま と め

　本章では，不正確さ，不確実性，大まかな推論を活用して人間の意思決定のような振る舞いを得る SC の基本概念を学んだ．ファジー論理，ニューラルネットワーク，進化計算，GA という SC の基本技法を分析した．選択支援にこれらの技術を活用する方法を理解した．そして，GA の背後にある概念をより深く理解し，人間の進化に基づく遺伝プログラミングがプロセス最適化に価値あることを学んだ．

　次いで，SR（記号的回帰）を実装する GA 技法を学んだ．記号方程式は，科学研究で重要なものだ．完全なシステムを表す数理モデルの同定は，けっして簡単な仕事ではない．データ利用が役立つ．実際，SR によって，入出力対集合の裏にある方程式を発見できる．SR 手続きの基本を遺伝プログラミングで分析した後，データから数理モデルを見つける SR の実際的な例を調べた．

　最後に，統計力学の自己組織化システムの研究に使われる数理モデル，CA モデルについて学んだ．無作為な初期構成から，オートマトンの不可逆性により，非常に多様な自己組織化現象が得られる．CA は位相幾何学的に取り組める．CA の基本を分析した後，ウルフラムの規則に基づいて基本 CA を開発する方法を学んだ．

　次章では，金融での問題にシミュレーションモデルを使う方法を学ぶ．幾何学的なブラウン運動モデルがどう役立つかを検討し，株価予測にモンテカルロ法がどう利用できるかを理解する．最後に，マルコフ連鎖を用いて信用リスクをどのようにモデル化するかを理解する．

第 III 部

実世界の問題解決にシミュレーションを応用する

この第 III 部では,これまでの章で学んだ技法を用い,実際の例を扱う.最後までいけば,シミュレーションモデルに関して実世界のアプリケーションを熟知したことになるだろう.

第 III 部は次の章からなる.
- 第 9 章　金融工学にシミュレーションモデルを活用する
- 第 10 章　ニューラルネットワークを使って物理現象をシミュレーションする
- 第 11 章　プロジェクト管理でのモデル化とシミュレーション
- 第 12 章　動的な系における故障診断のシミュレーションモデル
- 第 13 章　次は何か

9

金融工学に
シミュレーションモデルを活用する

人工知能と機械学習に基づくシステムの大量利用が金融分野に新たなシナリオをもたらした．これらの手法は，例えば，利用者の権利保護だけでなくマクロ経済の観点からも便益を増大させる可能性がある．

モンテカルロ法は，プライシングやオプションカバレッジの問題を数値的に解決するためにごく自然に使われている．

本質的に，モンテカルロ法は，問題のプロセスや現象を，実変数を適切に表す分布から無作為抽出で作られる十分に大量のデータと数学法則とを用いてシミュレーションする．解析的に研究することが不可能だったり，適当な実験サンプリングが不可能または難しい場合には，現象の数値シミュレーションを使おうというのが，背景にある考えだ．本章では，金融分野におけるシミュレーション手法の実際の例を見ていく．モンテカルロ法を使った株価予測と株式ポートフォリオに関するリスク評価について学ぶ．

本章では次のような内容を扱う．
- 幾何学的なブラウン運動モデルの理解
- モンテカルロ法を使った株価予測
- ポートフォリオ管理のリスクモデルの研究

9.1 技術要件

本章では，金融工学にシミュレーションモデルを使う方法を学ぶ．このテーマについては，代数と数理モデルの基本知識が必要だ．本章のPythonコードを扱うには（本書付属のGitHubにある）次のファイルが必要だ．
- standard_brownian_motion.py
- amazon_stock_montecarlo_simulation.py
- value_at_risk.py

9.2 幾何学的なブラウン運動モデルの理解

ブラウン運動という名前は，1827年に水中に浮遊する花粉がランダムかつ連続して移動する様子を顕微鏡で観察したスコットランドの植物学者ロバート・ブラウンによ

る．1905 年にアインシュタインが，この運動を分子レベルで解釈し，粒子の運動が数学的に記述できることを，様々な移動が花粉と水分子との間のランダムな衝突によると仮定して示した．

今日では，ブラウン運動は，確率論での数学ツールだ．これは，物理学とはまったく異なる学問分野でも，より広範な現象の説明に使われるようになっている．例えば，金融証券の価格，熱の拡散，動物の個体数，細菌，病気，音，光などがブラウン運動でモデル化されている．

> ブラウン運動とは，肉眼で観察するには小さすぎるが，液体中で原子よりはるかに大きい，コロイド状の小粒子が，途切れなく不規則に動く現象だ．

9.2.1 標準ブラウン運動の定義

ブラウン運動モデルの構築には様々な方法と等価な定義がある．標準ブラウン運動（ウィーナー過程）の定義から始めよう．標準ブラウン運動の基本的な性質は次のとおりだ．

1. 標準ブラウン運動は 0 から始まる．
2. 標準ブラウン運動は，連続的な経路をとる．
3. ブラウン過程による前のステップからの運動変化（増分変位）は独立だ．
4. ブラウン過程が時間間隔 dt で受ける増分は，平均が 0，分散が時間間隔 dt のガウス分布になる．

これらの性質に基づいて，この過程を非常に小さな増分の無限に近い個数の和と考えることができる．t と s という 2 つの瞬間を選ぶと，確率変数 $Y(s) - Y(t)$ は，平均 $\mu(s-t)$，分散 $\sigma^2(s-t)$ の正規分布に従い，次の式を使って表現される．

$$Y(s) - Y(t) \sim \mathcal{N}(\mu(s-t), \sigma^2(s-t))$$

正規性仮説は線形変換という文脈では非常に重要だ．実際，標準ブラウン運動という名前は，パラメータが $\mu = 0$，$\sigma^2 = 1$ の標準正規分布に因んでいる．

よって，単位平均と分散のブラウン運動 $Y(t)$ は，次の方程式に従い，標準ブラウン運動の線形変換として表現できる．

$$Y(t) = Y(0) + \mu t + \sigma Z(t)$$

この式で，$Z(t)$ が標準ブラウン運動だ．

この方程式の弱点は，$Y(t)$ が負の値をとる確率が正であることだ．実際，$Z(t)$ は，独立増分で特徴づけられるが，これは負になりえて，$Y(t)$ の負性のリスクはゼロでない．

次に，標準ブラウン運動（ウィーナー過程）を十分小さな時間間隔で考えよう．こ

の過程での無限小増分は，次の式になる．

$$Z_{(t+dt)} - Z_{(t)} = \delta Z_t = N \times \sqrt{dt}$$

ここで，N は標本数だ．上の式は次のように書き換えられる．

$$\frac{Z_{(t+dt)} - Z_{(t)}}{dt} = \frac{N}{\sqrt{dt}}$$

この過程は，変分に制限がないため，古典解析の文脈では微分不可能だ．実際，これは，区間 dt で，無限になることも 0 になることもある．

9.2.2 ランダムウォークとしてウィーナー過程を扱う

ウィーナー過程は，ランダムウォークの例だと考えられる．5.5.1 項でランダムウォークを扱った．瞬間 n での粒子の位置が次の漸化式で表されることを学んだ．

$$Y_n = Y_{n-1} + Z_n \quad ; \quad n = 1, 2, \ldots$$

この式で，次がわかっている．
- Y_n：ウォークの次の値
- Y_{n-1}：前の瞬間の観測値
- Z_n：ステップのランダムな変動

n 個の乱数 Z_n が，平均 0 で分散 1 なら，n の各値について，次の式を用いて確率過程を定義できる．

$$Y_n(t) = \frac{1}{\sqrt{n}} \times \sum_k Z_k$$

この式は，反復過程に使うことができる．非常に大きな n に対して，次のように書ける．

$$Y_n(s) - Y_n(t) \sim \mathcal{N}(0, (s-t))$$

この式は，4.3.2 項で学んだ中心極限定理による．

9.2.3 標準ブラウン運動の実装

ここで，簡単なブラウン運動を Python で実行する方法を示す．時間間隔，実行ステップ数，標準偏差を定義する簡単な場合で始めよう（standard_brownian_motion.py）．

1. 必要なライブラリのインポートで始める．

```
import numpy as np
import matplotlib.pyplot as plt
```

numpy ライブラリについては 2.4.3 項参照．
matplotlib ライブラリは 3.4.3 項参照．

2. 初期設定に進む．

9.2 幾何学的なブラウン運動モデルの理解

```
np.random.seed(4)
n = 1000
sqn = 1/np.math.sqrt(n)
z_values = np.random.randn(n)
Yk = 0
sb_motion=list()
```

この第1行で，乱数生成器のシードを random.seed 関数を使って初期化した．こうすると，乱数生成器を使ったシミュレーションが再現可能となる．同じ乱数を再現できるからだ．反復回数 (n) を設定して，次の式の右辺の第1項を計算する．

$$Y_n(t) = \frac{1}{\sqrt{n}} \times \sum_k Z_k$$

次に，random.randn 関数を用いて n 個の乱数を生成する．この関数は，平均 0，分散 1 の標準正規分布の n 個の標本を生成する．最後に，その性質上必要なブラウン運動の初期値を設定し ($Y(0) = 0$)，ブラウン運動の位置を含むリストを初期化する．

3. ここで，for ループを使って n 個の位置すべてを計算する．

```
for k in range(n):
    Yk = Yk + sqn*z_values[k]
    sb_motion.append(Yk)
```

現在の乱数値を足し合わせ，sqn を掛け，累積和を計算する．現在値をリスト sb_motion に追加する．

4. 最後に，ブラウン運動のグラフを描く．

```
plt.plot(sb_motion)
plt.show()
```

図 9.1 のプロットが出力される．

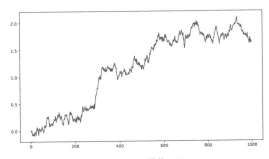

図 **9.1** ブラウン運動のグラフ

これで，ブラウン運動の最初のシミュレーションを作った．これは，金融シミュレーションに適している．次節では，モンテカルロシミュレーションを使って，それがどう行われるかを示す．

9.3 モンテカルロ法を使った株価予測

4章で学んだように，モンテカルロ法は，検討中のプロセスの様々な進化を，ある条件下のイベントが生じる様々な確率を用いることでシミュレーションできる．このようなシミュレーションでは，現象のパラメータ空間全体を探索して，代表的なサンプルを返すことができる．得られた各サンプルについては，関係する量を測定して，性能を評価できる．正しいシミュレーションとは，プロセスの結果の平均値が期待値に収束することを意味する．

9.3.1 アマゾン株価のトレンドの検討

株式市場には手っ取り早く大金を稼げるチャンスがあると，少なくとも経験のない投資家の目にはそう映っている．株式市場の売買額は巨額で，世界中の投機家が注目している．株式市場での投資から収益を得るためには，長年に渡る徹底的な研究から得られた確かな知識が必要だ．このような背景から，株式市場の商品について予測するツールの可能性は，一般的なニーズに応えるものだ．

世界で最も有名な会社の株のシミュレーションモデルの開発方法を示すことにしよう．アマゾンは1990年代にジェフ・ベゾスによって設立され，インターネットで商品を販売する世界最初の会社となった．アマゾンの株式は，AMZNという取引記号で1997年から上場されている．AMZN株の過去の株価は，過去10年の市場を扱う様々なインターネットサイトから得られる．ここでは，2012-10-03から2022-09-30までのNASDAQ GS株価指数におけるAMZN株のパフォーマンスを扱う．該当サイトで，この日付を設定するには，Time Period項目でクリックして選ぶだけでよい．https://finance.yahoo.com/quote/AMZN/history/のYahoo Financeウェブサイトから，csvフォーマットでデータがダウンロードできる．

図9.2のスクリーンショットで，AMZN株が表示されているが，枠で囲んだボタンからデータをダウンロードできる．

ダウンロードしたAMZN.csvファイルには多数の特徴量が含まれるが，次の2つだけを使用する．
- Date：株価の日
- Close：終値

コード（`amazon_stock_montecarlo_simulation.py`）を1行ずつ分析して，一連のアマゾンの株価予測をシミュレーションするプロセス全体の完全な理解につなげる．

1. いつものようにライブラリのインポートから始める．

9.3 モンテカルロ法を使った株価予測

図 9.2 Yahoo Finance のアマゾンのデータ

```
import numpy as np
import pandas as pd
import matplotlib.pyplot as plt
from scipy.stats import norm
from pandas.plotting import register_matplotlib_converters
```

次のようなライブラリをインポートした.
- numpy ライブラリは 2.4.3 項参照.
- pandas ライブラリは 6.5 節参照.
- matplotlib ライブラリは 3.4.3 項参照.
- SciPy は 7.8 節参照.

pandas.plotting.register_matplotlib_converters 関数は, pandas のフォーマッタとコンバータを matplotlib 互換にする. ここで使う.

```
register_matplotlib_converters()
```

2. AMZN.csv ファイルにあるデータをインポートしよう.

```
AmznData = pd.read_csv('AMZN.csv', header=0, usecols=['Date','Close'],
        parse_dates=True,index_col='Date')
```

データを DataFrame と呼ばれる pandas オブジェクトにロードする pandas ライブラリの read_csv モジュールを使った. 次のような引数を渡した.
- 'AMZN.csv': ファイル名
- header=0: カラム名を含むデータの開始行. デフォルトでは, 非ヘッダ行を渡すと (header=0), ファイルの第 1 行目を使う.
- usecols=['Date',Close']: カラム名を指定したデータだけを抽出する.
- parse_dates=True: ブーリアン. True ならインデックスをパースする.
- index_col='Date': カラム名を DataFrame のインデックスとして使えるようにする.

3. ここでインポートしたデータセットを調べて，予備情報を抽出する．そのために次のように info 関数を使う．

```
print(AmznData.info())
```

次の情報が出力される．

```
<class 'pandas.core.frame.DataFrame'>
DatetimeIndex: 2515 entries, 2012-10-03 to 2022-09-30
Data columns (total 1 columns):
 #   Column  Non-Null Count  Dtype
---  ------  --------------  -----
 0   Close   2515 non-null   float64
dtypes: float64(1)
memory usage: 39.3 KB
None
```

オブジェクトクラス，レコード数 (2515)，インデックスの開始と終了値 (2012-10-03 to 2022-09-30)，カラム数，データ型など多数の役立つ情報が返された．

次のように，データセットの先頭 5 行も出力できる．

```
print(AmznData.head())
```

次のデータが出力される．

```
              Close
Date
2012-10-03   12.7960
2012-10-04   13.0235
2012-10-05   12.9255
2012-10-08   12.9530
2012-10-09   12.5480
```

出力レコードの個数を変えるには，行数を指定すればよい．また，末尾のレコードを出力することもできる．

```
print(AmznData.tail())
```

次のようなレコードが出力される．

```
              Close
Date
2022-09-26   115.150002
2022-09-27   114.410004
2022-09-28   118.010002
2022-09-29   114.800003
2022-09-30   113.000000
```

先頭と末尾をざっと比較するだけで，アマゾンの株価が過去 10 年間に 12.79 ドルほどから 113 ドルほどにまで増えたことが確かめられる．これは，アマゾ

9.3 モンテカルロ法を使った株価予測

ンの株主には素晴らしいことだ．
describe 関数を使うと，基本的な統計量でデータを概観できる．

```
print(AmznData.describe())
```

次の結果が返される．

```
              Close
count   2515.000000
mean      71.683993
std       53.944668
min       11.030000
25%       19.921750
50%       50.187000
75%      104.449249
max      186.570496
```

過去 10 年間の株価の大幅な上昇を確認できるが，標準偏差が非常に大きなことから，株価が大きく変動していることもわかる．これで，株式をこれまで保持してきた忠実な株主が株価の高騰で利益を得たことがわかる．

4. 基本的なデータ統計量を分析したので，簡単なグラフを描いて，アマゾンの株価の結果を見てみよう．

```
plt.figure(figsize=(10,5))
plt.plot(AmznData)
plt.show()
```

次のような matplotlib 関数を使った．
- figure：空の状態の図を作る．figsize パラメータで，サイズをインチ単位の幅と高さで指定する．
- plot：AmznData データセットをプロットする．
- show：iPython の PyLab モードでは，すべての図を表示して iPython プロンプトに返る

図 9.3 が出力される．

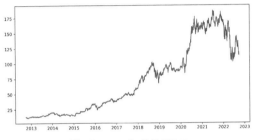

図 9.3 アマゾン株価グラフ

これで，過去10年間のアマゾン株価の顕著な高騰がよりはっきりとした．また，最大の株価上昇が2015年以来記録されており，データからより多くの情報が得られるだろう．COVID-19パンデミックの時期に，ロックダウンがあったが，アマゾンは誰もが買えるお店として，株価がさらに大きく上昇したことがわかる．また，ウクライナでの戦争とエネルギーコスト上昇のため，2022年初頭から大幅な下落が注目される．

9.3.2 時系列で株価傾向を扱う

図9.3のアマゾン株価のトレンドは，データのシーケンスとして構成されている．この種のデータは，時系列データとして便利に扱える．簡単な定義では，時系列とは，変量の実験的観測値の時間的シーケンスだ．この変量は，様々な起源のデータに関連づけられる．よくあるのは，失業率，スプレッド，株式市場指標，株価動向などの金融財務データに関わるものだ．

問題を時系列で扱うことが役立つのは，将来のシナリオを扱う予測モデルの開発に役立つ情報をデータから抽出できるからだ．例えば，異なる年次で，同じ時期の株価動向を比較することが役立ったり，もっと簡単に，連続する期ごとに比較するだけでも役立つことがある．

$1, \ldots, Y_t, \ldots, Y_n$ を時系列の要素としよう．t と $t+1$ という2つの異なる時期の比較から始めよう．これは連続した2期だ．観測中の事象で，次の式で定義されるような変動に関心があるとする．

$$\frac{Y_{t+1} - Y_t}{Y_t} \times 100$$

このパーセントで表される割合を変化率（％）と呼ぶ．前回の t 期と比較した $t+1$ 期の Y の変動割合（％）だ．この記述子は，期間内にデータがどれだけ変化したかの情報を返す．変化率は，各国の通貨の比較だけでなく，株価と市場指標の監視にも用いられる．

1. この有用な記述子の評価に，pandasライブラリのpct_change関数を使う．

```
AmznDataPctChange = AmznData.pct_change()
```

この関数は，現在の要素と直前の要素の変化率を返す．デフォルトでは，直前の行との変化率を計算する．

時系列の変化率という概念は株式収益率という概念に結びついている．収益率に基づく方式ではデータの正規化が可能だ．正規化は，様々な指標で特徴づけられる変数間の関係評価の際に基本的に重要な操作だ．

収益は対数軸で扱う．こうすると，結果が正規分布になり，返される値（収益の対数）が初期収益値（少なくとも非常に小さい値）に非常に近くなり，時間が経つにつれて加算的な結果が得られるというような利点がある．

2. 結果を対数で扱うために，次のように，numpyライブラリのlog関数を使う．

9.3 モンテカルロ法を使った株価予測

```
AmznLogReturns = np.log(1 + AmznDataPctChange)
print(AmznLogReturns.tail(10))
```

次の結果が得られる．

```
                Close
Date
2022-09-19   0.009106
2022-09-20  -0.020013
2022-09-21  -0.030327
2022-09-22  -0.010430
2022-09-23  -0.030553
2022-09-26   0.011969
2022-09-27  -0.006447
2022-09-28   0.030981
2022-09-29  -0.027578
2022-09-30  -0.015804
```

3. 収益率の時間分布を良く理解するために，グラフを描く．

```
plt.figure(figsize=(10,5))
plt.plot(AmznLogReturns)
plt.show()
```

図 9.4 が出力される．

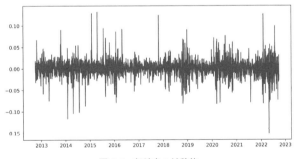

図 9.4 収益率の対数値

この図からは，全期間で対数収益率が正規分布しており，平均が安定なことが見てとれる．

9.3.3 ブラック–ショールズモデル入門

ブラック–ショールズ（Black–Scholes, BS）モデルは，金融工学の歴史で最も重要かつ革命的な成果だ．伝統的な金融の文献では，ほとんどすべての金融資産（株式，通貨，金利）がブラウン運動で動くと仮定されていた．

そのモデルでは，資産の期待収益率がノンリスク金利 r と等しいと仮定している．この方式では，収益率を資産の対数でシミュレーションできる．ある資産を $t(0), t(1), \ldots, t(n)$ という瞬間に観測したとする．そして，$t(i)$ における資産の価値を $s(i) = S(t_i)$ と記述する．これらの仮説に基づき，次の式を用いて収益率が計算できる．

$$y(i) = \frac{[s(i) - s(i-1)]}{s(i-1)}, \quad i = 1, 2, \ldots, n$$

さらに，対数軸に収益率を変換して次のようにできる．

$$x(i) = \ln s(i) - \ln s(i-1), \quad i = 1, 2, \ldots, n$$

ブラウン運動に BS 方式を適用すると，株価は次のような確率微分方程式を満足する．

$$dS(t) = \mu S(t)dt + \sigma S(t)dB(t)$$

この方程式で，$dB(t)$ は標準ブラウン運動，μ と σ は実定数だ．この方程式は，$s(i) - s(i-1)$ が小さいという仮定のもとで成り立ち，株価がわずかに変動するときに対応する．これは，z が小さいとき，$\ln(1+z)$ がほぼ 0 になるからだ．この方程式の解析解は次の方程式で表される．

$$S(t) = S(0)e^{(\alpha(t) + \sigma B(t))}$$

この方程式の対数をとれば，次の式になる．

$$\ln \frac{S(t)}{S(0)} = \alpha(t) + \sigma B(t)$$

この式においては，各項は次のようになる．
- α：ドリフト
- $B(t)$：標準ブラウン運動
- σ：標準偏差

株式市場における長期資産のトレンドを表すドリフトという概念を導入した．ドリフトを理解するために川の流れのたとえを使おう．川に色のついた液体を流すと，川の流れに沿って液体が拡散する．同様に，ドリフトは，長期資産のトレンドに従う株価のトレンドを表す．

9.3.4 モンテカルロシミュレーションの適用

前項で説明した BS モデルを用いて，前日を起点とした日次資産価格を係数 r に基づく指数関数的寄与を掛けて計算できる．この係数 r は，次の式で表される周期的収益率だ．

$$株価(t) = 株価(t-1) \times e^r$$

この式の第 2 項，e^r は，日次収益率と呼ばれ，BS モデルによれば次の式で与えられる．

$$e^{(\alpha(t)+\sigma B(t))}$$

資産の収益率を一般的に予測する方法は存在しない．唯一の方法は，乱数で表すことだ．よって，資産価格傾向の予測には，BS 方程式で表されるようなランダムな動きに基づいたモデルが使用可能だ．

BS モデルでは株価の変動が期待収益率に依存すると仮定する．日次収益率は，固定されたドリフト率とランダムな確率変数の 2 項からなる．これらは，確実な傾向とボラティリティによる不確実性とを与える．

ドリフトの計算には，期待収益率を使うが，これは次のように，対数収益率の平均と分散を用いた最も起こりやすい値だ．

$$\text{ドリフト} = \text{平均}(\log(\text{収益率})) - 0.5 \times \text{分散}(\log(\text{収益率}))$$

この式に従うと，資産の日次変動率は収益率の平均で，時間的な変動の半分よりも少ない．作業を続け，9.3.2 項で計算したアマゾン株の収益率からドリフトを計算しよう．

1. ドリフトの評価には，収益率の平均と変動が要る．標準偏差も計算するので，日次収益率を計算する必要がある．

```
MeanLogReturns = np.array(AmznLogReturns.mean())
VarLogReturns = np.array(AmznLogReturns.var())
StdevLogReturns = np.array(AmznLogReturns.std())
```

3 つの numpy 関数を使った．
- mean：指定軸で算術平均を計算し，配列要素の平均を返す．
- var：指定軸で分散を計算する．配列要素の分布の広がりである分散を返す．
- std：指定軸で標準偏差を計算する．

次のようにドリフトを計算できる．

```
Drift = MeanLogReturns - (0.5 * VarLogReturns)
print("Drift = ",Drift)
```

次の結果が返される．

```
Drift = [0.0006643]
```

これは，ブラウン運動の固定部分だ．ドリフトは，期待値の年次変動を返し，単純ブラウン運動に比較して，非対称な部分を表す．

2. ブラウン運動の第 2 成分を評価するためには，ランダムな確率変数を使う．これは，平均からの距離を標準偏差分で表現したものに相当する．計算の前に，間隔と反復の数を設定する必要がある．間隔の個数は観測の個数と等しくて 2,515 であり，反復回数は開発しようとするシミュレーションモデルの個数で 20 だ．

```
NumIntervals = 2515
Iterations = 20
```

3. 乱数生成の前に，シードを設定して実験を再現可能にすることが推奨される．

```
np.random.seed(7)
```

乱数分布を生成できる．

```
SBMotion = norm.ppf(np.random.rand(NumIntervals, Iterations))
```

2515×20 の行列が返される．これは，実行する 20 回のシミュレーションと検討する 2515 の時間間隔に対応する．この間隔が過去 10 年間の日次株価に相当することを思い出そう．

次の 2 関数を使う．
- `norm.ppf`：この SciPy 関数は，累積確率が指定値になる分散の値を求める．
- `np.random.rand`：この NumPy 関数は，指定された形の乱数値を計算する．範囲 $[0,1]$ の一様分布から無作為抽出した標本で指定された形に作った配列の要素を埋める．

日次収益率を次のように計算する．

```
DailyReturns = np.exp(Drift + StdevLogReturns * SBMotion)
```

日次収益率は，株価の変動の尺度で，前の日の終値のパーセントで表現される．収益率が正なら株式価値は上昇し，負なら価値が減っている．`np.exp` 関数は，入力配列の全要素の指数関数値を計算する．

4. 長々と準備した末に正念場を迎えた．モンテカルロ法による予測ができる．最初に，シミュレーションの出発点を復元する．アマゾンの株価のトレンドを予測したいので，AMZN.csv ファイルの先頭の値を復元する．

```
StartStockPrices = AmznData.iloc[0]
```

pandas iloc 関数を選択した位置のインデックスで整数値を返すために用いた．次に，予測を含む配列を初期化する．

```
StockPrice = np.zeros_like(DailyReturns)
```

NumPy の `zeros_like` 関数を使って，指定したのと同じ形と型の配列を 0 に初期化して返す．StockPrice 配列の初期値を次のように設定する．

```
StockPrice[0] = StartStockPrices
```

5. アマゾン株価の予測を更新するために，for ループを使って考慮する時間間隔に等しい回数反復処理する．

```
for t in range(1, NumIntervals):
    StockPrice[t] = StockPrice[t - 1] * DailyReturns[t]
```

更新には，次の方程式に従う BS モデルを用いる．

$$株価(t) = 株価(t-1) \times e^r = 株価(t-1) \times e^{(\alpha(t) + \sigma \times B(t))}$$

最後に，結果を見る．

```
plt.figure(figsize=(10,5))
plt.plot(StockPrice)
AMZNTrend = np.array(AmznData.iloc[:, 0:1])
plt.plot(AMZNTrend,'k*')
plt.show()
```

図 9.5 が出力される．

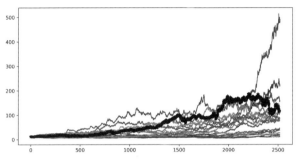

図 9.5 アマゾンのトレンドグラフ

この図では，黒でハイライトした曲線が過去 10 年間のアマゾンの株価のトレンドを表す．他の曲線は，シミュレーションによるものだ．いくつかの曲線は期待されたものより離れているが，他は，実際のトレンドにもっと近い．

モンテカルロ法は，無作為抽出技法とコンピュータシミュレーションを使って，数学的問題や金融の問題に近似解を与える．言い換えると，実験的なシステムを制御された形で再現し研究できるシミュレーション手法の一群だとみなせる．実際の場では，これは，前もって指定されたモデルに基づいてデータを生成するプロセスであり，今回は，アマゾンの株価に基づきデータを，前期の価格から始めてデータを作って生成した．この手法は今では統計手法で使われる標準的技法として定着している．

株価予測が可能であることを示したので，金融ポートフォリオ管理のリスクモデルの開発方法を研究しよう．

9.4　ポートフォリオ管理のリスクモデルの研究

金融資産評価の主要手段であるリスク測定は，金融では基本的に重要だ．それは，証券の監視とポートフォリオ構築基準になるからだ．長年広く使われているリスク尺度は分散だ．

9.4.1 リスク尺度としての分散

分散ポートフォリオのリスクと期待値の観点からの利点は，証券の適切な配分ができることだ．目的は，同じリスクで最高の期待値を得るか同じ期待値でリスクを最小化することだ．そのためには，リスクの概念を，一般に分散と呼ばれる測定可能な量にまで遡る必要がある．ポートフォリオの収益率の期待値を分散の各レベルごとに最大化することで，効率的フロンティアと呼ばれる曲線を再構成できる．この曲線は，リスクの各レベルにおいて，ポートフォリオを構築するために使われる証券で得られる最大期待値を決定する．

最小分散ポートフォリオは，期待値に関係なく分散が可能な限り小さいものだ．このようなパラメータ設定は，ポートフォリオの分散によって表されるリスクを最適化しようとする目的で行われる．リスクを分散に限定して追跡するのは，収益率が正規分布する場合にのみ最適となる．実際，分散がリスクを表すのに十分な指標となるのは，正規分布のときだ．平均と分散という2つのパラメータだけで完全に決定されるからだ．よって，分布のどの点も平均と分散とから決まってしまう．

9.4.2 バリュー・アット・リスク指標の紹介

非正規値や限界値の場合，分散を唯一のリスク尺度として考えてはならない．これまで20年以上も広く使われてきたリスク指標がVaR (value at risk, バリュー・アット・リスク) だ．VaRの誕生は，金融機関がリスクを管理する必要性が高まり，またリスクを測定できるようになったことにつながる．その背景には，金融市場の構造がますます複雑化していることがある．

実のところ，VaRはリスク指標としての分散に代わるべく導入されたものではない．VaRの計算は，まさに正規性の仮定から始まっている．しかし，わかりやすくするために，証券全体のリスクを1つの数値にまとめたり，金融資産全体のポートフォリオを1つの指標で様々なリスクに対応できるようにするものだ．

金融では，VaRとは，証券またはポートフォリオの損失が各時間軸でどの程度かの信頼区間つきの推定だ．よって，VaRは，収益率分布の損失を表す左裾の実現確率の低い事象がある部分に着目する．期待値付近の分散ではなく損失を示すので，VaRは，普通のリスクという考え方に分散よりも近い指標だ．

> J.P. モルガンは，VaRを広く普及させた銀行として知られている．1990年にJ.P. モルガンの社長であったデニス・ウェザーストーンは，毎日受け取る長大なリスク分析に不満を抱き，業務ポートフォリオ全体の銀行の総エクスポージャを要約した簡単な報告を要求した．

VaRを計算すれば，信頼区間で与えられる確率で，今後N日間にポートフォリオのVaRを超える損失はないと述べることができる．VaRは，信頼区間で与えられる

9.4 ポートフォリオ管理のリスクモデルの研究

確率で，それ以下に収まるのが保証される損失のレベルだ．

例えば，向こう 1 年間 95%信頼区間の百万ユーロの VaR とは，次の年度のポートフォリオの最大損失が百万ユーロに収まるのが 95%の事例にあてはまることを意味する．残りの 5%の事例がどうなるかはまったくわからない．

図 9.6 は，ポートフォリオ収益率の確率分布と VaR の値とを示す．

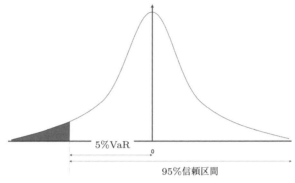

図 **9.6** ポートフォリオ収益率の確率分布

VaR は次の 2 つのパラメータの関数だ．
- 時間軸
- 信頼レベル

VaR の次のような特徴は指摘しておかねばならない．
- VaR は，最悪の損失を記述するものではない．
- VaR は，左裾の損失の分布について何も述べない．
- VaR は，標本誤差に左右される．

> 標本誤差は，標本の値がどれだけ実母集団の値によるかを示す．この乖離は，標本が母集団の代表になっていなかったり，歪みがある場合に生じる．

VaR は，金融商品のポートフォリオのリスクの重要な側面を 1 つの数値に要約して，広く使われているリスク指標だ．VaR は，計算対象のポートフォリオ収益と同じ単位であり，「金融投資の損失がどこまでひどくなりうるか」という単純な質問に答え，理解しやすい．

VaR を計算する実際の場合を検討しよう．

9.4.3 NASDAQ の株式資産の VaR を推定する

NASDAQ 市場は，世界で最も有名な株式市場の 1 つで，名前は National Association of Securities Dealers Quotation の頭文字だ．NASDAQ 指標は，米国などの

テクノロジー部門の株式指標となる．投資家の頭の中にある NASDAQ には，米国の主要なテクノロジー企業やプラットフォーム企業のブランドがすぐ浮かび上がる．例えば，Google, Amazon, Facebook などの企業はすべて NASDAQ に上場している．

ここでは，NASDAQ などに上場している 6 企業の株価のデータを復元する方法をまず学び，これらの株式ポートフォリオを購入した際のリスクを推定する方法を示す（value_at_risk.py）．

1. いつものようにライブラリのインポートから始める．

```
import datetime as dt
import numpy as np
import yfinance as yf
from scipy.stats import norm
```

次のようなライブラリをインポートした[*1]．

- datetime ライブラリは，日付と時刻を扱うクラスを含む．含まれる関数は日付を扱いフォーマットするための属性を簡単に抽出できる．
- numpy ライブラリは 2.4.3 項参照．
- yfinance ライブラリは，Yahoo Finance サイトから金融情報を入手するインタフェースを提供するよく知られた Python ライブラリだ．過去の市場データ，現在の市場データ，株式，ETF，通貨，暗号通貨を含め広範囲の金融資産についての金融データが簡単に得られる．収集したデータは pandas DataFrame フォーマットで返される．
- matplotlib ライブラリは 3.4.3 項参照．
- SciPy は 7.8 節参照．

2. 分析したい株式をそのティッカーシンボルで設定する．時間軸も設定する．

```
StockList = ['ADBE','CSCO','IBM','NVDA','MSFT','HPQ']
StartDay = dt.datetime(2021, 1, 1)
EndDay = dt.datetime(2021, 12, 31)
```

DataFrame に 6 つのティッカーシンボルを含めた．ティッカーシンボルは，特定の株式市場で上場企業の株式を扱うために使うユニークな識別子だ．英字，数字，あるいは両者の組合せからなる．これらは次のような世界テクノロジー企業セクターの指導的企業だ．

- **ADBE**: Adobe Systems Inc – その分野で世界最大の競争力をもつ企業
- **CSCO**: Cisco Systems Inc – IP（internet protocol）ベースのネットワークやその他情報通信技術の機器を製造する企業
- **IBM**: International Business Machines – 情報技術関連の製造とコンサル

[*1] 訳注：前もって conda install yfinance などで yfinance パッケージをインストールしておく必要がある．

ティングを提供する企業 *2)
- NVDA: NVIDIA Corp – ビジュアルコンピューティング技術の会社．GPUを発明した
- MSFT: Microsoft Corp – この分野で最も重要な企業の1つであり，売上高で世界最大のソフトウェア企業
- HPQ: HP Inc – 個人および巨大企業に，製品，テクノロジー，ソフトウェア，ソリューション，サービスを提供する指導的世界企業 *3)

ティッカーシンボルを決めた後は，分析の時間軸を設定する．2019年全体を開始日と終了日指定で分析対象に選ぶ．

3. データを復元する．

```
StockData = yf.download(StockList, StartDay,
EndDay +dt.timedelta(days=1))
StockClose = StockData["Adj Close"]
print(StockClose.describe())
```

データ取得には，yfinance の download を使う．この関数は Yahoo Finance の金融データを pandas DataFrame で返す．次のような引数を渡している．

- StockList: 復元する株式のリスト
- StartDay：開始日
- EndDay：終了日

復元データは，6株式の6項目の情報に対応する36カラムの pandas DataFrame になる．各レコードは，1日ごとの高値，安値，始値，終値，出来高，調整済み終値を含む．

ポートフォリオのリスク評価には，調整済み終値という値1つだけで十分だ．このカラムを抽出して StockClose 変数に格納する．そして，describe 関数を用いて各株式の基本統計量を求める．図 9.7 のように統計量が返される．

```
Symbols       ADBE        CSCO         IBM        NVDA        MSFT         HPQ
count   252.000000  252.000000  252.000000  252.000000  252.000000  252.000000
mean    560.613652   51.630536  121.504238  195.025938  273.160699   29.193442
std      76.180505    4.661304    8.332261   58.695392   37.209664    3.222804
min     421.200012   42.131400  104.060684  115.752631  209.119324   22.972631
25%     488.294998   49.579469  114.431425  142.970486  240.849697   27.233361
50%     569.324982   52.063898  124.711437  191.879829  274.337830   28.697907
75%     632.419998   54.721060  128.620552  222.241852  299.335548   30.853754
max     688.369995   62.589500  136.033936  333.492676  340.882812   37.263916
```

図 9.7 ポートフォリオの統計量

---

*2) 訳注：IBM は NASDAQ ではなく NYSE 上場．原著者の勘違い．
*3) 訳注：HP も NASDAQ ではなく NYSE 上場．原著者の勘違い．

この表の分析では，252 レコードあることに注意する．これは，2021 年に株式市場が営業していた日数だ．後で役立つのでこれをメモしておこう．カラム中の数値が株価の様々な値なので，範囲が様々なことにも注意しよう．株価のトレンドがよりわかりやすいようにグラフを描く．次のようにする．

```
fig, axs = plt.subplots(3, 2, figsize=(20,10))
axs[0, 0].plot(StockClose['ADBE'])
axs[0, 0].set_title('ADBE')
axs[0, 1].plot(StockClose['CSCO'])
axs[0, 1].set_title('CSCO')
axs[1, 0].plot(StockClose['IBM'])
axs[1, 0].set_title('IBM')
axs[1, 1].plot(StockClose['NVDA'])
axs[1, 1].set_title('NVDA')
axs[2, 0].plot(StockClose['MSFT'])
axs[2, 0].set_title('MSFT')
axs[2, 1].plot(StockClose['HPQ'])
axs[2, 1].set_title('HPQ')
```

6 株式のトレンドを簡単に比較するため，3 行 2 列で 6 つのサブプロットを並べた．matplotlib の subplots 関数を使った．図オブジェクトと軸を含むタプルが返される．そこで，返されたタプルをアンパックして，fig や axs という変数で受ける．図のレベルで属性を変えたり，画像ファイルとして保存するために fig が役立つ．変数 axs は，各サブプロットでの軸の属性設定に使う．実際，この変数を使って，位置を指定してどのサブプロットにどの株式のトレンドを示すかを決める．また，表題としてティッカーシンボルを表示する．

図 9.8 のプロットが得られる．

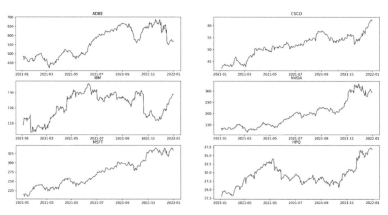

図 **9.8** トレンドのグラフ

9.4 ポートフォリオ管理のリスクモデルの研究

4. 株式のトレンドをざっと見たので，収益率を評価する．

```
StockReturns = StockClose.pct_change()
print(StockReturns.tail(15))
```

pct_change 関数は，今の終値と前の値との変化率を返す．デフォルトでは，直前の行の値との変化率を計算する．

時系列の変動率という概念は，株価の収益率という概念と結びついている．収益率に基づいた方式は，データを正規化するので，異なる指標で特徴づけられた変数間の関係を評価するには基本的に重要となる．こういった概念は，9.3 節で扱った．ただし，全部を扱ったわけではないことに注意しよう．

DataFrame の末尾を出力して，内容を調べてみよう．次の結果が出力される（図 9.9）．

```
Symbols        ADBE      CSCO       IBM      NVDA      MSFT       HPQ
Date
2021-12-10  0.034589  0.029540  0.004208 -0.009577  0.028340  0.007745
2021-12-13  0.005883 -0.010802 -0.012169 -0.067455 -0.009167 -0.031567
2021-12-14 -0.065988 -0.014332  0.009626  0.006250 -0.032587  0.009070
2021-12-15  0.025160  0.037390 -0.005252  0.074884  0.019218  0.018539
2021-12-16 -0.101915  0.006341  0.022906 -0.068026 -0.029135  0.012135
2021-12-17 -0.016693  0.002487  0.011673 -0.020643 -0.003386 -0.003542
2021-12-20 -0.012342 -0.001654 -0.002669 -0.002950 -0.012013 -0.012032
2021-12-21  0.014097  0.011100  0.015032  0.048919  0.023069  0.024633
2021-12-22  0.011587  0.008193  0.006048  0.011178  0.018057  0.007023
2021-12-23  0.010000  0.012189  0.006782  0.008163  0.004472  0.009925
2021-12-27  0.014150  0.018304  0.007579  0.044028  0.023186  0.011952
2021-12-28 -0.014402  0.001734  0.007674 -0.020133 -0.003504 -0.003937
2021-12-29 -0.000123  0.006768  0.005429 -0.010586  0.002051  0.000790
2021-12-30  0.002178 -0.005316  0.004199 -0.013833 -0.007691 -0.006056
2021-12-31 -0.006082 -0.003930 -0.001867 -0.005915 -0.008841 -0.002119
```

図 9.9 各株式の収益率の DataFrame

この表で，負の符号は，少なくとも日次で損失が出たことを示す．

5. これらの一流企業の株式を大量保有するポートフォリオでの投資リスク評価を行う準備ができた．そのために，変数を設定して，計算する必要がある．

```
PortfolioValue = 1000000000.00
ConfidenceValue = 0.95
MeanStockRet = np.mean(StockReturns)
StdStockRet = np.std(StockReturns)
```

ポートフォリオの価値を，十億ドルに設定する．この数字に怖気づかないようにしよう．多くの投資家を扱う銀行では，この投資額は難しくない．次に，信頼区間を設定する．VaR がこの値に基づいていることはすでに述べた．次いで，VaR 計算の基本的な統計量を得る．それは，収益率の平均と標準偏差だ．そのために，numpy 関数 mean と std を使った．

VaR 計算に必要なパラメータの設定を続ける．

```
WorkingDays2021 = 252.
AnnualizedMeanStockRet = MeanStockRet/WorkingDays2021
AnnualizedStdStockRet = StdStockRet/np.sqrt(WorkingDays2021)
```

すでに，Yahoo Finance から 252 レコード分のデータを抽出した．これは 2021 年の株式市場営業日数で，これを設定する．そして，さっき計算した平均と標準偏差を 1 年分に変換する．これは，株式の 1 年分のリスク指標を計算したいからだ．平均を 1 年分にするには営業日数で割ればよい．標準偏差は日数の平方根で割らないといけない．

6. VaR を計算するのに必要なデータがすべて揃った．

```
INPD = norm.ppf(1-ConfidenceValue, AnnualizedMeanStockRet,
                AnnualizedStdStockRet)
VaR = PortfolioValue*INPD
```

まず，得られた信頼度，平均，標準偏差でリスクレベル 1 の逆正規確率分布を計算する．この技法では，これら 3 パラメータで確率分布を作る．この場合，分布統計量から分布を再構成するという逆方向の作業になる．そのために，SciPy ライブラリの norm.ppf 関数を使う．

この関数は，正規連続確率変数を返す．ppf は percentage point function の頭文字で，分位関数の別名だ．確率変数の確率分布に付随する分位関数は，変数がその値以下の確率が与えられた確率になるよう確率変数の値を設定する．

この時点で，VaR がポートフォリオの価値に逆正規確率分布を掛けることで計算される．得られた値を読みやすくするために，小数点以下 2 桁に丸める．

```
RoundVaR=np.round_(VaR,2)
```

最後に結果を 1 行ずつ比較しやすいように出力する．

```
for i in range(len(StockList)):
    print("Value-at-Risk for", StockList[i],
                "is equal to ",RoundVaR[i])
```

次の結果が返される．

```
Value-at-Risk for ADBE is equal to -1901394.1
Value-at-Risk for CSCO is equal to -1244064.53
Value-at-Risk for IBM is equal to -1485931.31
Value-at-Risk for NVDA is equal to -2922034.18
Value-at-Risk for MSFT is equal to -1358218.7
Value-at-Risk for HPQ is equal to -2020466.29
```

リスクが高いのは，NVDA と HPQ，リスクが低いのは CSCO だ．

9.5 まとめ

　本章では，モンテカルロ法と乱数生成に基づくシミュレーション概念を金融工学の世界での実際のケースに適用した．液体中の小粒子が絶え間なく不規則に動くブラウン運動に基づくモデルを定義することから始めた．その数理モデルの記述法を学び，ランダムウォークをウィーナー過程としてシミュレーションする実用的アプリケーションを導いた．

　その後，モンテカルロ法を用いて有名企業アマゾンの株価予想という非常に興味深い実際例を扱った．過去 10 年間のアマゾン株のトレンドを調べ，簡単な統計量から目で確かめたトレンドに関する情報を抽出した．そして，日次収益率を計算して，株価のトレンドを時系列で扱う方法を学んだ．また，この問題を BS モデルで取り組み，ドリフトと標準ブラウン運動という概念を定義した．最後に，モンテカルロ法で，株価のトレンドの可能なシナリオ予測を行った．

　実際的なアプリケーションの最後として，NASDAQ などに上場している有名なテクノロジー企業の株式によるポートフォリオのリスク評価をした．まず，金融資産に関する概念を定義し，次に VaR 概念を導入した．そして，信頼区間と時間軸から，株価の過去データによる日次収益率に基づいて VaR を計算するアルゴリズムを実装した．

　次章では，人工ニューラルネットワークの基本概念，フィードフォワードニューラルネットワークの手法をデータに適用する方法，ニューラルネットワークアルゴリズムの仕組みについて学ぶ．そして，多層ニューラルネットワークの基本概念を物理現象をシミュレーションするためのニューラルネットワークの使用法とともに学ぶ．

10

ニューラルネットワークを使って物理現象をシミュレーションする

　ニューラルネットワークは，高度に構造化されたデータからきわめて有効に良好な特性を得ることができる．物理現象は，多くの変数からなり，現代ではセンサーで簡単に測定できる．したがって，古典的な手法では扱いきれないビッグデータが生成されている．ニューラルネットワークは，このような複雑な環境のシミュレーションに適している．

　本章では，人工ニューラルネットワーク（ANN）に基づくモデルを開発し，物理現象をシミュレーションする方法を学ぶ．ニューラルネットワークの基本概念を検討して，アーキテクチャと主な要素を調べる．また，ネットワークの重み更新の学習方法を示す．さらに，こういった概念を実際のユースケースに適用して，回帰問題を解く．最後に，多層ニューラルネットワークを分析する．

　本章では次のような内容を扱う．

- ニューラルネットワークの基本的入門
- フィードフォワードニューラルネットワークの理解
- ANNを使った翼の自己雑音シミュレーション
- 深層ニューラルネットワークへの取り組み
- グラフニューラルネットワーク（GNN）の検討
- ニューラルネットワーク技法を使ったシミュレーションモデリング

10.1　技術要件

　本章では，ANNを使った複雑な環境のシミュレーション法を学ぶ．このテーマについては，代数と数理モデルの基本知識が必要だ．本章のPythonコードを扱うには（本書付属のGitHubにある）次のファイルが必要だ．

- `airfoil_self_noise.py`
- `concrete_quality.py`

10.2　ニューラルネットワークの基本的入門

　ANNは，物体識別や音声認識など人間の脳の神経活動の再現を目的として開発さ

れた数値モデルだ．ANN の構造は，ニューロン間のシナプスを模倣した重み付き接続で相互につながる，人間の脳にあるニューロンと類似の節点で構成される．

システム出力は，収束するまで接続重みを介して反復的に更新される．実験的活動から得られる情報は入力として扱われ，ネットワークで処理された結果は出力として返される．入力節点は予測変数を表し，出力ニューロンは従属変数で表される

回帰問題や分類問題のシミュレーションで，ANN の用途は非常に多い．ANN は，一連の例を分析して，問題の解を得るプロセスを学習できる．こうして，研究者が，場合によると表現不可能な物理系の数理モデルを構築するという困難な任務から解放される．

10.2.1 生物のニューラルネットワークの理解

ANN は，人間の脳の動作原理と末梢器官から入る情報の処理方式とに着想を得たモデルに基づいている．実際，ANN は，それぞれが入力で受け取る情報を処理するのが基本作業なので，個別プロセッサとして考えられる一連のニューロンで構成される．この処理は，電気信号を受け取り，処理して，隣のニューロンに結果を伝播するという生物のニューロンの働きに似ている．生物のニューロンの基本要素は，樹状突起，シナプス，体細胞，軸索だ．

生物のニューロンは情報を次のステップで処理する．
1. 樹状突起が他のニューロンから電気信号の形で情報を受け取る．
2. シナプスを通じて情報が流れる．
3. 樹状突起がこの情報を細胞に伝える．
4. 細胞では情報が足し合わされる．
5. 結果がしきい値を超えると，細胞は他の細胞に信号を伝えるよう反応する．情報経路は軸索による．

図 10.1 は，生物のニューロンの構造と基本要素を示す．

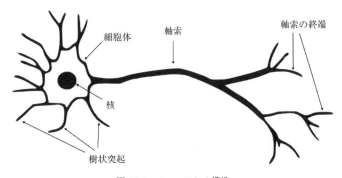

図 10.1 ニューロンの構造

シナプスは神経伝達の役割を担う．実際，すぐ後で興奮作用や抑制作用を発揮する．この作用は，シナプスの重みで制御される．こうして，各ニューロンは入力の加重和を求め，和がしきい値を超えると次のニューロンを発火する．

> ニューロンによる処理は数ミリ秒続く．計算論の観点からは，それは比較的長時間だ．よって，この処理系は個別には比較的遅いと言える．しかし，知ってのとおり，これは大量処理モデルだ．膨大な数のニューロンとシナプスが同時に並列に働く．

こうして，行われる処理演算は非常に効果的で，比較的短期間に結果が得られる．ニューラルネットワークの強みは，ニューロンのチームワークにあると言える．個別には，とりたてて効果的な処理系ではないが，合わせると，非常に高性能なシミュレーションモデルになる．

脳の働きはニューロンで制御され，複雑な問題も解ける最適マシンである．単純な構造で，時間が経つにつれて種の進化で改善されてきた．中央制御はない．脳の各領域はすべて活性化して問題を解くという作業をこなす．脳の全部分の働きは，貢献方式で，それぞれが結果に寄与する．さらに，人間の脳には効果的なエラー制御システムが備わっている．実際，脳の一部が働きを止めても，システム全体の働きは，たとえ性能が低下するとしても，継続するのだ．

10.2.2　ANN の検討

ご想像のとおり，ANN に基づいたモデルは，人間の脳の機能に着想を得ている．実際，人工ニューロンは，生物のニューロンと別のニューロンからの入力として情報を受けとる点が似ている．ニューロンの入力は，ニューラルネットワークに基づいたモデルのアーキテクチャで，直前のニューロンの出力だ．

ニューロンの各入力信号には，対応する重みが掛けられる．そして，他のニューロンからの結果と足し合わされて，次のニューロンの活性化レベルを処理する．ANN に基づいたモデルのアーキテクチャの基本要素には，入出力ニューロンと区別される，何層ものシナプスとそれらニューロン間の連結に係わるニューロンが含まれる．図 10.2 は，典型的な ANN のアーキテクチャを示す．

環境から検出された情報を表す入力信号は，ANN の入力層に送られる．こうして，それらはシステムの内部節点経由の接続と並行に出力まで伝播する．よって，ネットワークのアーキテクチャは，システムからの応答を返す．簡単に言うと，ニューラルネットワークでは各節点が処理の最終目的を知らなくて記憶も残さずに，局所情報だけを処理できる．得られた結果は，ネットワークのアーキテクチャと人工シナプスの値に依存する．

1 層のシナプスでは，入力信号に適切なネットワーク応答を返せない場合がある．この場合，1 層では不十分なので，複数層のシナプスが必要だ．このようなネットワー

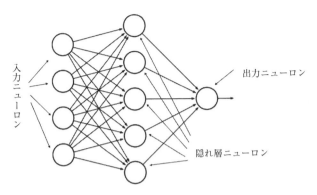

図 10.2 ANN のアーキテクチャ

クは，深層ニューラルネットワークと呼ばれる．一度に 1 層のニューロンの活性化を扱って，入力から出力へと中間層を経由して，ネットワーク応答が得られる．

> ANN が目指すのは，全ニューロンの働きで得られる出力計算結果だ．よって，ANN は一群の数学関数近似として表される．

ANN アーキテクチャの基本要素は次のようなものだ．
- 重み
- バイアス
- 層
- 活性化関数

次からは，これらの概念の理解を深めよう．

a. 層の構造記述

ANN のアーキテクチャでは，連続した層になっている中で，ニューロンを表す節点を識別できる．単純な ANN の構造では，図 10.3 に示すように，入力層，中間層（隠れ層），出力層が識別できる．

各層にはそれぞれの任務があり，層内のニューロンの活動で行われる．入力層は，データを最初にシステムへと取り込み，その後の層で処理されるようにするのが目的だ．入力層から ANN のワークフローが始まる．

> 入力層では，人工ニューロンは前のレベルからの情報を受け取らないので，受動的ではあるが他の層とは異なる役割を果たす．一般に，一連の情報を受け取り，情報を初めてシステムに伝える．データは次の層に送られるが，そこでは，ニューロンが加重入力を受け取る．

ANN の隠れ層は入力層と出力層の間に介在する．隠れ層のニューロンは加重入力

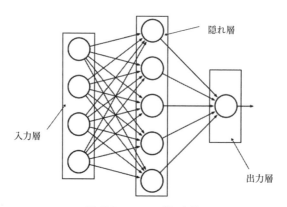

図 **10.3** ANN の様々な層

を受け取り,活性化関数の指示に従って,出力を生成する.隠れ層は,入力データを出力反応に変換する魔法が宿っているので,ネットワーク全体でも重要な部分だ.

隠れ層の動作は多様だ.入力をランダムに重み付けたり,反復プロセスで構成したりする.一般に,隠れ層のニューロンは,生物の脳の中のニューロンを模倣する.つまり,確率的入力信号を受け取り,生物のニューロンの軸索を模倣した出力に変換する.

最後に,出力層がモデルの出力を生成する.出力層のニューロンは,ニューラルネットワーク内の他のニューロンとほとんど同じだが,種類と個数が応答の種類に応じて変わる.例えば,物体分類用のニューラルネットワークを設計する場合は,出力層は分類値を出力するただ1つのニューロンでよい.実際には,入力データ中に探している対象があるかないかの正負を示すだけの可能性もある.

b. 重みとバイアスの分析

ニューラルネットワークにおいて重みは,入力信号をシステム応答に変換する重要な因子だ.重みは,線形回帰直線の傾きのような因子を表す.実際,入力に重みを掛けて,結果を他の寄与分に加える.これは,出力を形成する1ニューロンの寄与を決める数値パラメータだ.

入力が $x_1, x_2, \ldots, x_n$ であり,掛けられるシナプスの重みが $w_1, w_2, \ldots, w_n$ なら,ニューロンの返す出力は,次の式になる.

$$y = f(x) = \sum_{i=1}^{n} x_i \times w_i$$

この式は,加重和を得る行列乗算だ.ニューロンの働きは次のように精密化できる.

$$出力 = \sum_{i=1}^{n} x_i \times w_i + バイアス$$

この式では,バイアスが線形方程式の切片に似た役割をする.バイアスは,ニューロ

ンへの入力の加重和とともに出力調整に使われる追加パラメータだ.

次層への入力は，図 10.4 に示すように，前層のニューロンの出力だ.

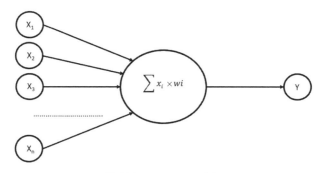

図 **10.4** ニューロンの出力

この図のスキーマは，ニューロンの編成における重みの役割を説明する.

ニューロンに与えられる入力が，生物のニューロンのシナプスの動作を模倣した実数で重みづけられることに注意しよう. 重みが正なら，信号は興奮的だ. 重みが負なら，信号は抑制的だ. 重みの絶対値は，システム応答における寄与の強さを示す.

c. 活性化関数の役割の説明

ニューラルネットワーク処理の抽象化は主に活性化関数を介して得られる. この関数は，入力を出力に変換し，ニューラルネットワーク処理を制御する数学関数だ. 活性化関数がないと，ニューラルネットワークは線形関数に同化する. 線形関数は，出力が入力に正比例するときだ. 例えば，次の方程式を分析してみよう.

$$y = 5x + 3$$

この方程式で x の指数は 1 だ. これは，関数が線形である条件，つまり，1 次多項式であることだ. 曲がりのない直線だ. 不幸なことに，実世界の問題は非線形で複雑だ. ニューラルネットワークで非線形を扱うために活性化関数が導入された. 関数が非線形であるには，1 より高い次数の多項式であれば十分なことを思い出そう. 例えば，次の方程式は 3 次の非線形関数だ.

$$y = 5x^3 + 3$$

非線形関数のグラフは曲線で複雑さが加わる. 活性化関数は，ニューラルネットワークに非線形性を与えて，真に普遍的な関数近似器にする.

ニューラルネットワークに使える活性化関数は多い. よく使われる活性化関数を次に示す.

- シグモイド関数：Sの形が特徴的なシグモイド曲線を生成する数学関数．初期から最もよく使われてきた活性化関数だ．入力を0から1の間に縮め，ロジスティック性をモデルに与える．
- ステップ関数：ニューラルネットワークでよく使用される関数．引数が負なら0，正なら1を出力するので，2値だ．この種の活性化関数は，バイナリスキーマに有効だ．
- 双曲線正接関数（tanh関数）：出力範囲が-1から1の間である非線形関数で活性化爆発を恐れる必要がない．明確にしておきたいのは，勾配がシグモイドよりもきついことだ．シグモイドかtanhかの選択は勾配の要件で決まる．シグモイド同様，tanhにも勾配欠落の問題がある．
- 正規化線形ユニット関数（ReLU関数）：引数が正の部分でそのまま返す線形特性を示し，負の部分で0を返す．出力範囲は0から無限大だ．ReLUは，深層ニューラルネットワークを使うコンピュータビジョンや音声認識に応用される．

これらの活性化関数を図10.5に示す．

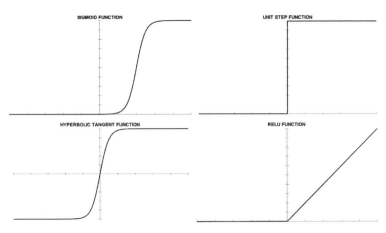

図 **10.5** 活性化関数のグラフ

次に，情報のフローがどうなるかを示す，ニューラルネットワークの簡単なアーキテクチャを見ていこう．

フィードフォワードニューラルネットワークの構造がどうなっているかを見ていく．

10.3 フィードフォワードニューラルネットワークの理解

入力層から隠れ層，そして出力層という処理は，フィードフォワード伝播と呼ばれ

る．隠れ層では伝達関数が適用され，活性化関数の値が次の層に伝播される．その次層は別の隠れ層のことも出力層のこともある．

> フィードフォワードという用語は，各節点が前層からのみ接続を受け取るネットワークを示すのに使われる．この種のネットワークは，入力パターンに対して応答を発するが，入力情報の時制構造を捉えられず，内因性時制ダイナミクスを示す．

10.3.1 ニューラルネットワークの訓練の検討

ANN の学習能力は，訓練手続きから明らかになる．これは，訓練中に抽出される特性を通じてネットワークが汎化能力を獲得するという点で，アルゴリズム全体での重要な段階だ．学習訓練は一連の入力を既知の出力およびモデルが供給するものと比較することで行われる．これは，ラベル付きデータをモデルを提供するものと比較する，教師ありアルゴリズムの場合に行われることだ．

モデルによる結果は，訓練段階で使うデータに左右される．つまり，良い性能を得るには使うデータが現象を十分に代表するものでなければならない．このことから，訓練集合と呼ばれる，この段階で使うデータセットの重要性が理解できる．

ニューラルネットワークがデータから学習する手順を理解するために，簡単な例を考える．隠れ層が1つのニューラルネットワークの訓練を分析する．入力層に1ニューロン，2値分類問題を解く，出力値が0か1のネットワークを考える．

ネットワークの訓練は次の手順を踏む．

1. データ行列の形式で入力する．
2. 重みとバイアスを乱数値で初期化する．これは手順開始時に1回だけ行われる．この後では，重みとバイアスは誤差伝播過程で更新される．
3. 次の4から9を誤差が最小になるまで繰り返す．
4. ネットワークに入力を適用する．
5. 入力層のニューロンから隠れ層，出力層と出力を計算する．
6. 出力の誤差を計算する．期待値から実際の値を差し引く．
7. 出力誤差を使って，前層の誤差信号を計算する．活性化関数の偏微分を誤差信号計算に使う．
8. 誤差信号を使って重み調整分を計算する．
9. 重み調整を行う．

上の手順4と5は直接伝播を，手順6から9はバックプロパゲーションを表す．

ニューロンの重みを調整してネットワークを訓練するのに最もよく使われるのは，ネットワークの出力を望ましい値と比較するデルタルールだ．これは，2つの値の差を計算して，0以外の値をもつ入力重みを更新する．この処理は収束するまで繰り返される．

図 10.6 は，重み調整手続きを示す．

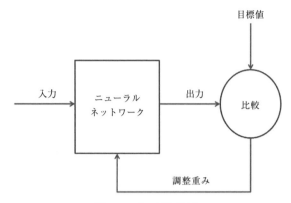

図 **10.6** 重み調整手続き

訓練手続きは，計算値とラベル値を比較するだけというきわめて簡単なものだ．加重入力値と期待出力値との差はこの比較から計算される．この差は，計算値と期待値の間の評価誤差に相当し，全入力重みの再計算に使われる．これは期待値と計算値の間の誤差が 0 に近くなるまで繰り返される．

訓練段階では，確率的勾配降下法などの最適化法と組み合わせてバックプロパゲーション技法が使われる．バックプロパゲーションは，単層，多層を問わずニューラルネットワークの訓練に広く使われるアルゴリズムだ．これは，ネットワーク中のニューロンの重みを，得られた出力ベクトルと目的値との差を最小にするよう変更する．この数値最適化は，重みとバイアスについてコスト関数の勾配を計算する必要があり繰り返し行われる．反復ごとの勾配計算には，係数の個数だけ計算が必要だ．バックプロパゲーションアルゴリズムには，最終層で勾配を計算して，それを逆向きに伝播して前層の勾配を得る必要がある．7.5 節で詳細に述べた確率的勾配降下法は，コスト関数の最小点到達を目標とする．勾配は，技術的には，目標関数の傾きを示す微分を表す．

ANN のアーキテクチャを詳細に分析したので，物理的問題を解く ANN に基づいたモデル作成の実際の例を見ていこう．

10.4 ANN を使った翼の自己雑音シミュレーション

飛行機の翼で発生する雑音は，空気の乱流と翼との間の相互作用による．この状況の音場を予測するには，複雑な環境下で動作する航空音響学の手法が必要だ．さらに，使われる手法では，音源の形状，コンパクトさ，周波数の内容について仮説を立てて

はならない．よって，乱流で発生する音の予測には，音の伝播と乱流という2つの物理現象を共に正しくモデル化する必要がある．これら2現象のエネルギーとスケールは大きく異なるので，乱流により発生する音の正しい予測は，簡単にはモデル化できない．

航空機の雑音は，航空宇宙産業の重要なテーマだ．NASA Langley Research Centerは，翼の自己雑音の様々な機構を効果的に研究するため，複数の研究分野に資金を提供している．ヘリコプターのローターの広帯域騒音，風力タービン，機体騒音などの重要性に関心が集まった．この研究は，飛行機の機体全体から生じる外部騒音を10デシベル低減するという課題に焦点を絞っている．

例題では，風洞で測定された一連の翼データから，翼の自己雑音を予測する，ANNに基づいたモデルを作る．

> 使うデータセットは，1989年にNASAで開発され, UCI Machine Learning Repositoryサイトで提供されているものだ．URLは https://archive.ics.uci.edu/ml/datasets/Airfoil+Self-Noise だ．

データセットは，無響風洞で行われた翼の断面に関する一連の空力・音響試験の結果を用いて作成された．

データセットの特徴は次のようなものだ．
- インスタンス数：1503
- 属性数：6
- データセット特性：多変量
- 属性の特性：実数
- 作成日：2014-03-04

属性の記述は次のとおりだ．
- `Frequency`: 周波数（Hz）
- `AngleAttack`: 迎角（度）
- `ChordLength`: 翼弦長（m）
- `FSVelox`: 自由速度（m/秒）
- `SSDT`: 吸引側変位厚（m）
- `SSP`: デシベル単位の音圧レベル（db）

この6属性のうち，上の5つは予測子で，最後がシミュレーションするシステムの応答だ．よって，これは答えが連続値の回帰問題になる．実際，これは風洞でデシベルで測定される翼の自己雑音を表す．

10.4.1 pandasを使ってデータをインポート

最初に実行するのはデータのインポートだ．すでに述べたように，データはUCIの

ウェブサイトから得られる．いつものようにコード（airfoil_self_noise.py）を1行ごとに分析する．

1. ライブラリのインポートから始める．今回は，これまでとは違う方法をとる．必要なライブラリすべてをコードの先頭でインポートするのではなく，使う前にインポートして，その目的を詳細に説明する．

```
import pandas as pd
```

pandas ライブラリの説明は 6.5 節参照．このライブラリを使って UCI のウェブサイトから取得したデータセットのデータをインポートする．

UCI データセットにはヘッダがないので，別の変数に変数名を挿入しておく必要がある．次のように，変数名をリストで与える．

```
ASNNames= ['Frequency','AngleAttack','ChordLength',
'FSVelox','SSDT','SSP']
```

2. データセットをインポートする．これは .dat フォーマットで，作業が簡単になるように，本書の GitHub リポジトリにダウンロードしてある．

```
ASNData = pd.read_csv('airfoil_self_noise.dat', delim_whitespace=True,
names=ASNNames)
```

.dat データセットのインポートには pandas ライブラリの read_csv モジュールを使う．この関数にはファイル名と delim_whitespace と names という2つの属性を渡す．これらで，空白が区切りの sep として使われるかどうかと使用するカラム名を指定した．

> Python でオープンする .dat ファイルが見つかるように，パス設定 [*1] を忘れないようにする．

ANN 回帰でデータ分析を始める前に，データがどのように分布しているかなど予備知識を得るために，探索的分析を行う．インポートした DataFrame の先頭 20 行を表示するために，次のように head 関数を使う．

```
print(ASNData.head(20))
```

pandas head 関数は，DataFrame の先頭 n 行を取得する．この場合には，ASNData オブジェクトの先頭 20 行を返す．データセットのデータが正しいかどうかをざっと調べるためにこうする．引数を指定せずにこの関数を使うと DataFrame の先頭 5 行を取り出す．

次のデータが出力される（図 10.7）．

[*1] 訳注：os.chdir などを使う．

10.4 ANN を使った翼の自己雑音シミュレーション

```
    Frequency  AngleAttack  ChordLength  FSVelox      SSDT      SSP
0         800          0.0       0.3048     71.3  0.002663  126.201
1        1000          0.0       0.3048     71.3  0.002663  125.201
2        1250          0.0       0.3048     71.3  0.002663  125.951
3        1600          0.0       0.3048     71.3  0.002663  127.591
4        2000          0.0       0.3048     71.3  0.002663  127.461
5        2500          0.0       0.3048     71.3  0.002663  125.571
6        3150          0.0       0.3048     71.3  0.002663  125.201
7        4000          0.0       0.3048     71.3  0.002663  123.061
8        5000          0.0       0.3048     71.3  0.002663  121.301
9        6300          0.0       0.3048     71.3  0.002663  119.541
10       8000          0.0       0.3048     71.3  0.002663  117.151
11      10000          0.0       0.3048     71.3  0.002663  115.391
12      12500          0.0       0.3048     71.3  0.002663  112.241
13      16000          0.0       0.3048     71.3  0.002663  108.721
14        500          0.0       0.3048     55.5  0.002831  126.416
15        630          0.0       0.3048     55.5  0.002831  127.696
16        800          0.0       0.3048     55.5  0.002831  128.086
17       1000          0.0       0.3048     55.5  0.002831  126.966
18       1250          0.0       0.3048     55.5  0.002831  126.086
19       1600          0.0       0.3048     55.5  0.002831  126.986
20       2000          0.0       0.3048     55.5  0.002831  126.616
```

図 10.7　DataFrame の出力

もっと情報を得るために，次のように info 関数を使う．

```
print(ASNData.info())
```

info は ASNData DataFrame の簡潔な要約をインデックスやカラムの dtypes，非 null 値の個数，メモリ使用量などとともに返す．

次の結果が返される．

```
<class 'pandas.core.frame.DataFrame'>
RangeIndex: 1503 entries, 0 to 1502
Data columns (total 6 columns):
Frequency      1503 non-null int64
AngleAttack    1503 non-null float64
ChordLength    1503 non-null float64
FSVelox        1503 non-null float64
SSDT           1503 non-null float64
SSP            1503 non-null float64
dtypes: float64(5), int64(1)
memory usage: 70.5 KB
None
```

info で返された情報から，1503 インスタンスで 6 変数あることが確かめられる．さらに，返された変数の型は，5 つの float64 変数と 1 つの int64 変数だ．

3. ASNData DataFrame のデータクリーニングのために，基本統計量を計算する．次のように describe 関数を使う．

```
BasicStats = ASNData.describe()
```

```
BasicStats = BasicStats.transpose()
print(BasicStats)
```

describe 関数は，分布の中心傾向，分散，形状（not-a-number（NaN）値を除く）を表す記述統計量を生成する．数値 Series，オブジェクト Series，データ型が混在する DataFrame のカラムに，この関数は使える．出力は，データによって異なる．さらに，画面上で読みやすくなるように統計データを転置する．統計量が図 10.8 のように出力される．

```
              count         mean          std         min          25%   \
Frequency    1503.0  2886.380572  3152.573137  200.000000   800.000000
AngleAttack  1503.0     6.782302     5.918128    0.000000     2.000000
ChordLength  1503.0     0.136548     0.093541    0.025400     0.050800
FSVelox      1503.0    50.860745    15.572784   31.700000    39.600000
SSDT         1503.0     0.011140     0.013150    0.000401     0.002535
SSP          1503.0   124.835943     6.898657  103.380000   120.191000

                    50%          75%          max
Frequency   1600.000000  4000.000000  20000.000000
AngleAttack    5.400000     9.900000     22.200000
ChordLength    0.101600     0.228600      0.304800
FSVelox       39.600000    71.300000     71.300000
SSDT           0.004957     0.015576      0.058411
SSP          125.721000   129.995500    140.987000
```

図 10.8 DataFrame の基本統計量

この表を分析すると有用な情報が得られる．まず，データの分散が大きいことに気づく．平均値が約 0.01 から 2886 の範囲だ．それだけでなく，変数によっては非常に大きな標準偏差をもつ．各変数では，最小値と最大値を簡単に復元できる．Frequency は，200 Hz から 20,000 Hz だ．これらはちょっとした考察であり，他にも多くがわかる．

10.4.2　sklearn を使ったデータスケーリング

describe 関数で抽出された統計量から，予測変数（周波数，迎角，翼弦長，自由速度，吸引側変位厚）のとる値の範囲が様々であることがわかった．予測変数の値範囲が様々だと，大きな数値範囲の変数が，数値範囲の小さい変数よりもシステム応答に与える影響が大きくなる．影響が異なることから，予測精度にも問題が生じかねない．それを防いで，予測精度を向上させ，数値幅が広くて予測に影響を及ぼす特徴量に対するモデルの感度を下げたい．

この問題を回避するために，一部の値を縮小して，初期データセットと同じ分散特性を保証しながら，共通の範囲に収まるようにできる．そうすれば，異なる分布範囲や異なる測定単位で表現された変数を比較できるようになる．

回帰アルゴリズムを訓練する前に，データをスケール変更することを覚えておこう．
これがよい習慣になる．スケール変更の技法により，データの測定単位を削除し，異
なる場所のデータを互いに比較できるようになる．

データのスケール変更に進む．この例では，（特徴量スケーリングと普通呼ばれる）
min-max 手法を用いて，データのスケールをすべて 0～1 の範囲にしよう．これを行
う式は次のとおりだ．

$$x_{\text{scaled}} = \frac{x - x_{\min}}{x_{\max} - x_{\min}}$$

特徴量スケーリングを，sklearn ライブラリが提供する preprocessing パッケージ
の関数で行うことができる．このライブラリは，Python 言語用のフリーソフトウェ
ア機械学習ライブラリだ．sklearn は，サポートベクターマシン（SVM），ランダム
フォレスト，勾配ブースティング，k 平均，DBSCAN などを含む分類，回帰，クラス
タ化アルゴリズムなど様々な機械学習技法を提供する．sklearn は，NumPy や SciPy
などの科学用数値計算ライブラリと連携するように作られている．

1. sklearn.preprocessing パッケージには，共通ユーティリティ関数や特徴量
を必要に応じて変換する変換クラスが多数用意されている．パッケージのイン
ポートから始める．

```
from sklearn.preprocessing import MinMaxScaler
```

特徴量を最小値と最大値の間にスケール変更するために MinMaxScaler を使
う．この例では，データの値を 0 と 1 の間にして，各特徴量の最大値が単位サ
イズになるようにする．

2. スケール変更オブジェクトを設定する．

```
ScalerObject = MinMaxScaler()
```

3. やっていることが正しいか確認するために，作ったオブジェクトを出力して設
定パラメータを確認する．

```
print(ScalerObject.fit(ASNData))
```

次の結果が返される [*2]．

```
MinMaxScaler(copy=True, feature_range=(0,1))
```

[*2] 訳注：この結果は Version 0.20.4 まで．現在は 1.2.2 で，MinMaxScaler() としか返らないの
で，やる意味はない．

4. 次のようにして MinMaxScaler 関数を使う．

```
ASNDataScaled = ScalerObject.fit_transform(ASNData)
```

　　fit_transform メソッドがデータへの適合と変換を行う．適用前に，スケーリングに使う最小値と最大値が計算される．このメソッドは NumPy 配列オブジェクトを返す．

5. 初期データは pandas DataFrame フォーマットでエクスポートされていたことを思い出そう．スケール変更したデータも同じフォーマットに変換して，pandas DataFrame で提供される関数を使えるようにすべきだ．変換には，次のように DataFrame 関数を適用するだけでよい．

```
ASNDataScaled = pd.DataFrame(ASNDataScaled, columns=ASNNames)
```

6. この時点で，データスケーリングの結果を確認できる．describe 関数を再度使って統計量を計算しよう．

```
summary = ASNDataScaled.describe()
summary = summary.transpose()
print(summary)
```

　　次の結果が出力される（図 10.9）．

```
              count     mean       std    min      25%       50%       75%  \
Frequency    1503.0  0.135676  0.159221  0.0  0.030303  0.070707  0.191919
AngleAttack  1503.0  0.305509  0.266582  0.0  0.090090  0.243243  0.445946
ChordLength  1503.0  0.397810  0.334791  0.0  0.090909  0.272727  0.727273
FSVelox      1503.0  0.483857  0.393252  0.0  0.199495  0.199495  1.000000
SSDT         1503.0  0.185125  0.226687  0.0  0.036794  0.078550  0.261594
SSP          1503.0  0.570531  0.183441  0.0  0.447018  0.594065  0.707727

              max
Frequency     1.0
AngleAttack   1.0
ChordLength   1.0
FSVelox       1.0
SSDT          1.0
SSP           1.0
```

図 10.9　スケール変更したデータの出力

この表の分析から，データスケーリングの結果は明白だ．6 変数すべてが 0 から 1 の値をもつ．

10.4.3　matplotlib を用いてデータを可視化する

可視化して，データの分布について確かめよう．

1. まず，次のように箱ひげ図を描く．

```
import matplotlib.pyplot as plt
plt.figure(figsize=[10,4.2])
```

10.4 ANN を使った翼の自己雑音シミュレーション

```
boxplot = ASNDataScaled.boxplot(column=ASNNames)
plt.show()
```

箱ひげ図（boxplot または whisker chart）は，分散と位置の指標でデータの分布を説明する．箱は，第 1 四分位数（25 パーセンタイル）と第 3 四分位数（75 パーセンタイル）で区切られ，中央値（50 パーセンタイル）で割られる．また，上下 2 本のヒゲが，外れ値を除いた分布の最大値と最小値を示す．

matplotlib ライブラリの説明は 3.4.3 項参照．

すでに述べたように，スケーリングデータは pandas DataFrame フォーマットになっている．よって，pandas.DataFrame.boxplot 関数を使うのがお勧めだ．これは，DataFrame のカラムで箱ひげ図を作り，オプションとしてカラムを指定できる．

図 10.10 が得られる．

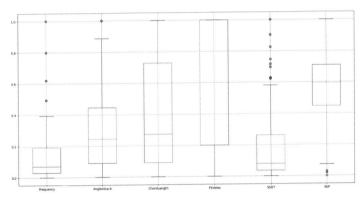

図 10.10 DataFrame の箱ひげ図

この図には，ヒゲの極値の上下に小円で示される異常値がある．3 変数のこのような値は外れ値と呼ばれ，その存在はモデル構築における問題の可能性を示す．また，全変数が 0 と 1 の間に入っていることが確認できる．これがデータスケーリングの成果だ．最後に，FSVelox のような変数は，SSDT のような変数と比べてばらつきが大きいことがわかる．

ここで，予測変数と応答変数の相関を測定する．2 変数の関係を測定する手法が共分散を使って得られる相関だ．Python で相関係数を計算するには pandas.DataFrame.corr 関数が使える．これは，NA/null 値を除いた，カラムの対相関を計算する．次のような 3 種類の相関係数が用意されている．

- pearson：標準的な相関係数
- kendall：ケンドールの順位相関係数（Kendall tau）

- spearman：スピアマンの順位相関係数

> 2つの確率変数の間の相関係数は線形依存性を測っていることを覚えておこう．

2. スケール変更したデータの相関係数を計算しよう．

```
CorASNData = ASNDataScaled.corr(method='pearson')
with pd.option_context('display.max_rows', None,
    'display.max_columns', CorASNData.shape[1]):
print(CorASNData)
```

スクリーンに全データカラムを表示するため，option_context 関数を用いた．次の結果が返される（図 10.11）．

```
             Frequency  AngleAttack  ChordLength   FSVelox      SSDT       SSP
Frequency     1.000000    -0.272765    -0.003661  0.133664 -0.230107 -0.390711
AngleAttack  -0.272765     1.000000    -0.504868  0.058760  0.753394 -0.156108
ChordLength  -0.003661    -0.504868     1.000000  0.003787 -0.220842 -0.236162
FSVelox       0.133664     0.058760     0.003787  1.000000 -0.003974  0.125103
SSDT         -0.230107     0.753394    -0.220842 -0.003974  1.000000 -0.312670
SSP          -0.390711    -0.156108    -0.236162  0.125103 -0.312670  1.000000
```

図 10.11 DataFrame のデータカラム

予測変数とシステム応答との間の相関を問題にしているので，それには，この表の最後の行を分析すれば十分だ．相関係数の値は -1 と $+1$ の間ということを思い出そう．両極端は完全な関係，0 は関係がないことを表す．これらは直線的な関係を仮定しての話だ．こうしたことから，応答変数 SSP と相関を示すのは Frequency と SSDT だと言える．ともに負の相関を示している．

変数間の相関を視覚的に確認するためにマトリックスチャート（ヒートマップ）を描ける．マトリックスチャートは相関行列を可視化したものだ．この図は，データテーブルで，最も相関のある変数に焦点を絞るために使う．相関の程度（相関係数の大きさ）を色で表現する．図の横に色の意味を示すカラーバーが表示される．マトリックスチャートを描くには，DataFrame を行列として図を表示する matplotlib.pyplot.matshow 関数を使う．

3. マトリックスチャートを次のようにプロットする．

```
plt.matshow(CorASNData)
plt.xticks(range(len(CorASNData.columns)), CorASNData.columns)
plt.yticks(range(len(CorASNData.columns)), CorASNData.columns)
plt.colorbar()
plt.show()
```

図 10.12 が返される．

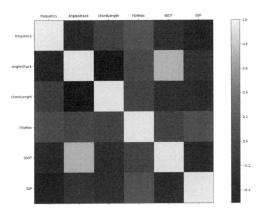

図 10.12 DataFrame のマトリックスチャート

すでに相関行列でしたように，この場合も予測変数と応答変数の相関は最後の行を見るだけで十分だ．すでに相関行列で得られた傾向が確かめられる．

10.4.4 データの分割

機械学習に基づくアルゴリズムの訓練は，モデル構築過程で重要な段階だ．しかし，ANN の訓練をした同じデータセットで ANN をテストするのは，方法論的なエラーだ．モデルが訓練段階でそのデータを見ているので，データを完全に予測できるからだ．そして，見たこともないデータについて予測させると，どうしても評価誤差が生じる．これは，オーバーフィット（過適合）と呼ばれる．これを避けるには，テストに使うのとは別のデータでニューラルネットワークを訓練するのが有効だ．よって，訓練段階に進む前に，正しくデータを分割することが推奨される．

データ分割は，元のデータをモデル訓練用とモデル性能テスト用の 2 つに分ける．訓練手続きとテスト手続きとは，予測分析におけるモデル作成の開始を示す．予測変数と応答変数がある 100 の観測データのデータセットでは，データ分割例としては，70 が訓練用，30 がテスト用だ．データ分割をうまく行うには，観測データをランダムに選ぶようにしないといけない．訓練データを抽出したら，適切に収束するまで，そのデータを使って重みとバイアスをアップロードする作業を続ける．

次のステップはモデルのテストだ．それには，テスト集合にある残りの観測データを使って，予測した出力と実際の出力とが合致するか調べる．このチェックでは，モデル検証のためにいくつかの指標を採用できる．

1. sklearn ライブラリを使って ASNDataScaled DataFrame を分割する．まず，train_test_split 関数をインポートする．

   ```
   from sklearn.model_selection import train_test_split
   ```

2. 次に，データを予測変数の X 集合と目標変数の Y 集合の 2 つに分割する．次の

ように pandas.DataFrame.drop 関数を使う.

```
X = ASNDataScaled.drop('SSP', axis = 1)
print('X shape = ',X.shape)
Y = ASNDataScaled['SSP']
print('Y shape = ',Y.shape)
```

3. pandas.DataFrame.drop 関数を使い，ラベル名の行やカラム，対応する軸やインデックスやカラム名を取り除いた．この例では，目標変数のカラム（SSP）も初期 DataFrame から削除した．

形が次のように出力された．

```
X shape =  (1503, 5)
Y shape =  (1503,)
```

意図どおりに，2つのデータ集合 X と Y とが，5つの予測変数とシステム応答のそれぞれを含むようにできた．

4. 2つのデータ集合 X と Y を，さらに訓練段階で使うものとテスト段階で使うものとにそれぞれ分割する．

```
X_train, X_test, Y_train, Y_test = train_test_split(X, Y,
test_size = 0.30, random_state = 5)
print('X train shape = ',X_train.shape)
print('X test shape = ', X_test.shape)
print('Y train shape = ', Y_train.shape)
print('Y test shape = ',Y_test.shape)
```

次の4つの引数で train_test_split 関数を使った．
- X：予測変数
- Y：目標変数
- test_size：テスト集合のサイズを割合を指定するパラメータ．float, integer, none, optional（デフォルトは 0.25）の型が使える．
- random_state：乱数生成機に使うシード設定．こうすると，分割演算の再現性が保証される．

次の結果が出力された．

```
X train shape =  (1052, 5)
X test shape =  (451, 5)
Y train shape =  (1052,)
Y test shape =  (451,)
```

期待どおり，元のデータセットを4つの部分集合に分割できた．X_train と Y_train は訓練段階で，残りの X_test と Y_test は，テスト段階で使う．

10.4.5 多重線形回帰の説明

本項では，回帰問題を ANN で解く．有効な評価結果のために，様々な技法に基づ

くモデルを比較する．ここでは多重線形回帰に基づくモデルと ANN に基づくモデルを比較する．

多重線形回帰では，従属変数（応答）が複数の独立変数（予測）に関係する．次の方程式がこのモデルの一般形だ．

$$y = \beta_0 + \beta_1 x_1 + \beta_2 x_2 + \cdots + \beta_n x_n$$

この方程式では $x_1, x_2, \ldots, x_n$ が予測変数，y が応答変数だ．係数 β_i は，他の変数が一定のまま x_i が変化したときにモデルの応答がどれだけ変化するかを示す．単純線形回帰モデルでは，データに最適合する直線を求める．多重線形回帰モデルでは，データに最適合する平面を求める．つまり，平面と応答変数の間の距離の 2 乗を最小化することが目的となる．

係数 β を推定するには，次の項を最小化する．

$$\sum_i [y_i - (\beta_0 + \beta_1 x_1 + \beta_2 x_2 + \cdots + \beta_n x_n)]^2$$

多重線形回帰を行うには，sklearn ライブラリを使うのが簡単だ．sklearn.linear_model モジュールには，線形問題を解く複数の関数が最小二乗線形回帰を行う LinearRegression クラスとして含まれる．

1. まず，次のように関数をインポートする．

```
from sklearn.linear_model import LinearRegression
```

そして，次のように LinearRegression 関数を使いモデルをセットする．

```
LModel = LinearRegression()
```

2. fit 関数を使い，モデルを適合させる．

```
LModel.fit(X_train, Y_train)
```

次の引数を渡した．
- X_train: 訓練データ
- Y_train: 目標データ
- 第 3 引数も渡せる．sample_weight パラメータで標本の個別の重みを与える．

この関数は，期待目標値と予測目標値との残差二乗和を最小化するように一連の係数を設定して線形モデルを適合させる．

3. 最後に，テストデータ集合に含まれる予測変数値を使って線形モデルで新たな値を予測する．

```
Y_predLM = LModel.predict(X_test)
```

これで，予測ができた．

次に，予測がどれだけ期待値に近づけたか検証するために最初のモデル評価を行わねばならない．

予測モデルの評価には複数の記述子がある．ここでは平均二乗誤差（MSE）を使う．

> MSE は誤差の 2 乗の平均を返す．これは期待値と予測値の平均二乗距離だ．
> MSE は推定器の品質の尺度を返す．それは非負値で，0 に近いほどより良い予測だ．

4. MSE の計算には sklearn.metrics モジュールにある mean_squared_error 関数を使う．このモジュールには，スコア関数，性能指標，ペアワイズ指標，距離計算が含まれる．次のように，関数のインポートから始める．

```
from sklearn.metrics import mean_squared_error
```

5. 次いで，関数をデータに適用する．

```
MseLM = mean_squared_error(Y_test, Y_predLM)
print('MSE of Linear Regression Model')
print(MseLM)
```

6. 2つの引数，期待値 Y_test と予測値 Y_predLM を渡した．結果を次のように出力した．

```
MSE of Linear Regression Model
0.015826467113949756
```

得られた値は小さくて 0 に非常に近い．今のところは，追加することはない．後で，この値をニューラルネットワークに基づくモデルで計算した値と比較する．

10.4.6 多層パーセプトロン回帰モデルの理解

多層パーセプトロンは，少なくとも入力節点，隠れ層節点，出力節点，の 3 層の節点を含む．入力節点を除けば，各節点は非線形活性化関数を使うニューロンだ．多層パーセプトロンは，訓練に教師あり学習技法とバックプロパゲーション法を使う．多層で非線形なところが多層パーセプトロンが単純パーセプトロンと区別されるところだ．多層パーセプトロンは，データが線形分離できないときに適用される．

1. 多層パーセプトロンベースモデルを作るには sklearn MLPRegressor 関数を使う．この回帰子はデータ訓練を反復実行する．各ステップで損失関数の偏微分をモデルパラメータに関して計算し，その結果を使ってパラメータを更新する．損失関数には正則化項が追加されており，モデルのパラメータを減らしてオーバーフィットを避ける．

まず，関数をインポートする．

```
from sklearn.neural_network import MLPRegressor
```

MLPRegressor関数は，多層パーセプトロン回帰子を実装する．このモデルは，記憶制限 BFGS（L-BFGS）アルゴリズムまたは確率的勾配降下アルゴリズムの限定メモリ版を使用して，二乗損失を最適化する．

2. MLPRegressor関数を使い，次のようにモデルを設定する．

```
MLPRegModel = MLPRegressor(hidden_layer_sizes=(50),
            activation='relu', solver='lbfgs',
            tol=1e-4, max_iter=10000, random_state=1)
```

次のように引数を渡した．
- `hidden_layer_sizes=(50)`：隠れ層のニューロンの個数を設定．デフォルトは100．
- `activation='relu'`：活性化関数設定．恒等，ロジスティック，tanh, ReLUを使える．デフォルトは ReLU．
- `solver='lbfgs'`：重み最適化のソルバーアルゴリズム設定．L-BFGS，確率的勾配降下法（stochastic gradient descent, SGD），SGD オプティマイザー（adam）が使える．
- `tol=1e-4`：最適化の許容範囲設定．デフォルトは 1e-4．
- `max_iter=10000`：最大反復回数．ソルバーアルゴリズムは，収束が許容範囲になるか反復がこの回数になると止まる．
- `random_state=1`：乱数生成器のシード設定．これで，同じモデルで同じ結果を再現できる．

3. パラメータを設定したのでデータを使ってモデルを訓練できる．

```
MLPRegModel.fit(X_train, Y_train)
```

fit関数は予測変数の訓練データ（X_train）と応答変数の訓練データ（Y_train）を使ってモデルを適合する．最後に，訓練したモデルを使って新たな値を予測する．

```
Y_predMLPReg = MLPRegModel.predict(X_test)
```

これには，テストデータセット（X_test）を使った．

4. 多層パーセプトロンモデルの性能を次のように MSE 指標を使って評価する．

```
MseMLP = mean_squared_error(Y_test, Y_predMLPReg)
print('MSE of the SKLearn Neural Network Model')
print(MseMLP)
```

次の結果が返される．

```
MSE of the SKLearn Neural Network Model
0.003315706807624097
```

ここで，設定した多重線形回帰モデルと ANN モデルの 2 つの最初の比較ができる．2 つのモデルの MSE の評価結果を比較する．

5. 多重線形回帰モデルの MSE は 0.0158，ANN モデルの MSE は 0.0033 だった．後者が前者より 1 桁小さい MSE を返し，ニューラルネットワークが期待値にはるかに近い値を返すという予測を確認した．

最後に，2 つのモデルの比較を再度行うが，今度は可視化する．実際の値（期待値）と予測値の 2 つの軸で 2 つの散布図を描く．

```
# SKLearn Neural Network diagram
plt.figure(1)
plt.subplot(121)
plt.scatter(Y_test, Y_predMLPReg)
plt.plot((0, 1), "r--")
plt.xlabel("Actual values")
plt.ylabel("Predicted values")
plt.title("SKLearn Neural Network Model")

# SKLearn Linear Regression diagram
plt.subplot(122)
plt.scatter(Y_test, Y_predLM)
plt.plot((0, 1), "r--")
plt.xlabel("Actual values")
plt.ylabel("Predicted values")
plt.title("SKLearn Linear Regression Model")
plt.show()
```

2 軸に実際の値と予測値とを報告してデータの配置を確認できた．分析の手助けとして $Y = X$ という方程式の線，二等分線を引いた（図 10.13）．

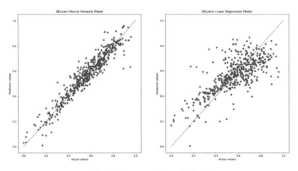

図 10.13 2 モデルの散布図

仮説としては，すべての観測値が二等分線（図中の点線）上に乗るべきだが，データがこの直線に近いということで満足できる．データ点の約半数が線の下，残りの約

半数が線の上にある．直線から大きく離れている点は外れ値候補だ．

この図の結果を分析すると，ANN モデルの図では，多くの点が点線に近い．よって，このモデルの方が多重線形回帰モデルよりもより良い予測を返すということが確認できた．

最近の ANN の歴史は，隠れ層で情報を抽出する様々な方法のモデルでにぎやかだ．次節では深層学習を学ぶ．

10.5　深層ニューラルネットワークへの取り組み

深層学習（ディープラーニング）は次のような特徴をもつ機械学習アルゴリズムのクラスと定義される．このモデルは，複数の隠れた非線形カスケード層を使用して，特徴抽出と変換を実行する．各層は，前層の出力を取り込む．アルゴリズムには，教師あり分類問題用や教師なしパターン分析用などがある．後者では，データの特性や表現が複数階層構造だ．よって，上位層の特徴が階層の特徴から得られるという階層をなす．抽象化の様々なレベルで対応する様々な表現レベルを学習して，概念階層を扱える．

各層の構成は，解決する問題に依存する．深層学習技法は，主として多層隠れ層 ANN を使うが命題式の集合も扱える．基本 ANN は少なくとも 2 層の隠れ層をもつが，深層学習アプリケーションでは，例えば，10 層から 20 層の隠れ層をもつ．

近年の深層学習の発展は，データ量の飛躍的な増加，その結果としてのビッグデータに確かに依存している．実際，データの指数関数的増加に伴い，特に，既存のアルゴリズムで，学習レベルの向上に伴う性能向上があった．さらに，コンピュータの性能向上も得られる結果の改善や計算時間の短縮に寄与した．深層学習に基づくモデルは複数ある．次項以降では，一般的なものを分析する．

10.5.1　畳み込みニューラルネットワークをよく理解する

深層学習アルゴリズムを ANN で適用したことは，畳み込みニューラルネットワーク（convolutional neural network, CNN）という，より複雑だが驚異的な結果をもたらす新モデルの開発につながった．

CNN は，フィードフォワードニューラルネットワークの 1 種だが，ニューロン間の接続性パターンが人間の目の視覚野組織に基づいている．いわば，視覚野を構成する様々な領域に専念するように，個々のニューロンが配置されるのだ．

CNN の隠れ層は，畳み込み層，プーリング層，ReLU 層，完全接続層，損失層など役割に応じて様々な種類に分類される．次に，これらを詳細に分析する．

a. 畳み込み層

このモデルの主部だ．限定領域の学習フィルターの集合からなり，入力の全表面をカバーする．この層では，表面次元に沿って各フィルターの畳み込みが，フィルター

入力と入力画像とのスカラー積で行われる．それにより，ネットワークが特定パターンを認識すると活性化する2次元活性化関数が生成される．背景にあるのは，ある特徴量の正確な位置は，他の特徴量と比較して，それほど重要ではないというものだ．これによって，余分な情報が省かれ，オーバーフィットが回避される．

b．プーリング層

この層では，入力画像を非線形関数に従って決定された重複のない矩形集合に分割する非線形デシメーションが行われる．例えば，最大値プーリングでは，ある値の最大値が各領域で使われる．

c．ReLU層

この層では，2次元活性化関数を線形化して，すべての負値を0にセットできる．

d．完全接続層

この層は一般に構造の末端に置かれる．ニューラルネットワークで高水準推論を行える．「完全接続」という名称は，この層のニューロンがすべて前層と結合されているためだ．

e．損失層

この層は，出力における予測値と真値との乖離が訓練にどれだけペナルティを課すかを指定する．よって，この層は常に構造の最後に来る．

10.5.2 リカレントニューラルネットワークの検証

人間にとっては標準的な作業なのに，マシンにとっては非常に困難な作業に，文章の理解がある．並べられた単語から，意味を理解することをどうやってマシンに教えられるだろうか．この課題では，入力データの間に他の場合よりも微妙な関係のあることが明らかだ．画像分類の場合には，マシンは画像全体を同時に処理できる．これは，単語の意味が，単語自体だけではなく文脈に依存する文章の場合には成り立たない．

したがって，文章の理解には，そこで必要な単語の知識だけでは不十分で，それらが読まれる順序に沿って，それらを関連づける必要がある．経時的な文脈を考慮し，記憶し，処理する必要がある．

リカレントニューラルネットワーク（recurrent neural network, RNN）では，処理中に重要なデータを記憶できる．

これは使用する伝播規則に依存する．この種の伝播と記憶の働きを理解するために，リカレントニューラルネットワークの1種であるエルマンネットワークを検討することができる．

エルマンネットワークは，隠れ単層フィードフォワードニューラルネットワークと非常によく似ているが，文脈ユニットと呼ばれるニューロンが隠れ層に追加されている．隠れ層の各ニューロンには1つの文脈ユニットが付随して，対応隠れニューロンの出力を受け取ってはそれをそのニューロンに返す．

エルマンネットワークによく似たものにジョーダンネットワークがあり，文脈ユニッ

トが隠れニューロンではなく出力ニューロンの状態を保存する．背景にあるのはエルマンやその他のリカレントニューラルネットワークと同じで，入力として一連のデータを受け取り，その後に続けて，同じニューロンのデータを再計算することによって得られる新しい一連の出力データを処理するという原則に従っている．

この原理に基づくリカレントニューラルネットワークはマニフォールドになり，問題に対応して個々のトポロジーが選択される．例えば，ネットワークの直前の状態を記憶するだけでは十分でなく，何段階も前の処理した情報が必要な場合，LSTM（long short-term memory，長期短期記憶）ニューラルネットワークを使う．

10.5.3　長期短期記憶ネットワークの分析

LSTM（長期短期記憶）は，特殊なリカレントニューラルネットワークだ．このモデルは，深層学習に適していて，優れた性能と結果を出している．

LSTM ベースのモデルは，時系列分野での予測や分類に最適で，従来の機械学習方式に取って代わりつつある．これは，LSTM がデータ間の長期依存関係を扱えるからだ．例えば，文中の文脈を追跡して，音声認識を向上させる．

LSTM ベースモデルには，LSTM ブロックと名付けられたセルが含まれ，互いにリンクしている．各セルには，入力ゲート，出力ゲート，忘却ゲートの3種類のポートがある．このポートは，セルメモリの書き込み，読み出し，リセットを行う．これらのポートはアナログ的なで，0～1のシグモイド活性化関数で制御される．ここで，0は完全な抑制を，1は完全な活性化を意味する．このポートにより，LSTMセルは情報を必要な時間記憶できる．

よって，入力ポートが活性化しきい値より低い値を読めば，セルは以前の状態を保持し，より高い値なら現在の状態に入力値が組み合わされる．忘却ゲートはどの情報を削除するかを決定し，出力ゲートはセル内のどの値を出力するかを決める．

次に，ANN を使って開発された新たな技術，しかも，グラフ理論が登場するものを見よう．

10.6　グラフニューラルネットワーク（GNN）の検討

グラフで表された構造化データを機械学習モデルで扱うのは，次元や非ユークリッド的特性のために面倒だ．研究者は，機械学習モデルの訓練ではグラフ構造データを要約したり簡単な表現にして処理してきた．しかし，これでは前処理に毛の生えたものでしかない．GNN（graph neural network，グラフニューラルネットワーク）によって，グラフ構造データを訓練学習して予測モデルを適合させる．エンドツーエンド機械学習モデルが作れる．この GNN アルゴリズムの動作原理を理解するには，グラフ理論の基本概念から始める必要がある．

10.6.1 グラフ理論入門

グラフはれっきとした数学的構造で、数学、物理学、コンピュータサイエンスから位相幾何学、工学まで様々な分野で使われる。グラフは頂点と辺で構成される。頂点は、異なる選択肢（辺）の起点と見なせる。通常、グラフは曖昧さなくネットワークを表すのに使う。例えば、LAN内のPC、道路の交差点やバス停が頂点で、電気接続や道路が辺で表せる。頂点間を結ぶ辺は、どのようなものでもよい。グラフ理論は、オブジェクトとそれらの関係を記述する数学の一分野で、オイラーによって1700年に誕生したとされる。

グラフは次の式で表される。

$$G = (V, E)$$

この式の変数は次のような意味だ。
- V：頂点集合
- E：辺集合

マルチグラフとは、頂点対が複数の辺で連結されるグラフ、ハイパーグラフとは、1つの辺が3つ以上の頂点を連結できるグラフだ。

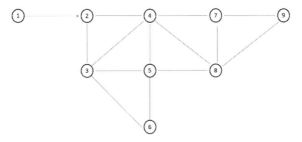

図 10.14 グラフの可視化

グラフの頂点の個数および連結性を表す辺の個数と分布が基本量だ。2頂点が辺で結ばれていると隣接しているという。隣接辺は、頂点を共有する辺をいう。辺には、有向辺と無向辺という種類がある。有向辺は弧と呼ばれ、そのグラフは有向グラフ（digraph）と呼ぶ。例えば、データ通信用同期リンクコンピュータネットワークは無向辺で、一方通行のある道路は有向辺で表せる。

連結グラフとは、どの頂点からも他のすべての頂点に到達できるグラフだ。重み付きグラフとは、各辺に、重み関数 (w) で定義される重みがあるグラフだ。重みは、2頂点間のコストや距離と見なすことができる。

頂点は、その頂点を終端とする辺の個数である次数で特徴づけられる。次数が0なら孤立点、1なら葉と呼ばれる。

有向グラフでは、出次数（出る弧の数）と入次数（入る弧の数）を区別する。入次

数が0ならその頂点をソース，出次数が0ならシンクと呼ぶ．
　グラフは，頂点を点か円で，辺をその間の線で可視化できる（図10.14）．有向辺の場合は，矢印で方向を示す．

10.6.2　隣接行列

　図10.14のグラフ表現は実に直感的でわかりやすいが，9頂点の簡単なグラフだ．もし，100個も頂点や辺があればどうなるだろうか．その場合は，図が混み入ってしまい，隣接行列のような別の方法を採用するのがよいだろう．n頂点で弧のあるグラフはサイズが$n \times n$の行列Aによる隣接行列で表現できる．ここで，行数と列数のnは頂点の個数で，行列要素a_{ij}は，iからjへの弧の個数になる．もし，2つの頂点間には複数の弧を許さないとしたら，行列は（0と1の）2値だけを含む．
　無向グラフの隣接行列は対称だ．結果的に，隣接行列は，グラフが密な場合に効率的だ．疎なグラフでは，メモリに無駄が生じる．

10.6.3　GNN

　GNN（グラフニューラルネットワーク）は，グラフ要素から情報を抽出して，低次元空間で利用可能にして学習する．各頂点は，隣接頂点と定期的に情報を交換して，情報の伝播とその特性への取り込みを行う．グラフの構造特性は，反復的に，隣接頂点からの情報を集約して，特性に組み込んでいく．この手続きはコストがかかるので，リサンプリングが重要になる．組み込みは，最上位と全グラフの両方で，分類や回帰の機械学習アルゴリズムで行われる．最上位の場合は，組み込みは各頂点の表現を含む．グラフ全体の場合は，組み込みにグループ化の技法が使われる．
　GNNでは，グラフは，グラフのトポロジーに従って互いに接続された，各頂点に1つずつ配置されたユニット集合で処理される．各ユニットは，対応頂点に関する局所的な情報とその近傍に関する情報に基づいて，頂点の状態を計算する．状態関数は再帰的で，グラフが閉路をもつ場合には，ニューラルネットワークの接続に周期的な依存関係が生じる．その場合の解法の1つは平衡点に達するまでの反復プロセスだ．状態関数が縮小写像なら（つまり，点間の距離を縮めるが，縮約よりもゆっくりなら），方程式系は一意な解をもつ．よって，このモデルを無向グラフや閉路をもつグラフに適用するためには，状態関数への制約（つまり，ニューラルネットワークの重み）が状態関数の収束を保証する必要がある．
　次に，材料の挙動をシミュレーションするANNベースモデルを使った実用的アプリケーションを分析しよう．

10.7　ニューラルネットワーク技法を使ったシミュレーションモデリング

　この例は，成分からコンクリートの品質を予測する試みだ．鉄筋コンクリートは，使

われ始めてから1世紀を経て，時間，大気成分，地震などに弱いことが明らかになった．問題現象の割合は，既存建築物を定期的に建て替える方式ではうまくいかないことを示している．そのため近年では，既存の建築遺産を保護し，必要に応じて構造安全係数を高めるために，鉄筋コンクリート構造物の劣化と回復への関心が高まっている．この問題は，それ自体重要だが，劣化を最小限に抑え，将来的に予想外の莫大な復旧費用を発生させないように新しい建物を正しく設計するという次の問題につながる．このようなことから，技術者は従来の機械工学的な検証に基づいた伝統的なコンクリート構造物の設計はもはや不十分だと確信するようになった．鉄筋コンクリートについて，より完全で明確な，抵抗力ではなく耐久性に基づいた材料選択につながる新たな概念の普及が必要だ．このような観点から，基礎成分から始めてコンクリートの特性をシミュレーションするモデルが，設計書を支援する重要なリソースとなってくる．

10.7.1 コンクリート品質予測モデル

コンクリートは，結合材（セメント），水，骨材を混ぜたものだ．生乾きの状態では，コンクリートは可塑的な粘性をもつが，打設後，時間が経つと硬化し，各成分の割合に応じて，自然の礫岩に似た石質特性をもつようになる．混合物には，添加物や鉱物も含まれうる．コンクリートはその特性または成分によって分類される．コンクリートの機械特性は，実験室や現場での試験で評価する．圧縮強度は，コンクリートの最も重要な特性だ．圧縮強度に基づいてコンクリートは分類できる．評価は，長さ30 cm・直径15 cmの円筒形，または一辺が15 cmの立方体で材齢28日の試験片での試験に基づく．試験が破壊的なので，特性を予測できるツールが非常に重要だ．

本項では，コンクリートの圧縮強度の圧縮強度を，その構成成分の組成から予測するモデルについて詳しく説明する．

いつものように，コード（concrete_quality.py）を1行ずつ見ていこう．

1. ライブラリと関数のインポートから始める．

```
import pandas as pd
import seaborn as sns
from sklearn.preprocessing import MinMaxScaler
from sklearn.model_selection import train_test_split
from keras.models import Sequential
from keras.layers import Dense
from sklearn.metrics import r2_score
```

pandasライブラリは，6.5節の手順1参照．seabornライブラリは3.4.5項参照．sklearn.preprocessingパッケージには，共通ユーティリティ関数や特徴量を必要に応じて変換する変換クラスが多数用意されている．sklearn.model_selection.train_test_split関数は訓練集合とテスト集合へのランダムな分割を計算する．そして，ANNアーキテクチャを構築するKeras

10.7 ニューラルネットワーク技法を使ったシミュレーションモデリング

モデルをインポートした[*3]．最後にネットワークの性能を評価する指標をインポートした．

2. 次にデータをインポートする必要がある[*4]．

```
features_names=
['Cement','BFS','FLA','Water','SP','CA','FA','Age','CCS']
concrete_data = pd.read_excel('concrete_data.xlsx',
names=features_names)
```

このシミュレーションでは，コンクリートの圧縮強度を基本構成要素から予測しようとする．そのために，https://archive.ics.uci.edu/ml/datasets/concrete+compressive+strength にある UCI Machine Learning Repository のデータセットを使う．これには，セメント，高炉スラグ（BFS），フライアッシュ（FLA），水，超可塑剤（SP），粗骨材（CA），細骨材（FA），年代，コンクリート圧縮強度（CCS）という 9 つの特徴量が含まれる．最後は，推定したい特徴量だ．そこで，まず特徴ラベルを定義し，次に pandas read_excel 関数を使い.xlsx 形式のファイルをインポートした．

3. データセットの統計量を見てみよう．

```
summary = concrete_data.describe()
print(summary)
```

図 10.15 のデータが返される．

```
              Cement          BFS    ...         Age          CCS
count    1029.000000  1029.000000    ...  1029.000000  1029.000000
mean      280.914091    73.967298    ...    45.679300    35.774912
std       104.245542    86.290255    ...    63.198226    16.656880
min       102.000000     0.000000    ...     1.000000     2.331808
25%       192.000000     0.000000    ...     7.000000    23.696601
50%       272.800000    22.000000    ...    28.000000    34.397958
75%       350.000000   143.000000    ...    56.000000    45.939786
max       540.000000   359.400000    ...   365.000000    82.599225
```

図 10.15　データの要約統計量 [*5]

1029 レコードあることがわかる．さらに，特徴量の値の範囲がかなり異なることもわかる．

4. 違いがもっとわかりやすいように，箱ひげ図を描く．

```
sns.set(style="ticks")
sns.boxplot(data = concrete_data)
```

[*3] 訳注：Keras のインストールには Tensorflow をインストールしておく必要がある．最新の Python3.11 以降では Tensorflow が使えないことに注意する．
[*4] 訳注：read_excel 関数は，openpyxl を使うので前もってインストールしておく必要がある．もちろん，ディレクトリも正しく設定しておかないとファイルが見つからない．
[*5] 訳注：実際には 9 つの特徴量すべてが出力される．図 10.15 は，途中を省略している．

図 10.16 がプロットできる [*6].

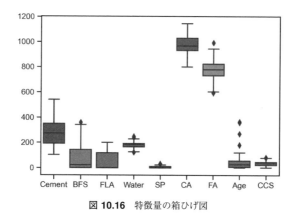

図 10.16 特徴量の箱ひげ図

すでに述べたように，特徴量の値の範囲が異なることが確認できた．これは，ANN に基づいたモデル製作に影響を及ぼす．数値の大きい特徴量が，現象自体からすれば，筋違いの影響をもちかねない．この場合には，データをスケーリングすることを推奨できる．

5. そこで，データをスケーリングする．

```
scaler = MinMaxScaler()
print(scaler.fit(concrete_data))
scaled_data = scaler.fit_transform(concrete_data)
scaled_data = pd.DataFrame(scaled_data, columns=features_names)
```

このために，`sklearn.preprocessing` ライブラリの `MinMaxScaler` 関数を使う．スケーリングは次の式で行われる．

$$x_{\text{scaled}} = \frac{x - x_{\min}}{x_{\max} - x_{\min}}$$

こうすると，全特徴量が 0～1 の同じ範囲にばらつく．

これを確かめるために，スケーリングしたデータの統計量をとる．

```
summary = scaled_data.describe()
print(summary)
```

図 10.17 の結果が返る．

[*6] 訳注：Jupyter Notebook などの環境では図が表示されるが，`matplotlib.pyplot.show()` を実行しないと，図が表示されない場合もある．

```
          Cement          BFS    ...         Age          CCS
count  1029.000000  1029.000000  ...  1029.000000  1029.000000
mean      0.408480     0.205808  ...     0.122745     0.416646
std       0.238004     0.240095  ...     0.173621     0.207517
min       0.000000     0.000000  ...     0.000000     0.000000
25%       0.205479     0.000000  ...     0.016484     0.266170
50%       0.389954     0.061213  ...     0.074176     0.399491
75%       0.566210     0.397885  ...     0.151099     0.543284
max       1.000000     1.000000  ...     1.000000     1.000000
```

図 **10.17** スケーリングした特徴量の統計量

6. 特徴量は 0〜1 にスケーリングした．箱ひげ図でその効果を確かめよう．

```
sns.boxplot(data = scaled_data)
```

図 10.18 のようにプロットされた．

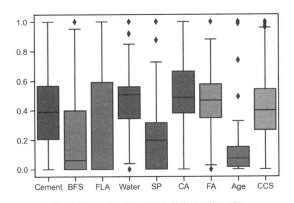

図 **10.18** スケーリングした特徴量の箱ひげ図

すべてが明確になり，前より簡単に特徴量のばらつきを視覚的にチェックできる．何よりも，現実にはありえない特定の変数に依存するリスクを回避できる．

7. 入出力データの pandas DataFrame を再構築する．

```
input_data = pd.DataFrame(scaled_data.iloc[:,:8])
output_data = pd.DataFrame(scaled_data.iloc[:,8])
```

8. モデルの訓練とテストに使うデータを分割する必要がある．

```
inp_train, inp_test, out_train, out_test = train_test_
split(input_data,output_data, test_size = 0.30, random_state = 1)
print(inp_train.shape)
print(inp_test.shape)
print(out_train.shape)
print(out_test.shape)
```

ここでは，sklearn.model_selection ライブラリの train_test_split 関

数を使った．これは分割が迅速だ．70%を訓練用，残りの30%をテスト用に決めた．random_state も指定して，シミュレーションを再現できるようにした．最後に，新たなデータセットの次元をスクリーンに出力する．次の値が出力された．

```
(720, 8)
(309, 8)
(720, 1)
(309, 1)
```

9. そこで，ANN ベースモデルを作る．

```
model = Sequential()
model.add(Dense(20, input_dim=8, activation='relu'))
model.add(Dense(10, activation='relu'))
model.add(Dense(10, activation='relu'))
model.add(Dense(1, activation='linear'))
```

Sequential クラスは，線形スタックのネットワーク層でモデルを作る．Dense クラスは，基本フィードフォワード全連結層を構成する Dense 層をインスタンス化するのに使う．全連結レベルが Dense クラスで定義される．ANN アーキテクチャは，次のような4層（2隠れ層）の全連結ネットワーク構造だ．

- 第1層は入力定義で，20, input_dim = 8, activation = 'relu' という3引数が渡される．20（ユニット）は，出力空間の次元を表す正整数で，レベル内のニューロン数を示す．input_dim = 8 は，入力特徴量の個数．activation = 'relu' は活性化関数の設定だ．
- 第2層（第1隠れ層）は 10 ニューロンで relu 活性化関数をもつ．
- 第3層（第2隠れ層）は 10 ニューロンで relu 活性化関数をもつ．
- 最後に，出力層が1ニューロン（出力）で線形活性化関数をもつ．

10. モデルを訓練する前に，compile メソッドで学習プロセスを構成する必要がある．

```
model.compile(optimizer='adam', loss='mean_squared_error',\
                      metrics=['accuracy'])
```

adam オプティマイザ，mean_squared_error 損失関数，正確度指標の3引数が渡された．第1引数は，低次のモーメントの適応的推定に基づく確率的目的関数の一階勾配最適化を指定する．第2引数は，誤差の2乗の平均で測定する．第3引数は，評価指標を正確度に設定する．

```
model.fit(inp_train, out_train, epochs=1000, verbose=1)
```

最後に，モデル訓練を fit 関数に，データを訓練する予測変数の配列，応答データの配列，モデル訓練の世代数，報告モードの4引数を渡して行う．

モデルの特徴を要約する．

```
model.summary()
```

図 10.19 のデータが返される.

```
Model: "sequential_1"
_____
Layer (type)                 Output Shape              Param #
=================================================================
dense (Dense)                (None, 20)                180
_____
dense_1 (Dense)              (None, 10)                210
_____
dense_2 (Dense)              (None, 10)                110
_____
dense_3 (Dense)              (None, 1)                 11
=================================================================
Total params: 511
Trainable params: 511
Non-trainable params: 0
```

図 10.19 ANN ベースモデルのアーキテクチャ

11. 最後に,モデルを使って,材料の特性を予測する.

```
output_pred = model.predict(inp_test)
```

混合成分からコンクリートの圧縮強度を予測した.

12. モデルの性能を評価する.

```
print('Coefficient of determination = ')
print(r2_score(out_test, output_pred))
```

これには,決定係数を使った.この指標は,平均値付近の応答値の全分散のうち,モデルによって説明される割合を示す.割合なので,値は 0 と 1 の間だ.次の結果が返された.

```
Coefficient of determination =
0.8591542120174626
```

非常に高い値で,モデルの良好な予測性能を示す.

10.8 ま と め

本章では,ANN に基づくモデルを開発して物理現象をシミュレーションした.ニューラルネットワークの基本概念と,生物のニューロンを手本にした原理を分析することから始めて,ANN のアーキテクチャを詳細に調べ,重み,バイアス,層,活性化関数という概念を理解した.

さらに,フィードフォワードニューラルネットワークのアーキテクチャを分析した.データによるネットワーク訓練の方法を学び,重み調整手続きで新たな観測を正しく

理解するネットワークを得る方法を理解した．

　その後，学んだ概念を応用して，実際的なケースに取り組んだ．回帰問題を解く，ニューラルネットワークに基づいたモデルを開発した．データのスケーリングと訓練用とテスト用にデータを分割することを学んだ．線形および多層パーセプトロン回帰に基づいたモデルの開発方法を学んだ．これらのモデルを比較するための性能評価法も学んだ．基本概念を分析して定義した．CNN, RNN, LSTM ネットワークの基礎を分析した．

　最後に，グラフ理論と GNN を学んだ後，深層学習モデルを使って材料の物理特性の予測という実際的なケースを扱った．

　次章では，これまでの章で学んだツールを使って，プロジェクト管理という実際的なケースを検討する．マルコフ過程で森林を管理する場合にとった作業の結果を評価する方法を学び，モンテカルロシミュレーションを使いプロジェクトを評価する方法を学ぶ．

11

プロジェクト管理での
モデル化とシミュレーション

様々なプロジェクトや部門で，資源，予算，工程のマイルストーンの監視に，時として問題が生じることがある．シミュレーションツールは，プロジェクトの様々な段階における計画や調整を改善し，常にプロジェクトをコントロールできるようにする．また，プロジェクトの予防シミュレーションは，あるタスクに関する重要な問題を浮き彫りにする．これにより，各種対策のコストを評価できる．開発プロジェクトの予防評価は，プロジェクトのコスト増加の原因となるエラーの回避に役立つ．

本章では，これまで学んだツールを使って，プロジェクト管理の実践事例を扱う．マルコフ過程による森林管理において，施策の結果を評価する方法を学び，モンテカルロシミュレーションを使ってプロジェクトを評価する方法を学ぶ．

本章では次のような内容を扱う．
- プロジェクト管理入門
- 簡単な森林管理問題
- モンテカルロ森林管理を使ったプロジェクトのスケジュール管理

11.1 技術要件

本章ではプロジェクト管理に関するモデル作成について学ぶ．このテーマについては，代数と数理モデルの基本知識が必要だ．本章の Python コードを扱うには（本書付属の GitHub にある）次のファイルが必要だ．
- tiny_forest_management.py
- tiny_forest_management_modified.py
- monteCarlo_tasks_scheduling.py

11.2 プロジェクト管理入門

戦略的・戦術的な行動の結果を事前に評価するため，企業には信頼できる予測システムが必要だ．予測分析システムは，データ収集と中長期的な信頼性の高いシナリオ予測に基づく．それは，特に，異なる主体による多数の要素を考慮しなければならない複雑な戦略に対して，指標や指針を提供できる．

これにより，様々な価値観，ひいては様々なシナリオを同時に考慮できるので，より完全かつ協調的に評価結果を検討できるようになる．最後に，複雑なプロジェクトの管理で，データを解釈するための人工知能の利用が増え，プロジェクトに意味を持たせられるようになった．情報を高度に分析して，戦略的な意思決定プロセスを向上できるということだ．このような方法論により，様々なソースからのデータを検索・分析して，関連性のあるパターンや関係性を特定できる．

11.2.1 what-if 分析の理解

what-if 分析とは，経営上の意思決定をより効果的に，より安全に，より多くの情報を得られるようにする貢献度の高い分析だ．また，データに基づく予測分析で最も基本的なものだ．what-if 分析は，様々な可能性を提供するために様々なシナリオを精緻化するツールだ．高度な予測分析とは異なり，what-if 分析は基本的なデータだけ処理すれば良いという利点がある．

このような活動は，過去の根拠や傾向から将来を予測する予測分析に分類される．予測分析では，いくつかのパラメータを変えることにより，様々なシナリオをシミュレーションすることができ，それによって，ある選択がコスト，収入，利益などにどのような影響を与えるかを理解できる．

したがって，what-if 分析とは，戦略変更に関連する予測がどこで間違っている可能性があるかを判断するための構造化された方法であり，それによって事前に行われた研究の結果と確率を判断できるということだ．過去のデータ分析から，独立変数入力群に関する仮定に従って将来の結果を推定する予測システムを作成できて，それにより，現実のシステムの挙動を評価することを目的とした，いくつかの予測シナリオを策定できる．

そのシナリオを分析して，管理プロジェクトに関する期待値を決定できる．このような分析シナリオは様々に応用できるが，最も典型的なのは，次のような，複数の変数を含んだモデルを分析する多因子分析だ．

- 最大と最小の差を決め，リスク分析で中間シナリオを作成して一定数のシナリオを実現すること．リスク分析の目的は，将来の結果が，期待される平均的な結果と異なる確率を決定することだ．この変動がどんなものかを示すために，可能性の低い正と負の結果の推定を行う．
- モンテカルロ法を用いたランダム要因分析で，適切な乱数を発生させ，その中で1つ以上の性質に従う数の割合を観察して問題を解決する．この手法は，複雑すぎて解析的に解けない問題の数値解を求めるのに有効だ．

プロジェクト管理の基本概念を説明したので，次に，簡単なプロジェクトをマルコフ過程として扱い，その実装方法を見ていこう．

11.3 簡単な森林管理問題

5章で述べたように，確率過程は，システムの観測が行われた瞬間 t から始まる場合，マルコフ的と呼ばれる．この過程の発展はその瞬間 t にのみ依存し，前の瞬間の影響を受けない．つまり，過程の将来の発展が，システムを観測した瞬間 t にのみ依存し，それ以前には依存しないとき，マルコフ的と呼ぶ．マルコフ決定過程（MDP）は，決定エポック，状態，行動，遷移確率，報酬という5要素で特徴づけられる．

11.3.1 マルコフ過程のまとめ

マルコフ過程の重要な要素は，システムが置かれた状態と，その状態において意思決定者が実行できる行動だ．これらは，システムがとりうる状態集合と，各状態で利用可能な行動集合で表される．意思決定者が選択した行動は，システムのランダムな応答を引き出し，システムは最終的に新たな状態に移行する．この遷移が報酬を返し，意思決定者はそれを使って選択の有効性を評価する．

> マルコフ過程では，意思決定者はシステムの各状態でどの行動を行うかを選択できる．選択された行動によってシステムは次の状態に移行し，その選択に対する報酬を返す．
> 状態遷移はマルコフ性を享受し，現在の状態は直前の状態にのみ依存する．

マルコフ過程は次の4要素で定義される．
- S：システム状態
- A：各状態でとり得る行動
- P：遷移行列．これは行動 a でシステムが状態 s から状態 s' に遷移する確率を含む
- R：行動 a でシステムが状態 s から状態 s' に遷移したことによる報酬

MDP問題では，システムから最大の報酬を得るために行動を起こすことが肝要だ．よって，これは最適化問題であり，意思決定者が行うべき一連の選択を最適ポリシーと呼ぶ．

ポリシーとは，環境の状態とそこで選ぶ行動との対応づけで刺激に対する反応の規則を表す．ポリシーの目標は，システムによって実行される一連の行動全体を通して受け取る総報酬を最大化することだ．ポリシー採用により得られる報酬の総和は，次のように計算される

$$R_T = \sum_{i=0}^{T-t} r_{t+i} = r_t + r_{t+1} + \cdots + r_T$$

この式で，r_T は，環境を最終状態 s_T にする行動の報酬だ．総報酬を最大にするため

には，各状態で最も高い報酬を与える行動を選択すればよい．これによって，総報酬を最大化する最適なポリシーを選択できる．

11.3.2 最適化プロセスの検討

5.6節で述べたように，MDP問題は動的計画法（DP）で解ける．DPでは，環境のモデルを知った上で最適なポリシーを計算することを目的とする．DPの核心は，状態値と行動値を利用して，良いポリシーを求めることだ．

DP法では，ポリシー評価とポリシー改善という2つのプロセスを用いる．これらは次のように相互作用する．

- ポリシー評価は，ベルマン方程式を解く反復過程で行われる．$k \to \infty$ でのこの過程の収束は，ルールを近似して，停止条件を与える．
- ポリシー改善は，現在の値に基づいて現在のポリシーを改善する．

DP技法では，反復手続きにより，前の段階が交互に繰り返され，次の段階が始まる前に終了する．この手順では，各ステップでポリシーの評価が必要で，反復法で行われるが収束は事前には分からず，開始時のポリシーに依存する．つまり，最適値への収束を保証しつつ，どこかでポリシーの評価を停止できるはずだ．

ここで説明した反復手順では，ポリシー評価とポリシー改善の結果を保存する2つのベクトルを使用する．得られる報酬の割引和である値関数を保存するベクトルを V で示す．報酬を得るために選んだ行動を格納するものを添字 Policy で示す．

アルゴリズムは，再帰手続きにより，これら2つのベクトルを更新する．ポリシー評価では，値関数は次のように更新される．

$$V(s) = \sum_{s'} P_{\text{Policy}(s)}(s, s')(R_{\text{Policy}(s)}(s, s') + \gamma \times V(s'))$$

この式での各項は次のようになる．

- $V(s)$：状態 s での関数値
- $R(s, s')$：状態 s から状態 s' への遷移で返される報酬
- γ：割引係数
- $V(s')$：次の状態での関数値

ポリシー改善のプロセスでは，次のようにポリシーが改善される．

$$\text{Policy}(s) = \arg\max_{a} \Big\{ \sum_{s'} P_a(s, s')(R_a(s, s') + \gamma \times V(s')) \Big\}$$

この式での各項は次のようになる．

- $V(s')$：状態 s' での関数値
- $R_a(s, s')$：行動 a による状態 s から状態 s' への遷移で返される報酬

- γ：割引係数
- $P_a(s, s')$：状態 s で行動 a により状態 s' に遷移する確率

次に，Python で MDP 問題を扱うときに使えるツールを見ていく．

11.3.3　MDPtoolbox の紹介

MDPtoolbox パッケージは，離散時間マルコフ過程を扱うための，値反復，有限期間（horizon），ポリシー反復，一群の線形計画法，強化学習分析などの関数を含む．

このパッケージは，INRA ツールーズ（フランス）の応用数学コンピュータサイエンス学部の研究者が MATLAB 環境で作ったもので，Chadès, I., Chapron, G., Cros, M. J., Garcia, F., & Sabbadin, R. (2014). MDPtoolbox: a multi-platform toolbox to solve stochastic dynamic programming problems. *Ecography*, 37 (9), 916–920 という論文で発表されている．

> MDPtoolbox パッケージは，GNU Octave, Scilab, R といったプログラミングプラットフォームで使われてきた．S. コードウェルが後に Python 環境で使えるようにした．詳しいことは https://github.com/sawcordwell/pymdptoolbox を参照するとよい．

MDPtoolbox パッケージを使うには，インストールしておく必要がある．GitHub には複数のインストール方法が示されている．コードウェルが推奨しているように，Python の pip パッケージマネージャを使える．pip（Python package index）は，Python のパッケージリポジトリの中で最大でよく使われる．Python のパッケージ開発者の 99% は，このリポジトリを使う．

MDPtoolbox パッケージを pip でインストールするには，次のコマンドを使う．

```
pip install pymdptoolbox
```

インストールしたら，ロードしてすぐ使うことができる．

11.3.4　簡単な森林管理の例の定義

マルコフ過程を用いた経営問題の扱い方を詳しく分析するために，MDPtoolbox パッケージですでに提供されている例題を用いる．これは，野生動物と樹木という 2 種類の資源がある小さな森の管理という課題だ．森の木は伐採でき，その木材を売ることができる．意思決定者には，待機と伐採という 2 つの行動選択肢がある．待機は，木が十分に成長し，多くの木材が得られるまで待つことだ．伐採は，木を切ってすぐ金を手に入れることだ．意思決定者は，20 年ごとに決断を下すという任務を負う．

この小さな森環境は，次の 3 状態を取る．
- 状態 1：林齢 0 から 20 年
- 状態 2：林齢 21 から 40 年

- 状態 3：林齢 41 年以上

木材の量が最大になるまで待つことが最善の行動だと考えるかもしれないが，それは，木の成長とともに火災が発生して，すべての木材を失うことにつながる可能性がある．その場合には，小さな森は初期状態（状態 1）に戻ってしまい，森が成熟する（状態 3）まで待てば得られたはずのものをすべて失う．

火災が発生しなかった場合，各期間 t（20 年）終了時に状態 s で待機行動を選択すると，森林は次の状態 $\min(s+1, 3)$ に遷移する．状態 3 が林齢の最も高い状態なので，状態がそれより高くなることはない．火災が発生しなければ，待機して状態が下ることはない．待機行動を選択して，火災が発生すると，森は図 11.1 のように初期状態（状態 1）に戻る．

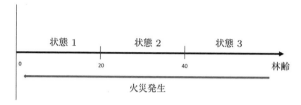

図 11.1 林齢と状態

期間 t で火災が起こる確率を $P = 0.1$ と設定する．課題は，長期に渡って報酬を最大化するにはどう管理すればよいかだ．この問題はマルコフ過程で扱える．

そこで，この問題を MDP として定義する．MDP の要素は，状態，行動，遷移行列（P），報酬（R）であると述べた．次に，これらの要素を定義する．状態はすでに定義した 3 状態だ．行動も定義して，待機か伐採だ．これらから遷移行列 $P(s, s', a)$ を定義する．行列要素は，ある行動で状態が移行する確率だ．行動が 2 つ（待機か伐採）なので，それぞれの遷移行列を定義する．火災発生の確率を p とすると，待機の場合は次のような遷移行列となる．

$$P(,, 1) = \begin{bmatrix} p & 1-p & 0 \\ p & 0 & 1-p \\ p & 0 & 1-p \end{bmatrix}$$

この遷移行列の内容を分析しよう．各行は状態に対応し，第 1 行は，状態 1 から状態 1, 2, 3 になる確率を返す．状態 1 にあるなら，状態 1 のまま留まる確率は火災が起こる確率だ．状態 1 から始めて，火災が起こらなければ，残りの確率 $1-p$ で次の状態 2 に遷移する．状態 1 から始めて，状態 3 になる確率は 0，不可能だ．

遷移行列の第 2 行は，状態 2 から始まる遷移確率だ．状態 2 から始まって火災が起きれば，確率 p で状態 1 になる．火災が起こらなければ確率 $1-p$ で次の状態 3 に遷移する．状態 2 に留まる確率は 0 だ．

11.3 簡単な森林管理問題

状態遷移をより良く理解するために，5.4.2項で紹介した遷移図式（図11.2）を分析する．

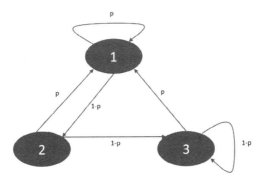

図 11.2 遷移図式

最後に，状態3にいて火災が起こると，確率pで状態1に戻り，残りの確率$1-p$で状態3に留まるが，それは火災が起こらなかったからだ．状態2に遷移する確率は0だ．

次に，伐採の場合の遷移行列を定義しよう．

$$P(,,2) = \begin{bmatrix} 1 & 0 & 0 \\ 1 & 0 & 0 \\ 1 & 0 & 0 \end{bmatrix}$$

この場合の分析はもっと簡単だ．実際，伐採はどの場合も状態1にする．よって，確率も1だ．つまり，状態1の確率が1，他の状態に遷移する確率はすべて0で不可能だ．

次に，報酬のベクトル $R(s,s')$ を待機の報酬から始めて定義する．

$$R(,1) = \begin{bmatrix} 0 \\ 0 \\ 4 \end{bmatrix}$$

木の成長を待つ待機は，最初の2状態では報酬が0で，状態3では最大の4になる．これはシステムのデフォルトの最大値だ．伐採を選ぶと報酬がどうなるかを見よう．

$$R(,2) = \begin{bmatrix} 0 \\ 1 \\ 2 \end{bmatrix}$$

この場合，状態1での伐採は，木が木材として十分ではないので報酬がない．状態2

での伐採は，報酬はあるが最大ではない．最大値は，3つの期間が終わるまで伐採を待ったときに得られる．伐採を第3期の初めに行う場合も同様の状況になる．この場合，報酬は前の状態より多いが最大ではない．

11.3.5　MDPtoolbox を使って管理問題に取り組む

目標は，最大報酬が得られるように小さな森を管理するポリシーを開発することだ．それをすでに紹介した MDPtoolbox パッケージを使って行う．コード (tiny_forest-management.py) を1行ずつ分析しよう．

1. まず，必要なライブラリのインポートから始める．

```
import mdptoolbox.example
```

これによって，MDPtoolbox モジュールを，この例題用のデータを含めてインポートした．

2. はじめに，遷移行列と報酬ベクトルを抽出する．

```
P, R = mdptoolbox.example.forest()
```

この命令で，example に格納されていたデータを取り出す．データが正しいか確認するために変数の内容を，遷移行列から出力する．

```
print(P[0])
```

次の行列が出力される．

```
[[0.1 0.9 0. ]
 [0.1 0.  0.9]
 [0.1 0.  0.9]]
```

これは待機行動の遷移行列だ．11.3.4項で示されたように，$p = 0.1$ の遷移行列だと確かめられた．

3. 伐採行動の遷移行列を出力する．

```
print(P[1])
```

次の行列が出力される．

```
[[1. 0. 0.]
 [1. 0. 0.]
 [1. 0. 0.]]
```

4. この行列も 11.3.4 項で定義したのと合致する．次に報酬ベクトルを，待機行動から調べよう．

```
print(R[:,0])
```

このベクトルの内容を見る．

```
[0. 0. 4.]
```

伐採行動を選んだら，次の報酬を得る．

```
print(R[:,1])
```

次のベクトルが出力される．

```
[0. 1. 2.]
```

5. 最後に，割引係数を設定する．

```
gamma=0.9
```

問題の全データが定義された．次に，モデルを詳細に調べよう．

6. 先程定義した問題にポリシー反復アルゴリズムを適用するときがきた．

```
PolIterModel = mdptoolbox.mdp.PolicyIteration(P, R, gamma)
PolIterModel.run()
```

mdptoolbox.mdp.PolicyIteration 関数は，割引 MDP を実行し，ポリシー反復アルゴリズムを用いて解く．ポリシー反復は，行動–状態の各対の期待収益をモデル化するために価値関数を採用する動的計画法だ．この手法では，価値関数を更新する際に，即時報酬とブートストラッピングと呼ばれるプロセスで次の状態の（割引）価値を用いる．結果はテーブルか近似関数技法で格納する．

関数は，初期ポリシー P0 から始めて，次の 2 フェーズを交互に繰り返して値とポリシーを更新していく．

- ポリシー評価：現在のポリシー P に対して，行動–値関数を推定する．
- ポリシー改善：行動–値関数に基づき，より良いポリシーが計算できたら，そのポリシーを新たなポリシーにして，前のフェーズに戻る．

各行動–状態対で値関数が正確に計算できたら，貪欲なポリシー改善で行うポリシー反復は，最適ポリシーに収束して返る．本質的に，これら 2 プロセスを繰り返し実行すると，最適解への一般プロセスとして収束する．

mdptoolbox.mdp.PolicyIteration 関数へは，次の引数を渡す．

- P：遷移確率
- R：報酬
- gamma：割引係数

次の結果が返される．

- V：最適値関数．V は長さ S のベクトル．
- Policy：最適ポリシー．長さ S のベクトル．要素は，値関数を最大化する行動に対応する整数．この例では，0 = 待機，1 = 伐採の 2 行動しかない．
- iter：反復回数
- time：プログラム実行に要した時間

7. モデルが用意できたので，得られたポリシーをチェックして結果を評価する．はじめに，値関数の更新状況をチェックする．

`print(PolIterModel.V)`

次の結果が返される．

`(26.244000000000014, 29.484000000000016, 33.484000000000016)`

値関数は，システムの状態がどれだけ良いかを規定する．この値は，状態 s からシステムが最大どれだけの報酬を期待できるかを表す．値関数は，エージェントが行動を選択するポリシーに依存する．

8. 次にポリシーを抽出する．

`print(PolIterModel.policy)`

ポリシーはある時点のシステムの動作を示唆する．つまり，検出した環境の状態とその状態でとる行動を対応づける．これは，心理学でいうところの「刺激–反応」のルールや関連づけに相当する．ポリシーは振る舞いを定義するので，MDP モデルの重要な要素だ．次の結果が返される．

`(0, 0, 0)`

ここで，最適ポリシーは，3 状態すべてで待機し，伐採しない．これは火災発生の確率が低くて，待機が最良行動になるからだ．こうすると，森は成長し，野生動物の森を維持することと木材販売による金銭獲得という両目標が達成できる．

9. 反復回数を見よう．

`print(PolIterModel.iter)`

次の結果が返される．

`2`

10. 最後に CPU 時間を出力する．

`print(PolIterModel.time)`

次の結果が返される．

`0.0009965896606445312`

0.001 秒だけで値反復手続きを実行したが，明らかに，この値は使用するマシンに依存する．

11.3.6 火災発生の確率を変える

この例題の分析から，良く規定された問題で最適ポリシーを求めるにはどうすればよいかが明らかになった．ここで，システムの初期条件を変更して，新たな問題を定義できる．例題では与えられたデフォルト条件で，火災発生の確率は低かった．その場合の最適ポリシーは，森林を伐採せず待機することだった．しかし，森林発生確率が増えるとどうなるだろうか．これは，強風の吹く暖地を考えれば現実に起こりうることだ．この新しい状況をモデル化するには，確率値 p を変更し，問題設定を変えるだけで良い．mdptoolbox.example.forest モジュールは，問題の基本的な特性を変更できる．早速始めよう．

1. 例題モジュールのインポートから始めよう．

```
import mdptoolbox.example
P, R = mdptoolbox.example.forest(3,4,2,0.8)
```

前の 11.3.5 項の場合と異なり，引数を渡して呼び出す．詳しく分析しよう．mdptoolbox.example.forest 関数に (3,4,2,0.8) という引数を渡している．それぞれの意味は次のとおりだ．
- 3：状態数．0 より大きい整数．
- 4：成熟状態の森で待機行動をとったときの報酬．0 より大きい整数．
- 2：遷移確率の森で伐採したときの報酬．0 より大きい整数．
- 0.8：火災発生の確率．[0, 1] の範囲．

前の設定と比較すると，最初の 3 引数はそのままで，火災発生確率だけが 0.1 から 0.8 へと増えたことがわかる．

2. 初期データの変更が遷移行列を変えたことを確認する．

```
print(P[0])
```

次の行列が出力される．

```
[[0.8 0.2 0. ]
 [0.8 0.  0.2]
 [0.8 0.  0.2]]
```

見てわかるように，待機行動の遷移行列が変わった．状態 1 以外への遷移確率が大幅に低下した．これは火災発生確率が高いためだ．伐採行動の遷移確率がどうなったかを見よう．

```
print(P[1])
```

次の行列が出力される．

```
[[1. 0. 0.]
 [1. 0. 0.]
 [1. 0. 0.]]
```

この行列は変わらない. 伐採行動はシステムを初期状態に戻すからだ. 同様に, 引数の報酬部分もデフォルトの場合と同じだったので, 報酬ベクトルも変わっていない. 値を出力しよう.

```
print(R[:,0])
```

これは待機行動の報酬ベクトルだ. 次のベクトルが出力される.

```
[0. 0. 4.]
```

伐採行動のベクトルを調べる.

```
print(R[:,1])
```

次のベクトルが出力される.

```
[0. 1. 2.]
```

予期通り, 何も変わらない. 最後に, 割引係数を設定する.

```
gamma=0.9
```

問題のデータをすべて定義した. 次に進んで, モデルの詳細を見よう.

3. 値反復アルゴリズムを適用する.

```
PolIterModel = mdptoolbox.mdp.PolicyIteration(P, R, gamma)
PolIterModel.run()
```

4. 結果を抽出する. 値関数から始める.

```
print(PolIterModel.V)
```

次の結果が出力される.

```
(1.5254237288135601, 2.372881355932204, 6.217445225299711)
```

5. 問題の重要な部分を分析する. シミュレーションモデルが推奨するポリシーを見よう.

```
print(PolIterModel.policy)
```

次の結果が出力される.

```
(0, 1, 0)
```

これは, デフォルト例題と比べて変更が大きい. 状態 1 か 3 なら待機行動, 状態 2 なら伐採行動を推奨する. 火災発生確率が高いので, 可能な木を伐採して火災で消失する前に売ってしまうのが良い.

6. 問題の反復回数を出力する.

```
print(PolIterModel.iter)
```

次の結果が出力される．

```
1
```

最後に CPU 時間を次のように出力する．

`print(PolIterModel.time)`

次の結果が出力される．

```
0.0009970664978027344
```

これらの例から，MDP を使った管理問題のモデル化がどれだけ簡単かが示された．次に，モンテカルロシミュレーションを使ったスケジューリンググリッドの設計方法を見ていこう．

11.4 モンテカルロ森林管理を使ったプロジェクトのスケジュール管理

プロジェクトには実現時期が必要で，活動の開始は，前の活動の終了に依存することもあれば独立なこともある．プロジェクトのスケジューリングとは，プロジェクト自体の実現時期を決定することだ．プロジェクトとは，ある製品，サービス，結果を生み出すために時間をかけて行われる取り組みだ．プロジェクト管理という用語は，プロジェクトとそれを構成する諸活動を計画，管理，制御するために知識，スキル，ツール，技法を適用することを指す．

この分野のキーパーソンはプロジェクトマネージャで，プロジェクトの失敗を減らすという目的のために様々な関係者と様々な構成要素の調整と管理の仕事と責任を負う．この一連の活動の中で最も困難なのは設定された目標を，プロジェクトの範囲，時間，コスト，品質，資源などの制約の中で達成することだ．実は，これらはお互いにリンクした限られた側面であり，効果的な最適化を必要としている．

これらの活動の定義は，計画段階で重要だ．プロジェクトの目的を時間，コスト，資源に関して定義した後，成功させるために実施すべき活動を特定し，文書化する必要がある．

複雑なプロジェクトでは，より単純なタスクに分解して秩序ある構造を作る必要がある．各タスクについては，活動とその実行時間を定義する必要がある．これは，基本目標から始まり，すべての成果物の下位レベルや構成するサブプロジェクトに分解していく．

この分解をさらに進めていく．この作業は最終的な詳細が十分納得できるまで続けていく．分解した結果として，利害関係者のサイズ，複雑さ，コストが削減される．

11.4.1 スケジューリンググリッドの定義

プロジェクト管理の基本要素がスケジューリンググリッドの構築だ．これは，プロ

ジェクトの実現に関わる活動を頂点として，時間的な継続性と論理的な依存性を弧とする有向グラフだ．スケジューリングの過程では，グリッド構築の他に，諸活動の開始と終了の時期を期間，リソース，その他の要因に基づいて決定する．

この例題では，複雑なプロジェクトの実現に必要な要素にかかる時間をそれぞれ評価する．まず，スケジューリンググリッドの定義から始めよう．そして，プロジェクト構造を分解して，6つのタスクを定義する．各タスクについて，活動，関与する人員，ジョブ完了に必要な時間を定義する．

タスクの中には，前のタスクの活動が完了しないと次のタスクの活動を始められないという意味で逐次処理が必要なものがある．一方で，2つのチームが別のタスクを並列に処理してプロジェクトの納期を短縮できるものもある．タスクの順序は，図 11.3 のようなスケジューリンググリッドで定義される．

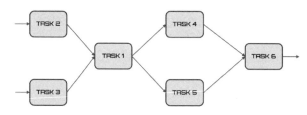

図 11.3 グリッドでのタスクの系列

この図式では，左端の2タスクは並列に処理でき，これら2つのタスク完了時間は，時間がかかる方のタスクの時間で決まる．3番目のタスクは逐次処理，次の2つのタスクは再び並列で処理できる．最後のタスクは逐次だ．このようなタスクの系列が，プロジェクトの時間を評価するには必要となる．

11.4.2 タスクの時間を推定する

これらのタスクの期間は，リソースの利用可能性や生産性，活動間の技術的・物理的な制約，契約上のコミットメントなど様々な要因が影響するため推定が困難なことが多い．

過去情報に裏打ちされた専門的な助言は可能な限り活用する．プロジェクトチームのメンバーも類似のプロジェクトの情報をもとに，タスクの期間や推奨される上限についての情報を提供できる．

タスク推定には複数の方法がある．この例では三点見積もり法を使う．三点見積もり法では，活動期間の見積もりの正確度を見積もりのリスク量に基づいて増やす．三点見積もりは，次の3種類の見積もり決定に基づく．

- 楽観的：活動期間を，最も確からしい推定の中の最良シナリオに基づいて決める．これは，タスク完了に必要な最小限の時間だ．

- 悲観的：活動期間を，最も確からしい推定の中の最悪シナリオに基づいて決める．これは，タスク完了に必要な最大限の時間だ．
- 最可能：活動期間を，従来の経験に照らし合わせて，実際に予想される値にする．

活動期間の最初の見積もりは，この3種類の見積もりの平均を使う．平均値は，最可能見積もりよりも正確度が普通は高い．

6つのタスクそれぞれにプロジェクトチームが3点見積もりをしたとする．表11.1はチームから出された表だ．

表 11.1 各タスクの時間表

Task	楽観的	悲観的	最可能
Task 1	3	5	8
Task 2	2	4	7
Task 3	3	5	9
Task 4	4	6	10
Task 5	3	5	9
Task 6	2	6	8

タスクの系列と各タスクの期間を定義したら，プロジェクトの全期間を見積もるアルゴリズムを開発できる．

11.4.3 プロジェクトスケジューリングのアルゴリズムを開発する

本項では，モンテカルロシミュレーションに基づいたプロジェクトのスケジューリングアルゴリズムを分析する．コード（montecarlo_tasks_scheduling.py）の各命令を1行ずつ見ていく．

1. アルゴリズムで使うライブラリのインポートから始めよう．

```
import numpy as np
import random
import pandas as pd
```

numpy ライブラリは 2.4.3 項参照．
random ライブラリは 2.7.1 項参照．
pandas ライブラリは 6.5 節の手順 1 参照．

2. 次に，パラメータと変数を初期化する．

```
N = 10000
TotalTime=[]
T =  np.empty(shape=(N,6))
```

N は生成する点の個数を表す．これらは乱数で，タスクの期間を定義するのに役立つ．TotalTime 変数は，プロジェクト完了に要する期間の N 個の推定を含むリストだ．最後の T 変数は，N 行 6 列の行列で，各タスクの完了に必要な期間についての N 個の推定を含む．

3. 11.4.2 項の表 11.1 で定義した三点見積もりの行列を設定する.

```
TaskTimes=[[3,5,8],
          [2,4,7],
          [3,5,9],
          [4,6,10],
          [3,5,9],
          [2,6,8]]
```

　この行列では，6 つのタスクの各行に，楽観的，悲観的，最可能，という 3 つの期間推定がある．
ここで，採用しようとする期間の分布の形を決めなければならない．

11.4.4　三角分布の検討

　シミュレーションモデルの開発では，確率事象が必要だ．シミュレーションは，しばしば，入力データの挙動について十分な情報が得られないうちに開始される．そのため，分布の決定に迫られる．情報が不十分な場合に適用される分布に三角分布がある．三角分布は，最小値，最大値，最頻値について仮定できる場合に使用する．

> 確率分布は，ある変数の値と，その値が観測される確率を結びつける数学モデルだ．
> 確率分布は，当該現象の挙動を参照母集団または与えられた標本が観測されるすべての場合に関連してモデル化するのに使う．

　3.4 節では，広く使われる確率分布を分析した．ある範囲で確率変数を定義する場合，信頼度が中央から両端へと線形で減少すると考えられるなら，いわゆる三角分布になる．この分布は，多くの状況でこの種のモデルのほうが一様分布より現実的なので，測定の不確かさを計算するのに非常に役立つ．

　三角分布は，確率密度関数が，図 11.4 のように，両端では 0 で，中間の最頻値までは線形の三角形を描く連続確率分布だ．標本が非常に小さく，最小値，最大値，最頻

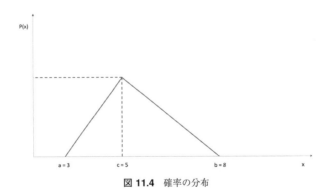

図 11.4　確率の分布

11.4 モンテカルロ森林管理を使ったプロジェクトのスケジュール管理

値を推定するモデルに使う．

分析するプロジェクトの最初のタスクを考えよう．期間を，楽観 (3)，最可能 (5)，悲観 (8) と3つ見積もった．横軸に見積もった3つの期間を，縦軸に発生確率を記したグラフを作成する (図 11.4)．三角分布を使うと，事象発生確率は，楽観と悲観の両端のとき 0，最可能のとき最大値をとる．その間では，図 11.4 に示すように，確率は楽観から最可能へと直線的に増加し，最可能から悲観まで直線的に減少する．

目標は，各タスクの期間を，区間 (0, 1) で一様分布の確率変数を用いてモデル化することだ．この確率変数を trand とすると，三角分布で，タスクがその時間で終わる確率の分布を評価できる．この三角分布では，$x = c$ を共通の縦の線として2つの三角形がある．区間 (a, b) を区間 $(0, 1)$ に1次式でうつした場合，c は $(c-a)/(b-a)$ に対応する．これを Lh で表す．その値は，次の式で与えられる．

$$\mathrm{Lh} = \frac{c-a}{b-a}$$

この式の項は次のようなものだ．
- a：楽観的期間
- b：悲観的期間
- c：最可能期間

こうすると，三角分布に従い，分散が次の式で記述される．

$$T = \begin{cases} a + \sqrt{\mathrm{trand} \times (b-a) \times (c-a)} & 0 < \mathrm{trand} < \mathrm{Lh} \\ b - \sqrt{(1-\mathrm{trand}) \times (b-a) \times (b-c)} & \mathrm{Lh} \leq \mathrm{trand} < 1 \end{cases}$$

この式によって，モンテカルロシミュレーションが行える．どのように行うかを見ていこう．

1. まず，三角分布の分離値を生成する．

```
Lh=[]
for i in range(6):
   Lh.append(((TaskTimes[i][1]-TaskTimes[i][0])
             /(TaskTimes[i][2]-TaskTimes[i][0])))
```

ここでは，リストを初期化して，for ループで6つのタスクについてそれぞれ Lh の値を求めて格納した．

2. 次に，2つの for ループと if 条件構造を用いてモンテカルロシミュレーションを行う．

```
for p in range(N):
   for i in range(6):
       trand=random.random()
       if (trand < Lh[i]):
           T[p][i] = TaskTimes[i][0] +
                    np.sqrt(trand*(TaskTimes[i][1]-TaskTimes[i][0])*
```

```
                    (TaskTimes[i][2]-TaskTimes[i][0]))
      else:
        T[p][i] = TaskTimes[i][2] - np.sqrt((1-trand)*
                    (TaskTimes[i][2]-TaskTimes[i][1])*
                    (TaskTimes[i][2]-TaskTimes[i][0]))
```

最初の for ループは乱数値を N 回生成し，次の for ループは 6 つのタスクの評価を行う．一方，if 条件構造は，Lh の値とは異なる 2 つの値を識別して，すでに定義した 2 つの式を使う．

3. 最後に N 回の反復で，プロジェクトの実行の全期間を推定する．

```
TotalTime.append( T[p][0]+
                  np.maximum(T[p][1],T[p][2]) +
                  np.maximum(T[p][3],T[p][4]) + T[p][5])
```

全期間の計算では，11.4.1 項で定義したスケジューリンググリッドを使う．この手続きは簡単だ．タスクが逐次的に行われるなら，時間を加えていく．もし並列に行われるなら，タスクの中の最大値を選ぶ．

4. 次に，得られた値を見ていこう．

```
Data = pd.DataFrame(T,columns=['Task1', 'Task2', 'Task3',
                               'Task4', 'Task5', 'Task6'])
pd.set_option('display.max_columns', None)
print(Data.describe())
```

モンテカルロ法で推定した期間の詳細統計量のために，期間を含む行列 ($N \times 6$) を pandas DataFrame に変換した．この理由は，pandas ライブラリにはデータセットからすぐに詳細統計量を抽出する有用な関数が揃っているからだ．実際，describe 関数を使い，たった 1 行でそれができる．

describe 関数は，データセットの分散と分布の形に関する有用な情報を返す一連の記述統計量を生成する．

pandas set.option 関数を使って，行列のすべての統計情報を表示するが，これはデフォルトで行われる．

これらの統計量を分析して，推定した期間が問題自体の限界値である楽観値と悲観値との間にあることが確認できた．実際，最小値と最大値がこれらの値に非常に近いことがわかる．さらに，標準偏差が単位値に近いこともわかる．最後に，10,000 個の値が生成されたことを確認できた（図 11.5）．

5. 期間の値の分布のヒストグラムを描いて形を分析できる．

```
hist = Data.hist(bins=10)
```

図 11.6 のヒストグラムが出力される．

このヒストグラムを分析すると，計算を始める前に想定したとおり，期間推定の三角分布が確認される．

11.4 モンテカルロ森林管理を使ったプロジェクトのスケジュール管理

```
          Task1          Task2          Task3
count  10000.000000  10000.000000  10000.000000
mean       5.334687      4.336086      5.662239
std        1.022804      1.027895      1.250554
min        3.015679      2.027039      3.031016
25%        4.581429      3.589910      4.728432
50%        5.254768      4.274976      5.526395
75%        6.058666      5.058137      6.559695
max        7.931496      6.958586      8.962228

          Task4          Task5          Task6
count  10000.000000  10000.000000  10000.000000
mean       6.676473      5.675249      5.326908
std        1.258054      1.248865      1.254785
min        4.035221      3.053461      2.034225
25%        5.735770      4.744179      4.425259
50%        6.545980      5.553995      5.461404
75%        7.591595      6.556427      6.266919
max        9.912979      8.967686      7.973863
```

図 11.5 DataFrame の値

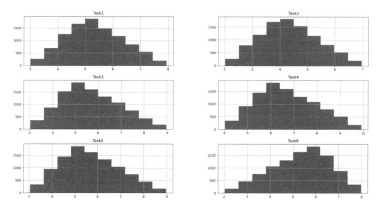

図 11.6 値のヒストグラム

6. こうなると，全期間の統計量だけ出力すればよい．最小値から始めよう．

```
print("Minimum project completion time = ",np.amin(TotalTime))
```

次の結果が返される．

```
Minimum project completion time = 14.966486785163458
```

平均値を分析しよう．

```
print("Mean project completion time = ",np.mean(TotalTime))
```

次の結果が返される．

```
Mean project completion time = 23.503585938922157
```

最後に，最大値を出力する．

```
print("Maximum project completion time = ",np.amax(TotalTime))
```

次の結果が出力される．

```
Maximum project completion time = 31.90064194829465
```

このようにして，モンテカルロシミュレーションに基づいてプロジェクトの完了に必要な期間の推定が得られた．

11.5 ま　と　め

本章では，プロジェクト管理に関係したモデルに基づいた実際的なモデルシミュレーションアプリケーションについて述べた．はじめに，プロジェクト管理の基本的な要素を調べ，これらの要因をシミュレーションして有用な情報を得るにはどうすればよいか検討した．

次に，小さな森を管理して木材を取引する問題に取り組んだ．この問題をマルコフ決定過程として扱い，その基本的な特徴をまとめ，実践的な議論に移った．問題の要素を定義して，ポリシー評価とポリシー改善のアルゴリズムを使い，最適森林管理ポリシーを得る方法を学んだ．この問題には，Python の MDPtoolbox パッケージを使った．

続けて，モンテカルロシミュレーションを用いたプロジェクトの実行期間の評価に取り組んだ．まず，タスク実行の図式で，逐次実行するタスクと並列実行するタスクを指定した．そして，タスク実行時間の三点見積もり法を学んだ．その後，プロジェクトの実行時間を，各段階をランダムに評価した三角分布でモデル化する方法を学んだ．最後に，プロジェクト全体の期間を 10,000 点の評価で行った．

次章では，故障診断手続きの基本概念を紹介する．そして，誘導モーターの故障診断モデルの実装方法を学ぶ．最後に，無人飛行機の故障診断システムの実装方法を学ぶ．

12

動的な系における故障診断のシミュレーションモデル

物理系は，そのライフサイクルにおいて，正常な動作を損なうような故障や誤動作に見舞われることがある．そのため，プラントには故障診断システムを導入し，重大な中断を防ぐ必要がある．故障診断システムとは，監視対象システム内の故障の可能性を特定できるシステムだ．保守段階において，故障の探索は，最も重要かつ高品質な作業で，体系的かつ決定論的に行う必要がある．故障の完全探索には，故障を決定づけたすべてのありうる原因を分析する必要がある．

本章では，シミュレーションモデルを使って故障診断に取り組む方法を学ぶ．まず，故障診断の基本概念を検討し，次に，モーターギアボックスの故障診断のためのモデル実装方法を学ぶ．最後に，無人飛行機の故障診断システムの実装方法を分析する．

本章では次のような内容を扱う．
- 故障診断入門
- モーターギアボックスの故障診断モデル
- 無人航空機の故障診断システム

12.1 技術要件

本章では，シミュレーションモデルを使って故障診断する技法を学ぶ．このテーマについては，代数と数理モデルの基本知識が必要だ．本章の Python コードを扱うには（本書付属の GitHub にある）次のファイルが必要だ．
- gearbox_fault_diagnosis.py
- UAV_detector.py

12.2 故障診断入門

診断法とは，機械に関連するパラメータの測定やデータの収集から得られた情報を，機械自体の実際の故障またはその兆候に関する情報に変換する手順だ．診断法は，特定の物理量と監視対象機械の特性の測定値を用いて，短期的・長期的な信頼性を評価・予測するために機械自体の状態や経時的な変化傾向に関する重要な情報を得る分析および合成活動の複雑さを要約したものだ．

自動化・自律化システムの高度な安全性・信頼性を確保するために，故障診断技術の活用はますます重要になってきた．実際，近年では，国際的な科学団体が，様々な種類のシステムの故障を診断する体系的なアプローチを開発するために多大な努力を払っている．そのような故障診断スキームの主な目的は，故障の発生を検出し（故障検出），故障の位置を特定し（故障隔離），故障の時間的進展を決定（故障特定）することだ．

12.2.1 故障診断手法の理解

典型的な故障診断システムの出力は，対象システムの故障による異常に応じた値をもつ，感度のある故障の種類ごとの変数集合だ．そして，故障発生に含まれる情報を抽出し，処理して，故障の検出，分離，特定を行う．故障診断に用いられる手法は，図12.1 に示すように，モデルに基づく，知識に基づく，データに基づくという3つの基本グループに分類できる．

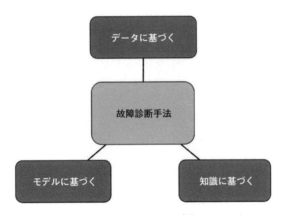

図 **12.1** 故障診断に用いられる手法のグループ

a. モデルベース方式の検討

モデルベース方式は，正確な数学モデルを活用して，故障の検出と診断の両方を効率的に行う．モデルは，対象部品の実際の劣化過程の記述に基づく．具体的には，物理法則に基づき，運転条件が資産の効率と寿命にどう影響するかをモデル化する．熱的，機械的，科学的，電気的といった重要な変数がモデルに含まれる．これらが機械系の健全性にどう影響するかを表現するのは非常に複雑な作業だ．よって，この種の解法に携わる人には，高度な専門知識とモデリングスキルが要求される．

> モデルを作成した後は，分析・モデル化段階で入力として使える，関連した変数を取得できるセンサーが必要だ．

この方式の利点は記述的なことだ．つまり，プロセスの物理的な記述に基づいているので，出力の原因を分析できることだ．結果として，検証や認証が可能となる．正確さに関しては，当該分野の専門家による分析・モデリングの質に強く依存する．他方で，欠点としては，実装が複雑でコストがかかり，また対象システムの特性に依存するので，再利用性や拡張性に乏しいことがある．

b. 知識ベース方式の説明

知識ベース方式も，モデル化するのが専門家のスキルと振る舞いなので，分野の専門家に依存する．目標は，専門家が有する知識を形式化して，自動的に再現・適用できるようにすることだ．

> エキスパートシステムとは，各分野の専門家から集めた知識ベースをもとに，推論・推理機構を適用して思考を模倣し，現実問題に対する支援や解決策を提供するプログラムだ．

この種のモデルを実装する一般的な方式は，ルールベースとファジー論理だ．前者は，実装の簡便さや解釈のしやすさなどの利点があるが，複雑な条件を表現するには不十分な場合や，ルールの数が非常に多くなると組合せ爆発を起こす危険がある．ファジー論理を用いると，より曖昧で不正確な入力でもシステムの状態を記述でき，モデルの形式化および記述をより単純化し，直感的なものにできる．このエキスパートシステムでも，モデルベース手法と同様に，結果はモデルによって達成される品質と詳細度に大きく依存し，課題ごとに非常に特殊化されており，一般化は困難だ．

c. データに基づいた方式の発見

データに基づいた方式は，マシンが収集したデータに統計学や機械学習の技法を適用して，部品の状態を認識できるようにする．

> この方式の狙いは，センサーや生産・保守活動のログから，機械の状態に関する最大限の情報をリアルタイムで取得し，個々のコンポーネントの劣化度やシステムの性能と関連づけられるようにすることだ．

この種の方式が，現在，実用上で最も多く使われている．それは，この方式には他の2方式に比べて次のような利点があるためだ．このデータ駆動方式では，効果を上げるために大量のデータが必要だが，最近の相互接続されたセンサー（IIoT）が利用できるようになったことで，このニーズを満たすことは易しくなった．この方式には，対象領域に特化した深い知識を必要としないという大きな利点がある．よって，モデルの最終的な性能に関して専門家の貢献がそれほど決定的ではなくなった．もちろん，専門家の貢献が入力として使用するデータの選択過程を加速させるのに有用なことは確かだが，他の方式と比べればその比重ははるかに小さい．

また，機械学習やデータマイニングの技法により，専門家自身もまだ知らない入力

パラメータとシステムの状態との関係を発見できるかもしれない．機械学習ベースのアルゴリズムを予測シナリオを開発するために使用して，特定分野に関する知識を抽出することができる．

12.2.2 機械学習ベースの方式

　機械学習に基づいたアルゴリズムは，開発者からの指令などを必要とせず，入力されたデータから自動的に知識を抽出する．このモデルでは，望ましい結果を得るために従うべきパターンをマシンが自律的に確立できるが，この特権的機能は人工知能の典型だ．これらのアルゴリズムを他と区別する学習過程では，訓練に必要なデータセットを受け取り，入力データと出力データとの関係を推定する．この関係が，システムが推定するモデルのパラメータを表す．

a. 問題定義

　機械学習に基づく適切なモデルの選択は，システムから達成したいとする目標に大きく依存する．実際，問題のモデル化は，目標によって大きく異なる．問題に対しては，診断と予防という2つの方式に大分類できる．診断システムの目的は，故障が発生したときにそれを検出し，特定することである．したがって，これは，システムを監視し，異常が発生したら報告し，どの部分が異常の影響を受けているかを示し，異常の種類を特定する．

　他方，予防システムは，故障の発生が近いかどうかの判断や，発生確率の推測を目的とする．明らかに，予防は先験的な分析であるため，介入コストの削減という点では，より大きな貢献になるが，その達成はより複雑で困難な目標だ．別の選択肢は，診断と予防の両方のソリューションを同じシステムで使用することで，それにより，予防に失敗した場合，診断で意思決定を支援する介入が可能となるという利点がある．この予防失敗のシナリオは，実は不可避なものだ．予測されたパターンに従わない故障もあるし，良い精度で予測可能な故障ですら，その発生すべてで特定できるとは限らないためだ．診断アプリケーションで得られた情報は，予測システムの追加入力として使用することができ，より高度で正確なモデルを構築することが可能となる．

b. 二項分類

　最も単純な方法は，故障検出を二項分類問題として表す，つまり，対象システムの状態を表すすべての入力に，2つの値のうちのどちらか1つをラベル付けするものだ．診断問題の場合，これはシステムが正しく機能しているかどうかを判断することであり，すべての可能な状態をこの2つのどちらかに分類することだ．これは，入力データにモデルの出力を表すラベルが付与されるという意味で教師あり学習だ．この場合，診断システムは入力データとラベルを結びつける関係を認識する．

　予防システムの場合は，解釈が，設定された時間内に対象システムが故障するかどうかの判断になる．この2つの意味の違いは，単にラベルの解釈の違いによるものだ．つまり，同じモデルで診断と予防の両問題を解決できるということだ．区別するのは，

モデルの訓練段階で使用するデータセットのラベル付けだ．

c. マルチクラス分類

マルチクラス分類は二項分類の一般化で，選択するラベルの個数が3以上に増えている．ただし，入力に対して選択するラベルは1つだけだ．

診断も予防も二項分類の場合を直感的に拡張する．診断では，正しく動く他に複数の良くない状態があり，予防では，複数の異常状態がある．予防診断のアプリケーションでは，故障までの時間間隔が問題になる．したがって，故障までの時間間隔で複数のラベルから決定することもある．

d. 回　　帰

予防問題のモデル化に回帰が使える．つまり，部品の耐用年数を前もって定めた時間間隔の連続値として推定することができる．この場合には，訓練データセットは，故障が想定される部品に関するデータだけを含むようにして，故障発生時から遡った時間間隔で入力のラベル付けをできるようにする．

この方式では，教師あり学習パラダイムに従うこともあり，その場合，入力データには連続出力値が付随する．

e. 異 常 検 知

診断問題の表現としては，さらに，異常検知問題と考える場合がある．つまり，モデルはシステムの運用で正常な状態に回復できるか，それとも，さらに逸脱して異常状態になるかを判断しなければならないという問題だ．

したがって，この問題の解釈は二項分類と非常に似ているが，この方法論は，半教師あり学習になるので，分類問題とは異なる．つまり，モデルは，正しい運用状態を表す入力からだけ学習し，訓練段階を終えた後は，モデルがその特性を知らない未知の異常状態を認識する必要がある．

f. データ収集

複雑な機械やシステムの故障を正確に診断するためには，データを収集し，高度な信号処理アルゴリズムを使用してデータを分析し，最終的に，故障を効率的に特定・分類するための適切な機能性を抽出することが必要だ．

データは，様々な方法で，動作中のマシンやシステムの状態を記述する物理量すべての測定により得られる．これらは，例えば物理的な値をセンサーデータと呼ばれる電気的な値に変換するセンサーを通して取得される．

例えば，ノイズ，振動，圧力，温度，湿度などがパラメータとなる物理量だが，故障との関連性は，対象システムによって大きく異なる．

通常，最新のオートメーションに基づく産業システムは，診断に必要なデータをすべて備えているものだ．もしも，データが備わっていないなら，センサーの追加が正しい故障特定戦略の第一歩となる．ただし，使用する材料のコード，機械の生産速度，

生産される部品の種類などといった，機械やプラントの静的な動作条件を時間の各瞬間に関連づけることによってデータを収集することも可能だ．この場合は，統計データが定義される．

さらに，対象システムとその部品に関するイベントやアクションの過去履歴からもデータを収集できる．これはログデータと呼ばれ，発見された故障や修理・交換の履歴などが含まれる．

故障診断について，基本概念を学んだので，実際的なシミュレーション問題に取り組むときだ．

12.3　モーターギアボックスの故障診断モデル

内燃機関が動力を発揮する回転域は狭い．その牽引力はギアを介して，様々な負荷の状況下で車輪に伝達される．ギア比の種類が多いほど，加速度，勾配，負荷，消費量，騒音など，様々なパラメータに対応できる．エンジンの性能を最適な範囲で維持するためには，エンジン本体と駆動輪の間の変速比を変えていくことが重要だ．そのためには，モーターと車輪の間に，一般に機械式ギアボックスと呼ばれる装置を挿入し，ユーザのニーズを満たす動作範囲でモーターを使用する．

エンジンと車輪の間の変速比が一定なら，エンジンの最大パワーをそこで引き出せるような曲線が得られる．しかし，多数の変速比をもつ多段ギアボックスでも，無限にある運転条件には対処しきれないので，エンジンの最適活用には近づけることしかできない．

ギアボックスは，入力ドライブシャフト，カウンターシャフト，出力ドライブシャフトという機械部品で構成される．この3つの部品には，それぞれ異なる大きさのスプロケットが噛み合わされており，これが異なるギア，つまりトルク比に対応する．クラッチとギアレバーを使うことで，必要なギアを自由に決めることができ，一般に，ギアが高いほど速度が上がる．

ギアボックスの構成部品は，互いに接触する機械部品であるため，摩耗し，破損することがある．破損した場合，エンジンを停止して，ギアボックスの部品を交換する必要がある．自動故障診断システムを使えば，ギアボックスが壊れる前に問題を発見できる．

今回の例題では，健全な状態と故障した状態という2つの動作状態でのギアボックスの振動を測定した加速度センサーのデータを使用する．センサーは，あらゆる動作の変化を検出できるようにお互いに逆向きに配置した．これらのデータは，ギアボックスの動作状態を分類するための様々なアルゴリズムの訓練に使用される．

このデータセットは，機械学習ベースのアルゴリズムを訓練する多数のプロジェクトを提供している，Kaggleのオープンデータリポジトリで公開されている．データセットのオリジナル版は，https://www.kaggle.com/datasets/brjapon/gearbox-fault-

12.3 モーターギアボックスの故障診断モデル

diagnosis から入手できる.

本節では，計算に無駄な負荷をかけないようデータセットのサイズを減らした．このデータセットは，2つのセンサーで検出された振動の測定値と，それに対応するエンジン動作分類，0 = 故障，1 = 健全を提供する．

いつものように，コード（gearbox_fault_diagnosis.py）を1行ずつ見ていく．

1. ライブラリのインポートから始める．

```
import pandas as pd
import seaborn as sns
from matplotlib import pyplot as plt
from sklearn.model_selection import train_test_split
from sklearn.linear_model import LogisticRegression
from sklearn.ensemble import RandomForestClassifier
from sklearn.neural_network import MLPClassifier
from sklearn.neighbors import KNeighborsClassifier
from sklearn.inspection import DecisionBoundaryDisplay
```

pandas ライブラリは 6.5 節の手順 1 参照．seaborn ライブラリは 3.4.5 項参照．matplotlib ライブラリは高品質グラフを描く Python ライブラリだ．そして，一連のモデルをインポートしたが，使用時にその詳細を分析して論じる．

2. 次にデータをアップロードする．

```
data = pd.read_excel('fault.dataset.xlsx')
```

そのために pandas ライブラリの read_excel モジュールを使う．read_excel メソッドは Excel のテーブルを読み込んで pandas DataFrame にする．

3. データ分析を始める前に，探索的分析を行いデータの分布がどうなっているか予備的な知識を蓄えておく．インポートした DataFrame の先頭 10 行を表示するために，次のように head 関数を使う．

```
print(data.head(10))
```

先頭 10 行は次のように表示される．

```
         a1        a2  state
0   2.350390  1.454870     0
1   2.452970  1.400100     0
2  -0.241284 -0.267390     0
3   1.130270 -0.890918     0
4  -1.296140  0.980479     0
5  -1.650290  1.011530     0
6   0.429159 -1.163700     0
7  -0.191893 -2.945480     0
8   1.417660 -3.317650     0
9   1.699620 -2.446150     0
```

見てわかるように，データセットには，2つのセンサーによる振動測定 (a1, a2)

と対応するエンジン動作の分類という 3 カラムがある．
4. 情報を抽出するために，次のように info 関数を呼び出す．

```
print(data.info())
```

このメソッドは，dtype インデックス，dtypes カラム，非 null 値，メモリ使用量など DataFrame の要約を出力する．次の結果が返される．

```
<class 'pandas.core.frame.DataFrame'>
RangeIndex: 20000 entries, 0 to 19999
Data columns (total 3 columns):
 #   Column  Non-Null Count  Dtype
---  ------  --------------  -----
 0   a1      20000 non-null  float64
 1   a2      20000 non-null  float64
 2   state   20000 non-null  int64
dtypes: float64(2), int64(1)
memory usage: 468.9 KB
None
```

エントリ数 (20,000) やカラム数 (3) など有用な情報が報告されている．基本的に，要素数，欠損データの可能性，型などが全特徴量についてリストされる．このようにして，分析する変数の型がわかる．実際，この結果の分析で，float64(2), int64(1) という 2 つの型がわかる．
5. 中に含まれるデータのプレビューを得たら，基本統計量を計算できる．そのために次のように describe 関数を使う．

```
DataStat = data.describe()
print(DataStat)
```

次の結果が返される．

```
                 a1             a2         state
count  20000.000000   20000.000000  20000.000000
mean       0.024046       0.006011      0.500000
std        5.897926       4.231061      0.500013
min      -36.989500     -23.710700      0.000000
25%       -3.107135      -2.360157      0.000000
50%       -0.043941       0.071639      0.500000
75%        3.011813       2.520958      1.000000
max       33.375500      20.906000      1.000000
```

describe 関数は，中心傾向と NaN 値を除いたデータセットの分布を要約する記述統計量を生成する．これは，数値型，オブジェクト型，混合データ型の DataFrame カラム集合を分析する．
6. ここまでは，第 3 変数 (state) が二値変数を表すという証拠はまだない．そのために，引数を object 型のデータとして describe 関数を使う．

12.3 モーターギアボックスの故障診断モデル

```
DataStatCat = data.astype('object').describe()
print(DataStatCat)
```

次の結果が返される.

```
                 a1             a2  state
count   20000.00000    20000.00000  20000
unique  19888.00000    19877.00000      2
top        -1.93396        1.32888      0
freq        2.00000        2.00000  10000
```

見てわかるように state 変数には 2 つの値しかなく, それぞれ 1,000 回だ.
7. データの予備的分析として, 次にグラフを利用する. 例えば, 2 つのセンサー (a1, a2) の検出データの分布を箱ひげ図にする.

```
fig, axes = plt.subplots(1,2, figsize=(18, 10))
sns.boxplot(ax=axes[0],x='state', y='a1', data=data)
sns.boxplot(ax=axes[1],x='state', y='a2', data=data)
plt.ylim(-40, 40)
plt.show()
```

箱ひげ図は, 標本の分布を分散と位置の指標で表現したグラフだ. DataFrame の箱ひげ図を描くには seaborn パッケージを使った. 図 12.2 が返される.

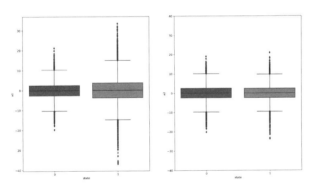

図 12.2 センサー測定データの箱ひげ図

図 12.2 を分析すると, 2 つのセンサーが収集したデータの分布が異なることがわかる. センサー a1 では, 壊れた状態と健全な状態の間で振動値の分散が異なる. これは, このセンサーの位置で故障が発生していることを示唆する.
8. この時点で, 動作条件の分類アルゴリズムを訓練するために, データを入力 (X) と目標 (Y) に分ける必要がある.

```
X = data.drop('state', axis = 1)
print('X shape = ',X.shape)
```

```
Y = data['state']
print('Y shape = ',Y.shape)
```

9. 目標データを入力データから分離したら，次に，データを分類アルゴリズムの訓練用と性能評価用の2つのグループに分ける必要がある．

```
X_train, X_test, Y_train, Y_test = train_test_split(X, Y,
    test_size = 0.30, random_state = 1)
print('X train shape = ',X_train.shape)
print('X test shape = ', X_test.shape)
print('Y train shape = ', Y_train.shape)
print('Y test shape = ',Y_test.shape)
```

　train_test_split 関数は配列や行列をランダムに訓練集合とテスト集合に分ける．4つの引数が渡されている．最初の2つは，X（入力）とY（目標）pandas DataFrame だ．後の2引数は次のとおりだ．
- test_size：0.0 から 1.0 の間で，テスト部分の割合を示す．
- random_state：乱数生成器のシード

10. 最後に，得られた4つのデータセットを画面に表示する．

```
X train shape = (14000, 2)
X test shape = (6000, 2)
Y train shape = (14000,)
Y test shape = (6000,)
```

11. データを注意して分割したので，アルゴリズムを訓練できる．ロジスティック回帰に基づいたモデルから始めよう．

```
lr_model = LogisticRegression(random_state=0).fit(X_train, Y_train)
lr_model_score = lr_model.score(X_test, Y_test)
print('Logistic Regression Model Score = ', lr_model_score)
```

　ロジスティック回帰モデルでは，応答変数はバイナリ，つまり二値変数だ．この種の変数は，相互に排他的な2つの値，この場合は0か1，のどちらかしか取れない．統計手法を用いて，ロジスティック回帰から，ある観測つまり入力がクラスに属するかどうかの確率を計算できる．ロジスティック回帰は実際，従属変数と1つ以上の独立変数との関係をロジスティック関数で確率を推定して評価する予測分析として使用される．この確率値は，予測のために二値化される．

　ロジスティック回帰に基づいたモデルの訓練には sklearn.linear_model モジュールの LogisticRegression 関数を使う．このモジュールには回帰問題や分類問題などいくつかの問題を解く関数が複数用意されている．LogisticRegression 関数は，newton-cg, sag, saga, lbfgs ソルバーを用いて正則化ロジスティック回帰を実装している．モデルの訓練後，アルゴリズ

ムが見ていないデータ（X_test, Y_test）を使ってテストした．次のような結果が得られた．

```
Logistic Regression Model Score =  0.49333333333333335
```

これは信頼度スコアで，0 から 1 の間で，予測モデルの出力が正しい確率を表す．つまり，データの半分しか正しく分類されていないことを物語る．

12. そこで，分類結果を可視化して見よう．そのために，2 つのデータクラスを示すグラフを描き，分類領域の輪郭を示す．

```
ax1 = DecisionBoundaryDisplay.from_estimator(
    lr_model, X_train, response_method="predict", alpha=0.5)
ax1.ax_.scatter(X_train.iloc[:,0], X_train.iloc[:,1],
c=Y_train, edgecolor="k")
plt.show()
```

分類領域の輪郭を描くために，sklearn.inspection モジュールの Decision BoundaryDisplay 関数を使った．sklearn.inspection モジュールは，モデルの予測をより良く理解して，予測に影響を与えるものを特定するのに役立つ．このモジュールのツールを活用して，モデルの仮定やバイアスを評価し，より良いモデルを設計したり，モデルの問題を診断したりできる．図 12.3 が出力される．

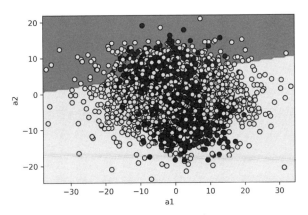

図 **12.3** ロジスティック回帰に基づくモデルが返す 2 つの動作クラスの分布と決定境界

図 12.3 は明らかに，2 つの特徴量（a1, a2）の空間で 2 つのクラスが重なっていることを示す．空間はモデルにより 2 つの部分に分けられているが，この分離は 2 つのクラスを効果的に特定することができていない（score = 0.49）．

13. そこで，ランダムフォレストアルゴリズムを使って分類性能を改善できないか見てみよう．

```
rm_model = RandomForestClassifier(max_depth=2,
random_state=0).fit(X_train, Y_train)
rm_model_score = rm_model.score(X_test, Y_test)
print('Random Forest Model Score = ', rm_model_score)
```

　ある事象の予測値を得たい場合，単一の最良予測器よりも複数の予測器を使う方が効果的で，ほとんどの場合，より良い予測が得られる．このような予測器の集合をアンサンブルと呼び，この手法をアンサンブル学習と呼ぶ．この手法を活用する方法論をアンサンブル法と呼ぶ．それぞれが異なる訓練集合からなる決定木のグループで最終的な予測を提供するものをランダムフォレストと呼ぶ．これは単純だが最も強力な機械学習アルゴリズムだ．ランダムフォレストアルゴリズムは，一般にバギング法で訓練された決定木の集合で，離散問題，分類，連続回帰に使われる．この例題は，連続回帰に属す．このアルゴリズムでは，訓練集合の割当に加えてさらに次のようにランダム性を加える．つまり，ノード分割の条件として最適な特徴量を探す代わりに，特徴量そのもののグローバル集合のランダムな部分集合の中で最適な特徴量を探す．これによって個々の決定木がより多様になる．

　ランダムフォレストに基づいたモデルの訓練には，sklearn.ensemble モジュールの RandomForestClassifier 関数を使った．次の2引数を渡した．
- max_depth：木の最大深さ
- random_state：標本のブートストラッピングに使う乱数性のシード

　この他に入力変数と目標変数を渡した．今回もアルゴリズムが見ていないデータ（X_test, Y_test）を使ってテストした．次のような結果が得られた．

```
Random Forest Model Score =  0.5838333333333333
```

　分類器の性能を大幅に改善したが，満足できる結果にはまだ遠い．分類を可視化してみよう．

```
ax2 = DecisionBoundaryDisplay.from_estimator(
    rm_model, X_train, response_method="predict", alpha=0.5)
ax2.ax_.scatter(X_train.iloc[:,0], X_train.iloc[:,1],
c=Y_train, edgecolor="k")
plt.show()
```

　図 12.4 が返される．
　この場合は，領域がより選択的に分割され，分類器による性能の向上を示す．
14. しかし，まだ満足していない．分類では常に良い結果を示す ANN を試してみよう．

```
mlp_model = MLPClassifier(random_state=1, max_iter=300).
fit(X_train, Y_train)
mlp_model_score = mlp_model.score(X_test, Y_test)
print('Artificial Neural Network Model Score = ', mlp_model_score)
```

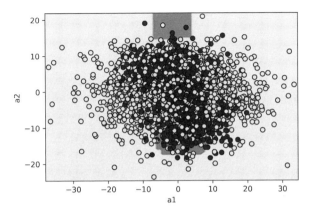

図 12.4 ランダムフォレスト分類器に基づくモデルが返す 2 つの動作クラスの分布と決定境界

10 章では，回帰問題と分類問題の両方に対応するニューラルネットワークのきわめて高い汎用性を学んだ．今回の例題では，sklearn.neural_network モジュールの MLPClassifier 関数を使った．このモジュールにはニューラルネットワークに基づいたモデルが用意されている．MLPClassifier 関数は多層パーセプトロン分類器を実装する．次の 2 引数が渡された．

- random_state：重みとバイアスの初期化に使う乱数生成器のシード
- max_iter：反復の最大回数

この他に入力変数と目標変数を渡した．今回もアルゴリズムが見ていないデータ（X_test, Y_test）を使ってテストした．次のような結果が得られた．

```
Artificial Neural Network Model Score =  0.5955
```

分類をさらに改善できた．グラフを見てみよう．

```
ax3 = DecisionBoundaryDisplay.from_estimator(
    mlp_model, X_train, response_method="predict", alpha=0.5)
ax3.ax_.scatter(X_train.iloc[:,0], X_train.iloc[:,1],
c=Y_train, edgecolor="k")
plt.show()
```

図 12.5 が出力される．

図 12.5 では領域の細分化がさらに進み，分類器の性能が向上していることがわかる．

15. 最後に，K 最近傍（K-nearest neighbors, KNN）アルゴリズムに基づいた分類器ではどうなるかを試してみよう．

```
kn_model= KNeighborsClassifier(n_neighbors=2).fit(X_train, Y_train)
kn_model_score = kn_model.score(X_test, Y_test)
```

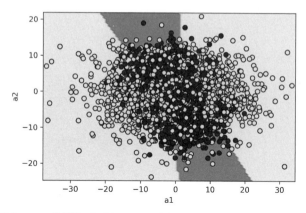

図 12.5 ANN 分類器に基づくモデルが返す 2 つの動作クラスの分布と決定境界

```
print('K-nearest neighbors Model score =', kn_model_score)
```

KNN は，分類のための教師あり機械学習アルゴリズムだ．これは，ベクトルクラスの分類法についての規則を学習するのではなく，学習データセット全体を格納するので遅延学習器とも呼ばれる．アルゴリズム自体は非常に簡単で，次の 3 ステップにまとめられる．

I. 数 k と距離の指標を選択する．
II. 分類したい標本に最も近い k 個の要素を見つける．
III. 多数決でクラスラベルを割り当てる．

KNN アルゴリズムは，選択された指標に基づいて，学習データセットの中から，分類したい点に最も近い（最も似ている）k 個の標本を見つける．そして，その点のクラスをその k 個の近傍が属するクラスに基づく多数決で決定する．このメモリに基づいた方式の利点は，学習ベクトルを追加したときに分類器が即座に適応できることだ．他方で欠点は，新しい標本を分類する計算量が，学習ベクトルの個数に対して線形に増えることだ．さらに，実際には学習しないので，どの学習ベクトルも前もって無視できないことだ．よって，記憶容量と計算すべき距離の個数が，大規模なデータセットを扱う際に重要な問題となる．

sklearn.neighbors モジュールの K-neighborsClassifier 関数を使った．このモジュールには，教師なし・教師ありの近傍学習アルゴリズムを訓練するための便利なツールが用意されている．引数は 1 つだけ渡した．

• n_neighbors：使用する近傍の個数

次のスコアが返された．

```
K-nearest neighbors Model score = 0.5531666666666667
```

この場合は，先程の 2 つのアルゴリズムを越える改善は見られない．しかし，

ロジスティック回帰の結果よりはマシだ.
分類領域はどうなっているかを見よう.

```
ax4 = DecisionBoundaryDisplay.from_estimator(
    kn_model, X_train, response_method="predict", alpha=0.5)
ax4.ax_.scatter(X_train.iloc[:,0], X_train.iloc[:,1],
c=Y_train, edgecolor="k")
plt.show()
```

図 12.6 が出力される.

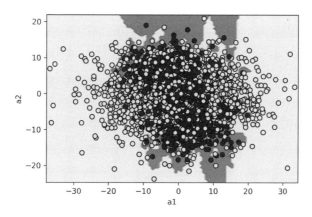

図 **12.6** KNN アルゴリズムに基づくモデルが返す 2 つの動作クラスの分布と決定境界

境界判定は,2 つのクラス間の対応でより局所的になっているように見えるが,データ分類の難しさは変わらない.

エンジンギアボックスの故障を自動識別するシステムのシミュレーションモデルを作成する方法について見てきたので,次は,ドローンの故障を特定するシステムをシミュレーションするとどうなるかを見てみよう.

12.4 無人航空機の故障診断システム

技術の進歩により,自律的に飛行を管理できる優れた能力を持つ航空機が誕生した.このカテゴリは,UAV(unmanned aerial vehicle)とも呼ばれ,無人で飛行し,パイロットがいる従来の航空機に比べ,運用コストの大幅な削減,人には良くない環境での運用,また,自然災害などの俯瞰的な探知へのタイムリーな利用などの利点がある.当初は軍事分野で退屈な任務(単調で長時間に及ぶ監視・偵察),不快な任務(パイロットの安全が脅かされる危険性),危険な任務(パイロットの命にかかわる危険性)などにのみ使用されていたが,現在では現代航空学の未来を象徴するものとなっ

ている．その莫大な可能性，軍事活動での成功，マイクロ・ナノテクノロジー分野での進歩により，産業界と大学の両方が，民間と軍事の幅広い分野で使用できる，より近代的で信頼性の高いUAVシステムの開発に取り組んでいる．

UAVの世界的な普及は，これまで知られていなかった新たな課題を浮き彫りにしている．UAVは便利な半面，問題や危険性が伴う．1つの問題は飛行の安全性，地上に墜落したらどうなるのかだ．さらに，UAVは小型なため，レーダーでの識別が困難だ．この特徴から，悪人によって不正目的に利用された．ドローンを使った麻薬やスマホの刑務所への持ち込み，テロリストの攻撃などが最近のニュースに取り上げられた．このような状況では，複雑な都市空間においてUAVの存在を自動検出するシステムの開発は非常に重要だ．

この例題では，機密性の高いターゲットの周辺のWiFiトラフィックを監視して，UAVの存在を特定する方法を検討する．

そのために，https://archive.ics.uci.edu/dataset/564/unmanned+aerial+vehicle+uav+intrusion+detection というURLにあるUCI機械学習リポジトリのデータセットを使う．

いつものように，コード（UAV_detector.py）を1行ずつ見ていく．

1. ライブラリのインポートから始める．

```
import pandas as pd
from sklearn.model_selection import train_test_split
from sklearn.svm import SVC
import matplotlib.pyplot as plt
from sklearn.feature_selection import SelectKBest, chi2
```

pandasライブラリは6.5節の手順1参照．そして，sklearn.model_selectionモジュールのtrain_test_split関数とsklearn.svmモジュールのSVC関数をインポートする．図のトレースのためにmatplotlibライブラリをインポートして，最後にsklearn.feature_selectionモジュールからSelectKBest関数とchi2関数をインポートする．関数の詳細な説明は，使用箇所で行う．

2. データセットのインポートに進もう．

```
data = pd.read_excel('UAV_WiFi.xlsx')
```

そのためにpandasライブラリのread_excelモジュールを使う．read_excelメソッドはExcelのテーブルを読み込んでpandas DataFrameにする．

データ分析を始める前に，探索的分析を行いデータの分布を理解し予備的な知識を蓄えておく．統計量を表示するために，次のようにinfo関数を使う．

```
print(data.info())
```

図12.7のようなデータが返される．

このリストからデータセットにあるすべての特徴量を特定できる．17629デー

```
<class 'pandas.core.frame.DataFrame'>
RangeIndex: 17629 entries, 0 to 17628
Data columns (total 55 columns):
 #   Column                         Non-Null Count  Dtype
---  ------                         --------------  -----
 0   uplink_size_mean               17629 non-null  float64
 1   uplink_size_median             17629 non-null  float64
 2   uplink_size_MAD                17629 non-null  float64
 3   uplink_size_STD                17629 non-null  float64
 4   uplink_size_Skewness           17629 non-null  float64
 5   uplink_size_Kurtosis           17629 non-null  float64
 6   uplink_size_MAX                17629 non-null  float64
 7   uplink_size_MIN                17629 non-null  float64
 8   uplink_size_MeanSquare         17629 non-null  float64
 9   downlink_size_mean             17629 non-null  float64
 10  downlink_size_median           17629 non-null  float64
 11  downlink_size_MAD              17629 non-null  float64
 12  downlink_size_STD              17629 non-null  float64
 13  downlink_size_Skewness         17629 non-null  float64
 14  downlink_size_Kurtosis         17629 non-null  float64
 15  downlink_size_MAX              17629 non-null  int64
 16  downlink_size_MIN              17629 non-null  int64
 17  downlink_size_MeanSquare       17629 non-null  float64
 18  both_links_size_mean           17629 non-null  float64
 19  both_links_size_median         17629 non-null  float64
 20  both_links_size_MAD            17629 non-null  float64
 21  both_links_size_STD            17629 non-null  float64
 22  both_links_size_Skewness       17629 non-null  float64
 23  both_links_size_Kurtosis       17629 non-null  float64
 24  both_links_size_MAX            17629 non-null  float64
 25  both_links_size_MIN            17629 non-null  float64
 26  both_links_size_MeanSquare     17629 non-null  float64
 27  uplink_interval_mean           17629 non-null  float64
 28  uplink_interval_median         17629 non-null  float64
 29  uplink_interval_MAD            17629 non-null  float64
 30  uplink_interval_STD            17629 non-null  float64
 31  uplink_interval_Skewness       17629 non-null  float64
 32  uplink_interval_Kurtosis       17629 non-null  float64
 33  uplink_interval_MAX            17629 non-null  int64
 34  uplink_interval_MIN            17629 non-null  int64
 35  uplink_interval_MeanSquare     17629 non-null  float64
 36  downlink_interval_mean         17629 non-null  float64
 37  downlink_interval_median       17629 non-null  float64
 38  downlink_interval_MAD          17629 non-null  float64
 39  downlink_interval_STD          17629 non-null  float64
 40  downlink_interval_Skewness     17629 non-null  float64
 41  downlink_interval_Kurtosis     17629 non-null  float64
 42  downlink_interval_MAX          17629 non-null  float64
 43  downlink_interval_MIN          17629 non-null  float64
 44  downlink_interval_MeanSquare   17629 non-null  float64
 45  both_links_interval_mean       17629 non-null  float64
 46  both_links_interval_median     17629 non-null  float64
 47  both_links_interval_MAD        17629 non-null  float64
 48  both_links_interval_STD        17629 non-null  float64
 49  both_links_interval_Skewness   17629 non-null  float64
 50  both_links_interval_Kurtosis   17629 non-null  float64
 51  both_links_interval_MAX        17629 non-null  int64
 52  both_links_interval_MIN        17629 non-null  int64
 53  both_links_interval_MeanSquare 17629 non-null  float64
 54  target                         17629 non-null  int64
dtypes: float64(48), int64(7)
memory usage: 7.4 MB
None
```

図 12.7 データセットの特徴量リストとデータの出現数とデータ型

タレコードがあり，54 特徴量のうち 53 が入力データで，最後が target という名前でデータ分類ラベル（1 = UAV, 0 = UAV でない）を表すことがわかる．

データから他の統計量も取り出そう．

```
DataStatCat = data.astype('object').describe()
print(DataStatCat)
```

次のようにデータがリストされる．

	uplink_size_mean	...	target
count	17629.000000	...	17629
unique	17622.000000	...	2
top	0.003465	...	1
freq	2.000000	...	9760

最も興味深いのは，target 変数に関して，二項データ（2 種類しかない）であることと，2 つの分布が均衡していること（クラス 1 の頻度が 9760，他方が 17629 − 9760 = 7869 でほぼ頻度が等しい）が確認できたことだ．

3. 入力データを target から分離する．

```
X = data.drop('target', axis = 1)
print('X shape = ',X.shape)
Y = data['target']
print('Y shape = ',Y.shape)
```

次の結果が得られる．

```
X shape =  (17629, 54)
Y shape =  (17629,)
```

4. 機密性の高いターゲットの周辺に UAV がいるか特定できるように分類器を訓練するには，データを 2 つに分ける必要がある．最初の集合は訓練用，残りの集合は分類器が正しく動作しているか検証するためだ．

```
X_train, X_test, Y_train, Y_test = train_test_split(X, Y,
test_size = 0.30, random_state = 1)
print('X train shape = ',X_train.shape)
print('X test shape = ', X_test.shape)
print('Y train shape = ', Y_train.shape)
print('Y test shape = ',Y_test.shape)
```

train_test_split 関数は配列や行列をランダムに訓練集合とテスト集合に分ける．次の結果が出力される．

```
X train shape =  (12340, 54)
X test shape =  (5289, 54)
Y train shape =  (12340,)
Y test shape =  (5289,)
```

データの 70%を訓練用に，残りの 30%をテスト用に使う．

5. サポートベクターに基づいた分類器を訓練する．

```
SVC_model = SVC(gamma='scale', random_state=0).fit(X_train, Y_train)
SVC_model_score = SVC_model.score(X_test, Y_test)
print('Support Vector Classification Model Score = ', SVC_model_score)
```

サポートベクターマシン (support vector machine, SVM) は，AT&T のベル研で 1990 年代に開発された，回帰とパターン分類のための教師あり学習法だ．SVM は，分類誤差を最小化し，距離マージンを最大化するため，最大マージン分類器として知られる．SVM は，ニューラルネットワークの古典的学習技法とは異なり，多項式分類器の代替学習法とも考えられる．単層ニューラルネットワークには効率的な学習アルゴリズムがあるが，線形分離可能なデータの場合にのみ有効だ．多層ニューラルネットワークは，非線形関数を表現できるが，重み空間の次元数が多くて学習が難しく，バックプロパゲーションのような一般的手法でネットワークの重みを求めるのに非凸無制約最適化系を解くのだが不定数の局所最小値がある．

SVM の訓練技法は，このような問題を回避する．効率的なアルゴリズムがあり，複雑な非線形関数を表せる．ネットワークの特性パラメータは，等式制約または箱型制約（パラメータの値が区間内に収まること）を持つ凸二次計画問題を解くことで得られ，単一の大域最小値となる．

SVM に基づいたモデルの訓練には sklearn.svm モジュールの SVC 関数を使う．次の 2 引数を渡す．

- gamma：カーネル係数．gamma = 1/(n_features* X.var()) に固定するスケールカーネルを使う．
- random_state：例題の再現性のための乱数生成器のシード．

それから，訓練したモデルをテストデータで検査した．次の結果が得られた[*1)]．

```
Support Vector Classification Model Score
=  0.5517110985063339
```

これはモデルの平均精度だ．分類モデルの精度は，モデルが訓練では見たことのないテストに使用したデータセットでの予測の正答率を返す．これは，入力の総数に対する正しい推定値の個数の比率に相当する．

50%強の正答率では満足できないので，分類器の性能を向上させる方法を考える．入力された特徴量を用いて対象を分類する場合，特徴量のばらつきが結果に影響する．

入力特徴量のデータのばらつきがどれだけ異なるか評価するために，次のように箱ひげ図を描く．

```
first_10_columns = X.iloc[:,0:5]
plt.figure(figsize=(10,5))
first_10_columns.boxplot()
```

図 12.8 の箱ひげ図が表示される．

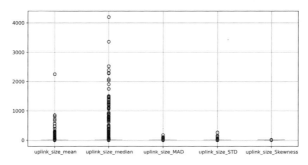

図 12.8 入力データの先頭 5 特徴量の箱ひげ図

このように，先頭 5 特徴量ですでに変動幅が大きく異なることがわかる．他はどうなるかは誰にもわからない．このような場合にはデータスケーリングが望ましい．10.4.2 項で見たようにスケール変更によって値を共通範囲に収め，初期データセットのばらつき特性を保証できる．このようにすれば，異なる分布に属する

[*1)] 訳注：翻訳時の実行では，結果は 1.0 になった．ライブラリの更新によるものと思われる．以下の記述は，原書執筆時の状況によるもので，そのままにしてある．

変数や，異なる測定単位で表現された変数を比較できる．

この例では，（特徴量スケーリングと普通呼ばれる）min-max 手法を用いて，データのスケールをすべて 0～1 の範囲にする．計算式は次のようになる．

$$x_{\text{scaled}} = \frac{x - x_{\min}}{x_{\max} - x_{\min}}$$

この計算式を Python で書き直す．

```
X_scaled = (X-X.min())/(X.max()-X.min())
```

データのばらつきがどのように変化したかを，入力データセットの先頭 5 特徴量の箱ひげ図を描いて確認する．

```
first_10_columns = X_scaled.iloc[:,0:5]
plt.figure(figsize=(10,5))
first_10_columns.boxplot()
```

図 12.9 の箱ひげ図が表示される．

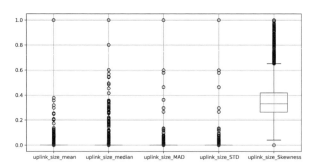

図 12.9 データスケーリング後の入力データの先頭 5 特徴量の箱ひげ図

図 12.9 を見て図 12.8 と比較すると，データのばらつきの範囲が大幅に収まったことがわかる．今では，すべての変数が範囲 [0, 1] で変動する．

6. しかし，これだけでは分類器の性能を向上させられないかもしれないので，特徴量を選択することにした．特徴量選択は，元の変数の部分集合を繰り返し選択しては，予測誤差を比較することにより行われる．誤差が最小になる変数の組合せを選択特徴量とラベル付けして，機械学習アルゴリズムの入力に使う．特徴量選択では事前に適切な基準を設定する必要がある．通常，この選択基準で，様々な部分集合に適合したモデルの予測誤差尺度を最小にする．この選択基準に基づき，選択アルゴリズムは測定される応答を最適にモデル化する予測子の部分集合を求める．これは，必要または除外される特性や部分集合のサイズなどの制約を受ける．

特徴量選択には次のように SelectKBest 関数を使う．

12.4 無人航空機の故障診断システム

```
best_input_columns = SelectKBest(chi2, k=10).fit(X_scaled, Y)
sel_index = best_input_columns.get_support()
best_X = X_scaled.loc[: , sel_index]
```

SelectKBest 関数は，上から k 個のスコアの特徴量を選択する．スコア関数が引数として渡され，fit 関数の引数の (X_scaled,Y) に適用される．スコア関数はスコアの配列を返し，SelectKBest 関数は最高スコアの特徴量を選択する．スコア関数には，非負特徴量とクラスの間のカイ二乗特徴量を計算する chi2 関数を使う．

最高 10 特徴量を選択したら，初期データセットから抽出して，この 10 特徴量だけからなる新たな入力データセット (best_X) を作る．

興味があれば，どんなものか見てみよう．

```
feature_selected = best_X.columns.values.tolist()
print("The best 10 feature selected are:", feature_selected)
```

次の特徴量が選ばれた．

```
The best 10 feature selected are: [' downlink_size_
mean', ' downlink_size_median', ' downlink_size_MAD',
' downlink_size_MAX', ' downlink_size_MIN', ' downlink_
size_MeanSquare', ' uplink_interval_STD', ' uplink_
interval_Kurtosis', ' uplink_interval_MIN', ' both_links_
interval_MIN']
```

最高の特徴量の新たなデータセットができたので，再度データを分割しよう（訓練 70%，テスト 30%）．

```
X_train, X_test, Y_train, Y_test = train_test_
split(best_X, Y, test_size = 0.30, random_state = 1)
print '(X train shape = ',X_train.shape)
print '(X test shape = ', X_test.shape)
print '(Y train shape = ', Y_train.shape)
print '(Y test shape = ',Y_test.shape)
```

次の部分集合が作られた．

```
X train shape =  (12340, 10)
X test shape =  (5289, 10)
Y train shape =  (12340,)
Y test shape =  (5289,)
```

最終的に SVM に基づいた分類モデルを再訓練する．

```
SVC_model = SVC(gamma='auto',random_state=0).fit(X_train, Y_train)
SVC_model_score = SVC_model.score(X_test, Y_test)
print('Support Vector Classification Model Score = ', SVC_model_score)
```

次の結果が返される．

```
Support Vector Classification Model Score =  1.0
```

悪くない改善で，サポートベクターのスコアが 0.55 から 1.0 になった．

12.5 ま と め

本章では，シミュレーションモデルを用いた故障診断の方法を学んだ．故障診断の基本的な考え方から始めて，モーターギアボックスの故障診断のためのモデルの実装方法を学んだ．最後に，無人航空機の故障診断システムの実装方法を分析した．

次章では，これまで見てきたシミュレーションモデリングのプロセスを整理する．そして，実際に使用されているシミュレーションモデリングアプリケーションを探索する．最後に，シミュレーションモデリングに関する今後の課題を明らかにする．

13

―― 次 は 何 か ――

　本章では，本書でこれまで学んできたことをまとめて，次のステップについて述べる．獲得したスキルを他のプロジェクトにどう応用するか，シミュレーションモデルを作って使っていく実際の課題は何か，データサイエンティストが使う他の技術ではどうかなどを学ぶ．本章を終える頃には，シミュレーションモデルを作って使うことにまつわる問題をより良く理解できており，機械学習についてのスキルを磨く上で役立つリソースや技法についての知識も広がっているだろう．

　本章では次のような内容を扱う．
- シミュレーションモデルに関する基本概念のまとめ
- 実生活へのシミュレーションモデルの応用
- シミュレーションモデリングの次のステップ

13.1　シミュレーションモデルに関する基本概念のまとめ

　現象を効果的に表現する数学モデルが開発できない場合に有用なシミュレーションモデルは，実プロセスの動作を模倣する．このシミュレーションプロセスには，分析対象システムの履歴を人工的に生成することが含まれ，その履歴を観測して，システムの動作特性に関する情報を追跡し，それに基づいた意思決定が行える．

　古くから様々な分野で意思決定過程にシミュレーションモデルがツールとして広く使われている．シミュレーションモデルは，数学的・論理的・記号的な関係を用いて表現されたシステムの挙動に関する一連の仮定に基づいて構築され，経時的なシステムの挙動を研究するために使われる．システムを構成する様々なエンティティがそのような関係になっている．モデルの目的は，システムの変化をシミュレーションして，その変化が実際のシステムに及ぼす影響を予測することだ．例えば，実システム構築前の設計段階でシミュレーションを使用する．

> 簡単なモデルは数学手法で解析的に解ける．解は，挙動計測と呼ばれる1つ以上のパラメータから構成される．複雑なモデルはコンピュータで数値シミュレーションされ，データは実システムから得られたとして扱われる．

シミュレーションモデルを開発するために使ってきたツールをまとめてみよう．

13.1.1 乱数生成

シミュレーションモデルにおいて，最終アプリケーションの品質は，乱数生成の品質に大きく依存する．アルゴリズムによっては，決定がランダムに選んだ値に基づく．乱数の定義は，ランダムな過程の特性に関わる．乱数が乱数と見なされるのはどうして生成されるかがわからないからだ．生成法則が知られたら，必要なときに再現できてしまう．

決定論的アルゴリズムでは乱数列は生成できず，擬似乱数の生成ができるだけだ．擬似乱数列は，再現可能で予測可能という点で乱数列と決定的に異なる．

擬似乱数列は複数のアルゴリズムで生成できる．2.4 節では次の 2 つを詳細に説明した．

- LCG（linear congruential generator，線形合同法）：区分的不連続 1 次方程式を用いて，擬似乱数列を生成する．
- LFG（lagged Fibonacci generator，ラグ付きフィボナッチ法）：フィボナッチ数列の一般化

一様分布な乱数を作る，より具体的な手法も追加した．図 13.1 は，1〜10 の範囲の 1,000 個の乱数の一様分布を示すグラフだ．

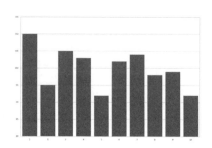

図 13.1 1〜10 の範囲の乱数の分布のグラフ

乱数の一様分布から一般的な分布を導出できる次の手法を分析した．

- 逆関数法：逆累積分布を使って乱数を生成
- 採択棄却法：密度関数のグラフから範囲内の標本を使って乱数を生成

擬似乱数列は，繰り返し周期が非常に長く，引き続く要素間の相関度が低くて，各区間に一様に分布する整数を返す．

乱数生成で身についたスキルを自己評価するために，ビンゴカードを生成する Python コードを書いてみよう．数字は，1 から 90 に限定し，各数字に反復がなく，出現確率が同じことを確かめる．

13.1.2 モンテカルロ法の応用

モンテカルロシミュレーションは，確率的手続きに基づく数値計算手法で，解析が困難な問題を解くために統計分野で広く用いられている．この手法は，与えられた確率分布の標本抽出を乱数を用いて行なう．つまり，割り当てられた確率に従って分布するイベント列を生成する．実際には，無作為抽出するのではなく，擬似乱数と呼ばれるうまく定義された反復プロセスで生成された数列を用いる．擬似乱数という名前は，乱数ではないが，真の乱数のような統計的性質を持っていることによる．多くのシミュレーション手法がモンテカルロ法をもとにしており，複雑なランダム現象の重要なパラメータを決定することを目指す．

図13.2は，乱数の分布の集合からモンテカルロシミュレーションに至る手続きを描いている．

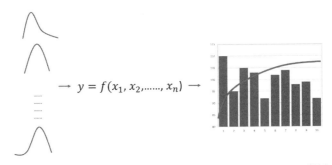

図 13.2 一連の乱数の分布から始まるモンテカルロシミュレーションの手続き

モンテカルロ法は，基本的に確率変数の期待値を計算する数値計算法だ．すなわち，直接計算できない期待値を求める数値的手法だ．モンテカルロ法は統計学の次の2つの基本定理に基づいて結果を得る．

- 大数の法則：多数のランダムな要因が同時に動作することで決定論的な効果になる．
- 中心極限定理：同じ分布の多数の独立な確率変数の和が，初期分布に関わらず正規分布になる．

モンテカルロシミュレーションは，ランダムに生成された入力に対するモデルの応答の研究に使われる．

13.1.3 マルコフ意思決定過程について

マルコフ過程は，状態遷移が現在の状態にのみ依存する離散確率過程だ．そのため，無記憶性の確率過程とも呼ばれる．マルコフ過程の要素は通常，システムの置かれた状態と，その状態で意思決定者が実行できる行動だ．これらの要素は，システムが取りうる状態の集合と各状態で利用可能な行動の集合から得られる．意思決定者が選択した行動はシステムの応答を決定し，新たな状態に遷移させる．この遷移は，図13.3

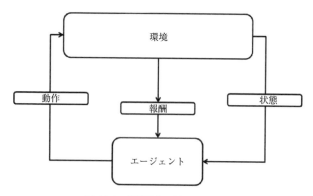

図 13.3 状態遷移で返される報酬

に示すように意思決定者が選択を評価するのに使う報酬を返す．

　システムの将来の選択にとって重要なのは，行動に対する環境の反応を表す報酬という概念だ．この応答は，目的達成に対してその行動が寄与する重みに比例し，正しければプラス，間違っているとマイナスになる．

　マルコフ過程におけるもう1つの基本概念がポリシーだ．ポリシーは意思決定におけるシステムの行動を決める．ポリシーは環境の状態と，その状態で選択すべき行動を対応づけて，刺激に応答する規則つまり関連づけを表す．マルコフ意思決定モデルでは，ポリシーが，推奨される行動と，エージェントによって達成できる状態とを関連づける解決策を提供する．ポリシーが可能な行動の中で最も高い期待効用を提供する場合，最適ポリシーと呼ばれる．このように，システムは過去の選択をメモリに保持する必要がない．意思決定には，現在の状態に関連するポリシーを実行するだけでよい．

　ここで，マルコフモデルに従って処理できる実際の応用例を考える．小規模な企業で，連続稼働している機械がある．しかし，時折，製造している製品の品質が許容限度以下になり，運転を中断して複雑な保守作業を行わないといけない．劣化が平均40日の運転時間 T_m の後に起こると観測されている．保守作業には平均1日のランダムな時間が必要だ．この機械に関するシステムをマルコフモデルで記述して，定常状態で稼働する機械を観測する確率を計算するにはどうすればよいだろうか．

　この企業では機械が不稼働になる時間を取れないので，1台目を保守する必要が生じたらすぐに使えるように2台目の機械を用意している．しかし，この2台目は品質が低いので，平均5日間の指数関数的ランダム時間後に故障し，平均1日の指数関数的ランダム時間の修理後に再使用可能となる．メインの機械が再稼働したら2台目の使用は直ちに停止される．2台目の機械が故障したのにメインの機械がまだ稼働していない場合，修理チームは，メインの機械の保守を優先し，再稼働後に2台目の機械の保守を行う．この企業のシステムをマルコフモデルで記述して，両方の機械が停止

している定常状態の確率を計算するにはどうすればよいだろうか．

これらの質問に，本書で得た知識を使って応えるにはどうすれば良いか考えてほしい．

13.1.4　リサンプリング手法の分析

リサンプリング手法では，元のデータから無作為抽出または系統的手続きで部分集合を得る．目的は，システムリソースを節約しながら標本分布の特性を近似する部分集合を得ることだ．

リサンプリング法は，単純操作を何度も繰り返し，確率変数に割り当てる乱数を生成したり，ランダムな標本を取り出す手法だ．この演算は，反復操作の回数が増えると計算時間が増える．実装が非常に簡単で，実装したら自動的に計算できる．

これらの手法では，初期データセットからダミーデータセットを作り，全ダミーデータセットのばらつきから統計的特性のばらつきを評価する．ダミーデータセットの作り方は手法によって異なる．図13.4は，初期ランダム分布から生成されるデータセットを複数示す．

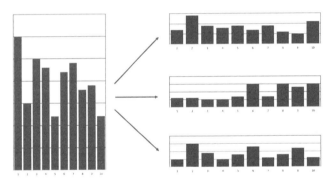

図 13.4　初期ランダム分布から生成されるデータセットの例

多数の様々なリサンプリング手法がある．本書では次の手法を分析した．

- ジャックナイフ法：様々な部分標本で，1つの標本を取り除いて対象統計量を計算する．ジャックナイフ推定は，平均，分散，相関係数，最大尤度推定など様々な標本統計量に対して一貫している．
- ブートストラッピング：ブートストラップ法のロジックは，観測されたのと同じ統計量を示す標本を人工的に作ることだ．これは，復元抽出法による観測値のリサンプリングで達成される．
- 並べ替え検定：これは，統計的推測から定式化された乱数列を使用する，ランダム化検定の一例だ．現代のコンピュータの計算能力のおかげで，広範な応用が可能になった．これらの手法では，データ分布について仮定する必要がない．

- 交差検証：これは予測精度に基づいたモデル選択手続きで使われる手法だ．標本は，訓練集合と検証集合に 2 分割され，訓練集合は構成と推定に，検証集合は推定モデルの予測の正確度の検証に使われる．

リサンプリングは，母集団の全要素が得られない場合に使われる．例えば，過去の履歴を調査する場合に，得られるデータが不完全な場合だ．

13.1.5 数値最適化技法の検討

実際の問題を解決するために使われている多くのアプリケーションで，リソースの使用量を大幅に削減するために最適化手法が使われている．ある選択肢でコストを最小化したり利益を最大化することは，多数の意思決定プロセスを管理するのに必要な技術だ．数理最適化モデルは最適化技法の一例で，簡単な方程式や不等式で評価を表現し，他の手法での制約を回避できる．

どんなシミュレーションアルゴリズムでも目標は，モデルで予測した値と，データが返す実際の値との差を小さくすることだ．それは，実際の値と期待値との差が小さいほど，アルゴリズムが良いシミュレーションを行ったことを示すからだ．この差を小さくすることは，モデルが基づいている目標関数の最小化を意味する．

本書では，次のような最適化手法を取り上げた．

- 勾配降下法：これは，勾配の方向とは逆（反勾配）に探索する，無制約最小化のために最初に提案された手法だ．勾配と逆方向を探索することの利点は，勾配が連続なら下降方向になり，定常点に達したことと勾配がなくなることとが等価になることだ．
- ニュートン–ラフソン法：この手法は，関数 f の導関数に対して，ゼロ点を求めるニュートン法を使う．それは，関数 f の最小点が，導関数の解になるからだ．
- 確率的勾配降下法：これは，勾配関数の近似を使って目標関数を評価するという問題を解く．各ステップでは，データセットに含まれる各データを評価した勾配の総和ではなく，データセットの無作為抽出した部分集合の勾配を評価する．

13.1.6 シミュレーションのための人工ニューラルネットワーク使用

ANN（artificial neural network，人工ニューラルネットワーク）は，物体識別や音声認識など，人間の脳には簡単な神経活動を再現することを目的に開発された数値モデルだ．ANN の構造は，人間の脳のニューロンに類似した節点から構成され，ニューロン間のシナプスを再現する重み付き接続を介して相互に接続されている．接続の重みを繰り返し変更して，システムの出力を収束させる．実験によって得られた情報が入力データとして利用され，ネットワークで処理した結果が出力として返される．入力節点は，出力ニューロンを表す従属変数を処理するために必要な予測変数を表す．図 13.5 は人工ニューロンの働きを示す．

ANN の目標は，すべてのニューロンの出力を計算した結果だ．つまり，数学的近

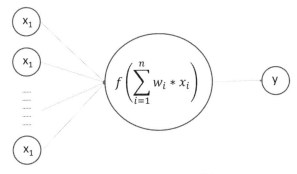

図 13.5 人工ニューロンの働き

似関数集合だということだ．この種のモデルはパターン認識のような実際のシステムの挙動をシミュレーションできる．これは，パターン／信号をクラスに割り当てるプロセスだ．ニューラルネットワークは，繰り返し訓練パターンとそのカテゴリを提示される訓練過程を経てパターンを認識するようになる．まだ見たことのないパターンを提示されると，ネットワークは訓練データから抽出した情報によってそれをしかるべきカテゴリに分類する．各パターンは多次元意思決定空間の点を表す．この空間はどれかのクラスに関連づけられた領域に分割される．境界の領域がネットワークの訓練過程で決まる．

本書で学んだ概念すべてを復習したので，これらが実世界の課題にどのように適用できるかを見ていこう．

13.2 実生活へのシミュレーションモデルの応用

本書で詳細に分析してきたアルゴリズムは，実際のシステムをシミュレーションする重要なツールだ．よって，ある現象について，可能な中からある選択をした後に，その現象がどのように変化していくかを研究するために，実生活で広く使われている．

具体的な例を見ていこう．

13.2.1 ヘルスケアでのモデリング

ヘルスケア分野では，シミュレーションモデルは重要な重みを占め，システムの挙動をシミュレーションして知識を抽出するために広く使用される．例えば，経済分析を行う前に，検討中の医療介入の臨床的有効性を実証する必要がある．臨床上の最良の情報源は無作為化比較試験だ．しかし，臨床試験は多くの場合，経済的側面を無視するので，一般に，経済的評価のための重要なパラメータを欠いている．よって，費用対効果分析のバイアスを抑えた，疾病進行の影響を評価する方法が必要だ．そのためには，疾病の自然史，疾病の自然史に適用した医療介入の影響，コストと目標での

結果を記述する数理モデルを構築する必要がある．そのために使われるのが，外挿，決定分析，マルコフモデル，モンテカルロシミュレーションだ．

外挿では，追跡期間が短い試験の結果が，試験終了時以降に外挿され，様々な可能性のあるシナリオが検討され，楽観的なものは介入による利益が長期に渡って一定だと仮定される．

マルコフモデルは，特に政府機関からの費用対効果評価の依頼が多いことから，薬剤の経済評価で頻繁に使用される．

治療の費用対効果を計算する別の方式がモンテカルロシミュレーションだ．マルコフモデル同様，モンテカルロシミュレーションでも正確な健康状態とその遷移確率が定義される．しかし，この場合は，遷移確率と乱数発生器の結果に基づいて，患者自身がモデルによって想定された最終的な健康状態に到達するまでの経路が構築される．このプロセスは通常，（10,000 例もの）非常に大きなグループの各患者について繰り返され，生存時間と関連コストの分布を提供する．このモデルで得られた費用と便益の平均値は，マルコフモデルで計算したものと非常によく似ている．

しかし，モンテカルロシミュレーションは，度数分布と分散の推定値も提供し，これにより，モデル自体の結果の不確実性のレベルを評価できる．実際，モンテカルロシミュレーションは，しばしば，マルコフモデルの結果の感度分析のために使用される．

13.2.2 金融アプリケーションでのモデリング

モンテカルロシミュレーションは通常，様々な金融商品の将来価値の予測に用いる．しかし，前述したように，この予測方法はあくまでも推定値として提示されるものであり，正確な価値を提供するものではないことを強調しておきたい．この手法の金融アプリケーションとしての主な用途は，オプション（またはデリバティブ全般）の価格決定と，証券ポートフォリオや金融プロジェクトの評価だ．このことから，これらが類似要素をもつことは一目瞭然だ．

実際，オプション，ポートフォリオ，金融プロジェクトの価値は，多くの不確実な要因の影響を受ける．シミュレーションは，どのような金融商品の評価にも適しているわけではない．株式や債券のような有価証券は通常，不確実性要因の個数が少ないので，この方法では評価されない．

逆に，オプションはデリバティブ証券であり，その価値は基礎となる機能（最も多様な内容の可能性がある）のパフォーマンスや，その他多くの要因（金利，為替レートなど）によって左右される．モンテカルロシミュレーションでは，これらの変数のそれぞれについて擬似乱数値を生成し，目的のオプションに値を割り当てることができる．ただし，モンテカルロ法は，利用可能な価格設定の選択肢の1つに過ぎないことを注意すべきだ．

金融商品としてのポートフォリオは，様々な性質をもつ様々な証券の集合だ．ポートフォリオは様々なリスク源にさらされる．現代の金融仲介機関では，ポートフォリ

オの全体的リスクエクスポージャを監視する計算方法が運用ニーズとして必要だ．この文脈の手法としては，VaR（バリューアットリスク）があり，これはモンテカルロシミュレーションで計算されることが多い．

最終的に，企業がプロジェクトの収益性を評価する場合，コストと生み出される収益を比較しなければならない．初期コストは通常（必ずしもそうと限らないが）確実だ．しかし，生み出されるキャッシュフローは，前もってはほとんどわからない．モンテカルロ法を使えば様々なキャッシュフローに擬似乱数値を割り当て，プロジェクトの収益性を評価できる．

13.2.3 物理現象のモデリング

物理モデルのシミュレーションでは，パラメータを変更することでモデルをテストできる．つまり，モデルのシミュレーションで，実験のフレームワークとして，また，アイデアの構成として，モデルの様々な可能性とその限界についてモデルがどのように働くか実験できる．モデルがうまく機能すれば足場としての仮定を取り除くことができる．そのような状況では，モデルの自立や新たな発見があるかもしれない．モデル構築には，現象の現実を数理的に表すアイデアや知識が参照される．

問題に直面し，解決する方法が一義的ではありえないように，ある現象の振る舞いを記述するモデルを構築する方法も一義的ではありえない．現実の数学的記述は，物理現象を表現する無限の，複雑で関連した側面を考慮する困難に直面する．物理現象にとってのその困難さは，生物学的現象の場合には，さらに大きくなる．

関連変数と非関連変数を選択する必要があり，これらを区別しなければならない．この選択は，モデルに携わる人々のアイデア，知識，グループによって行われる．

ランダム現象は日常生活に浸透しており，数学，物理学をはじめ，様々な科学分野を特徴づける．ランダム現象の解釈は，前世紀中頃にモンテカルロ法の定式化によってルネッサンスを迎えた．この画期的な出来事は，ニューロンの連鎖反応の研究と電子式コンピュータの誕生という電子工学分野の成果とが交わったものだ．今日，乱数生成に基づくシミュレーション手法は物理学で広く使われている．

量子力学の重要な問題に，系のエネルギースペクトルを決定することがある．この問題は，非常に単純な系の場合は複雑だが解析的に解ける．しかし，ほとんどの場合，解析解が存在しない．そのために，量子系を記述する様々な微分方程式を解く数値手法を開発し実装する必要がある．この数十年で，技術の発展と計算能力の飛躍的な向上により，様々な現象を信じられないほどの高精度で記述できるようになった．

13.2.4 故障診断システムのモデリング

より高い性能を求め続ける工業プロセスのニーズに応えるため，制御システムは徐々にだが，より複雑化・高度化している．そのため，故障が起こりうる制御系列において，問題のプロセスの効率，信頼性，安全性を保証できる特別な監視，モニタリング，

診断装置を使用する必要がある．

ほとんどの工業プロセスでは，高度な信頼性を備えた診断システムを使っている．診断システムの種類としては次のようなものがある．

- ハードウェアの冗長性に基づいた診断システム：これは，追加の冗長なハードウェアを使って監視対象の部品の信号を複製するものだ．この診断機構では，冗長な機器への出力信号を分析できる．片方の信号が他方と大きくずれたら，その部品が故障だと判定される．
- 確率分析に基づいた診断システム：この手法は，対象部品によって生成される出力信号と，その動作を制御する物理法則との間の尤度を検証することに基づく．
- 信号の分析に基づいた診断システム：この手法は，プロセスの特定の出力信号の分析から始めると，故障に関する情報を得ることができるということを前提にしている．
- 機械学習に基づいた診断システム：この手法は，故障した機能の特定と選択を可能にして，故障診断への体系的な取り組みを可能にする．これらは，自動化あるいは無人化環境で使用できる．

13.2.5 公共交通機関のモデリング

近年，都市内や道路全般で機能的な交通を発展させる上で，車両交通に関連する問題の分析がますます重要になっている．今日の交通システムには，要望に対する具体的な解決を提供する開発と連携した最適化プロセスが必要だ．より良い交通計画によって，都市内の自動車を減らし，駐車の機会を増やすプロセスが渋滞の減少にもつながるはずだ．

都市交通の流れが大きく減速し渋滞すると，平均移動時間が長くなって車の利用者が不便になるだけでなく，道路循環の安全性が低下し，大気汚染や騒音が増加しかねない．

交通量の増加には多くの原因があるが，最も重要なのは輸送需要全体の大幅な増加だ．この増加は，自動車の大量普及，工業地帯や都市部の分散化，公共交通機関の不足といった性質の異なる要因による．

都市交通問題の解決には，入念なインフラ管理と交通網計画プログラムが必要だ．重要な計画ツールが，交通網への介入によって交通網にもたらされる影響を評価でき，様々な設計による解を比較できる交通システムのモデルだ．このシミュレーションツールを使えば，実システムでは実験が不可能な，意思決定や行動の問題を迅速かつ経済的に評価できる．このようなシミュレーションモデルは，輸送分野の技術担当者や意思決定者が，代替設計を選択した場合の効果の評価に利用できる有効なツールだ．このモデルだと，計画された解をローカルなレベルで詳細に分析できる．

交通状況を正確かつ具体的に表現し，その変化に瞬時に対応表示できるシミュレー

ションツールがあり，交通インフラの幾何学的側面とドライバーの実際の行動を車両とドライバーの特性にリンクして考慮できる．このようなシミュレーションモデルは，小規模で比較的安価に実現でき，新たなプロジェクト開発の効果や結果を示すことができる．このようなマイクロシミュレーションは，個々の車両の動きの特性（流れ，密度，速度）を考慮せずに，シミュレーション中に刻々と変化する現実的な変数を扱うことができる．

13.2.6 人間の振る舞いのモデリング

火災などの一般的な緊急事態における人間の行動の研究には，データを得る上で重要な多くの状況が実験室では再現できないという，簡単には乗り越えられない難しさがある．さらに，実際の状況では起こりうるパニックを含め，不意打ちやストレスのような不安の影響がない演習から得られたデータの信頼性が限られるという問題がある．とりわけ，人間の行動の複雑さから，火災などでの安全性確保の目的に使えるデータ予測が困難となる．

科学者の研究から，危険な状況や緊急事態における人々の行動は，通常とはまったく異なることが明らかになっている．実際，調査によると，建物から避難するとき，人々はしばしば火災からの脱出とは無関係の行動をとることが多く，しかも，こうした行動が避難時間の 3 分の 2 を占めることがある．警報は状況に関する情報を必ずしも与えないので，人々は避難する前に，何が起きているのか知りたがることが多い．

危険な状況を再現できるシミュレーションモデルがあれば，そのような状況における人々の反応を分析するのに非常に役立つ．一般に，避難をシミュレーションするモデルは，最適化，シミュレーション，リスク評価という 3 つの方法でこの問題に取り組む．

これらの方式の基本原理はモデルの特性に影響を与える．多くのモデルは，居住者が可能な限り効率的に建物から避難することを前提としており，二次的な活動や避難に厳密には関係ない活動を無視する．選択される避難経路は，出口に向かう人の流れの特性同様，最適であると仮定される．多くの人々を扱い，その人々を全体として均質と扱うモデルは，したがって個人の具体的な行動に重きを置かず，最適行動だけ考える．

13.3 シミュレーションモデリングの次のステップ

人類の歴史の大半において，自分が死ぬときも，世界は自分が生まれたときと大して変わらないと考えるのが妥当であった．過去 300 年で，この仮定はますます時代遅れになりつつある．技術進歩が加速し続けているからだ．技術進化は，次世代の製品を以前の製品より優れたものにする．次世代製品は，進化の過程を次の段階へと進め

る効率的効果的方法だ．これは，正のフィードバック回路だ．言い換えれば，より強力でより高速なツールを使って，より強力でより高速なツールを設計し製造するのだ．その結果，進化過程の進歩速度が時間とともに指数関数的に増大し，スピード，経済性，総合的な能力といった便益もまた時間とともに指数関数的に増大する．進化過程がより効果的効率的になるにつれて，より多くの資源がこの進歩を促すために使われる．これは2階の指数関数的成長で，指数関数的成長率自体が指数関数的に成長する．

この技術進化は，より高性能で簡単なモデルを求めるユーザーのニーズに対応する数値シミュレーション分野にも影響を及ぼしている．シミュレーションモデルの開発には，モデルの構築，実験，分析においてかなりのスキルが必要だ．もし私たちが進歩したいのであれば，意思決定環境からくる要求を満たすために，モデル構築プロセスを大幅に改善する必要がある．

13.3.1　計算能力の増加

数値シミュレーションはコンピュータで実行されるため，計算能力が高いほど，シミュレーションの効率が上がる．計算能力の進歩は，インテル創業者にちなんだムーアの法則に従い，18ヶ月ごとに，チップの計算能力が2倍になり，価格は半分になるとされていた．

数値シミュレーションに関しては，計算能力がすべてだ．今日のハードウェアアーキテクチャは，数年前とそれほど変わっていない．変わったのは，情報処理能力だけだ．数値シミュレーションでは，情報が処理される．つまり，状況が複雑になればなるほど，関係する変数が増える．

ソフトウェアの実行に必要な処理能力の増大と入力データ量の増加は，ムーアの法則に従った中央演算処理装置（central processing unit, CPU）の進化によって常に満たされてきた．しかし最近，CPUの計算能力の伸びは鈍化し，プログラミングプラットフォームの開発により，新たな性能要件が突きつけられ，その結果，新しいハードウェアアーキテクチャがサーバーとデバイスの両方に強力に普及しているため，CPUの覇権に関して大きな不連続性が生じている．さらにまた，インテリジェントアプリケーションの普及に伴い，様々なコンピューティングプラットフォームに対応する特定のアーキテクチャと次のようなハードウェア部品の開発が必要となっている．

- GPU（graphical processing units）：これは重くて複雑な計算を行う．何千ものコアからなる並列アーキテクチャで，複数演算を同時処理するよう設計されている．
- FPGA（field programming gateway array）：これは特定の顧客要求に基づき実装後に再構成可能な集積回路アーキテクチャだ．FPGAには，プログラム可能なロジックのブロックと再構成可能な階層的内部接続回路があり，ブロックをつなげていくことができる．

ハードウェアの進歩は，計算能力だけでなく記憶容量にも影響を与える．情報を格

納する場所がなければ，1GBps で情報を送ることはできない．数 TB のデータセットを格納しなければ，シミュレーションアーキテクチャの訓練ができない．イノベーションとは，より効率的になる部品を利用して，以前にはなかった機会を見出すことだ．イノベーションとは，例えば，3つのアクセラレータを組み合わせて，何ができるかを見ることだ．

13.3.2 機械学習に基づいたモデル

機械学習は，実行をプログラムされなくても，コンピュータがタスクの実行を学習可能にするコンピュータサイエンスの一分野だ．機械学習は，人工知能分野におけるパターン認識と理論計算学習の研究から発展し，コンピュータが利用可能なデータから情報を学習し，これまで学習したことから新たな情報を予測することを可能にするアルゴリズムの研究と構築を探求する．機械学習アルゴリズムは，自動学習して観測から新たなデータを予測するモデルの構築で厳密に静的な命令という古典的パラダイムを克服し，アドホックなアルゴリズムの設計と実装が実用的でも便利でもないコンピューティング問題で活用されている．

機械学習は数値シミュレーションの分野と手法，理論，応用領域で深いつながりがある．実際，機械学習問題の多くは，特定の例の集合（訓練集合）に対して損失関数を最小化する問題として定式化される．損失関数は，訓練したモデルの予測値と各例に対する期待値との不一致を表す．目標は，これまで見たことのないデータについて期待値を正しく予測して，損失関数を最小にするモデルを開発することだ．これにより，予測スキルの汎化が進む．

機械学習タスクは一般的に，学習システムのフィードバックの種類により次の3カテゴリに大分類される．

- 教師あり学習：入力例と望ましい出力がコンピュータに提示され，入力を出力に対応づける一般規則の学習を目指す．
- 教師なし学習：コンピュータには，期待出力は渡されず，入力だけが渡され，入力データの構造を学習することを目指す．教師なし学習は，別の機械学習タスクを実行するのに有用なデータの顕著な特徴を推定することを目的とする．
- 強化学習：コンピュータは動的な環境と相互作用して，ある目標を達成しなければならない．コンピュータが問題領域を探索すると，最適な解を導くために，報酬や罰というフィードバックが与えられる．

図 13.6 は，様々な種類の機械学習アルゴリズムを示す．

13.3.3 シミュレーションモデルの自動生成

AutoML（automated machine learning, 自動機械学習）では，機械学習を適用するエンドツーエンドのプロセスを自動化できるアプリケーションを定義する．通常，機械学習アルゴリズムにデータを与える前に，専門家が一連の予備的手順でデータを

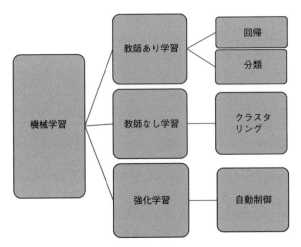

図 **13.6** 様々な種類の機械学習アルゴリズム

処理しなければならない．このアルゴリズムでデータを正しく分析するのに必要なステップは，普通の人にない特別なスキルを必要とする．ディープニューラルネットワークに基づくモデルは，様々なライブラリを使用して簡単に作成できるが，これらのアルゴリズムのダイナミクスに関する知識が不可欠だ．場合によっては，アナリストのスキル範囲を超えるので，問題解決に業界の専門家のサポートを求めなければならない．

AutoML は，ユーザがこれらのサービスを利用できるように，機械学習プロセス全体を自動化するアプリケーション作成のために開発された．通常，機械学習専門家は，次のことを行う必要がある．

- データの準備
- 特徴量選択
- 適切なモデルクラスの選択
- モデルのハイパーパラメータの選択と最適化
- 機械学習モデルの後処理
- 得られた結果の分析

AutoML はこれらの処理を自動化する．AutoML は，手作業で設計されたモデルを凌駕する，より簡単で迅速なソリューションの作成を可能にする．複数の AutoML フレームワークが存在し，それぞれが利用に適した特性をもっている．

13.4 まとめ

本章では，本書で紹介してきた技術をまとめた．乱数生成法と擬似乱数生成に最もよく使われるアルゴリズムを列挙した．次に，大数の法則と中心極限定理という2つ

の基本法則を仮定した数値シミュレーションのモンテカルロ法の適用方法を学んだ．続いて，マルコフモデルが基盤概念を要約し，利用可能な様々なリサンプリング法を分析した．その後，一般的な数値最適化技法を検討し，数値シミュレーションに人工ニューラルネットワークを使う方法を学んだ．

引き続いて，数値シミュレーションが広く利用される分野を挙げ，シミュレーションモデルの発展を可能にする次のステップについて考察した．

本書では，Python を使った様々な計算統計シミュレーションを学んだ．様々な手法や技法を理解するための基礎から始め，複雑なテーマの知識を深めた．この時点で，シミュレーションモデルを扱う開発者は，必要な実装と関連する方法論に実践的なアプローチを採用することで，すぐに運用と生産ができるようになる．実践的な例と自己評価問題を用いて基本概念についての詳細な説明を与え，数値シミュレーションアルゴリズムを検討し，関連するアプリケーションの概要を提供したので，読者のニーズに最適なモデルを構築する一助となったとすれば幸いだ．

訳者あとがき

　本書を最初にざっと読んだときの印象は，ずいぶんと欲張った本だな，というものだった．シミュレーションとは何かという基礎的な問いかけだけでなく，擬似乱数の歴史的な事情も含めて，実際の作り方の説明から入るという本を初めて読んだ．説明では，数式だけでなく実際にプログラムを動かして確かめるという，これも欲張りな方法だ．しかも，最後には，実際のシミュレーション例だけでなく，これから先の展望まで示そうというもので，こういうのは初めてであると同時に，この欲張り方がどれだけ成功して，読者に受け入れられるのだろうかと思った．

　このようなシミュレーションについての基礎から応用を，Python のプログラム例とともに説明した類書はないということで，翻訳を進めたが，色々と問題があった．原書の編集担当グループの問題だとは思うが，用語の扱い，フォントの使い方，数式の書き方が結構ずさんなところがあり，今回の翻訳に当たっては，朝倉書店編集部の方々がまともな水準にするために苦労してくださった．ずい分と読みやすくなった．

　原書の記述には，そもそも冗長な部分や，不親切な部分があり，原著者に連絡をとって，冗長な部分を切り捨て，間違いをできるだけ修正し，必要なところには脚注を加えた．また，第 1 章から 4 章までについては査読者から貴重な意見を頂いた．

　ただし，このような実際にハンズオンできる本に特有の限界もあった．例えば，12.4 節「無人航空機の故障診断システム」において，ステップ 5 での結果が原書と異なっていた．著者も確かにその通りだと認めて，好きなように変えてくれて良いと言われたのだが，このようなシミュレーションモデルの調整過程を示すことが重要なので，脚注をつけて記述そのものは原書のままにした．場合によれば，読者が同じプログラムを実行すれば，本書とも違う結果が出るかもしれない．しかし，そのような事態に対してもどうすればよいかが，ある意味で本書から学べるものと信じている．

　そういえば，本書の囲み記事には，Important note という大層な見出しが全部についていた．内容は多岐に渡り，それほど重要でないことも多い．本書では，単に囲み記事であることがわかるようにだけして，少しでもページ数を減らすようにした．

　最後になるが，いつものように読みやすい本作りに精を出してくださった朝倉書店編集部の方々，修正点や疑問点に回答してくれた Giuseppe さん，訳者の日頃の面倒を見てくれている妻の容子に感謝を捧げる．

　　2024 年初夏

訳者しるす

索　引

欧　字

ABM（agent-based simulation）　118
ANN（artificial neural network）　209, 252

BFGS（Newton-Broyden–Fletcher–Goldfarb–Shanno）法　205
BS（Black–Scholes）モデル　239

CA（cellular automaton）　222
CNN（convolutional neural network）　275
COBYLA（constrained optimization by linear approximation）　206
CV（coefficient of variation）　149

DES（discrete event simulation）　12
DP（dynamic programming）　135

EA（evolutionary algorithms）　219
EM（expectation-maximization）アルゴリズム　189

FL（fuzzy logic）　208
FSM（finite-state machine）　14

GMM（Gaussian mixture model）　191
GNN（graph neural network）　277, 279

K 最近傍アルゴリズム　319
k 分割交差検証　169
KNN（K-nearest neighbors）　319

L-BFGS（limited-memory BFGS）　206
LCG（linear congruential generator）　30

LOOCV（leave-one-out cross-validation）　169
LSTM（long short-term memory）型ニューラルネットワーク　277

MAS（multi-agent system）　137
MLE（maximum likelihood estimation）　189

ReLU 関数　258
RNN（recurrent neural network）　276

SA（simulated annealing）法　195
SC（soft computing）　207
SR（symbolic regression）　218
STG（state transition graph）　15
STT（state transition table）　15
SVM（support vector machine）　265, 324

tanh 関数　258

VaR（value at risk）　244

what-if 分析　288

あ　行

アインシュタイン　231
アクティビティ　14

意思決定プロセス　3
異常検知　311
一様性検定　40
一様分布　28, 67
遺伝アルゴリズム　207

遺伝演算子　211
遺伝プログラミング　207
イベント　5, 14

ウィーナー過程　232
ウェザーストーン，デニス　244
ヴォルテラ，ヴィト　19
ウルフラム　225
ウルフラム・コード　225

エージェントに基づくモデル　118
エルマンネットワーク　276
エンティティ　14

応答変数　267

か 行

カイ二乗検定　37
概念モデル　4
ガウス混合モデル　191
ガウス分布　28
学習率パラメータ　179
確率過程　23
確率サンプリング　147
確率的勾配降下法　189
確率的モデル　7
確率分布　27
確率密度関数　66
隠れ層　255
活性化関数　257
割線法　188
活用　125
感度　6
感度分析　107

記憶制限BFGS　206
記号的回帰　218
擬似乱数発生器　20
期待収益率　240
期待値最大化アルゴリズム　189
逆関数法　43
キャリブレーション　5
協調　138
協働　138

クヌイ（M. H. Quenouille）　148
グラフニューラルネットワーク　277, 279

決定係数　222
決定論的　7
検証　6
ケンドール　267

交叉　210
交差エントロピー　111
交差検証　168
交渉的　138
校正　12
合成データ　75
構造化データ　76
勾配降下法　177
効率的フロンティア　244
故障検出　310
故障診断　307
故障診断手法　308
コードウェル　291
コンウェイ　224

さ 行

最小二乗線形回帰　159
最大尤度推定　189
採択棄却法　45
サポートベクターマシン　265, 324
三角分布　302
三点見積もり法　300

シェリング，トーマス　138
シェリングの分離モデル　138
シグモイド関数　258
自己雑音　261
自己組織化システム　223
システム　5
シミュレーション時間　14
シミュレーテッドアニーリング法　195
ジャックナイフ法　148
シャノンのエントロピー　111
出力層　255
状態遷移グラフ　15
状態遷移表　15
状態変数　5, 14

索　引　　　　　　　　　　　　　　349

ジョーダンネットワーク　276
進化アルゴリズム　219
進化計算　209
人工的ニューラルネットワーク　209
深層学習　275

酔歩　25, 127
スキーマ　213
スケジューリンググリッド　299
スケーリング　282
スケール変更　265
ステップ関数　258
スピアマン　268

正確度　6
正規化線形ユニット関数　258
正規分布　28
静的モデル　6
制約最適化　206
切断ニュートン法　206
セルオートマトン　222
遷移行列　126
遷移図式　126
線形合同法　30
先験的確率　61
潜在変数モデル　191

相関係数　267
双曲線正接関数　258
相補的　25
ソフトコンピューティング　207
損失層　276

た　行

大数の法則　94
多層パーセプトロン　272
畳み込み層　275
畳み込みニューラルネットワーク　275
探索　125

知識ベース方式　309
中間層　255
中心極限定理　94
長期短期記憶型ニューラルネットワーク　277

ディープラーニング　275
適応度　212
デシメーション（decimation）　276
データ拡張　77
データマイニング　309

動的計画法　135
動的システム　6
特徴量選択　75
ドッグレッグ信頼領域法　206
トラッキング　11
ドリフト率　241

な　行

並べ替え検定　163

二項分布　70
二項分類問題　310
入力層　255
ニュートン–ブロイデン–フレッチャー–ゴールドファーブ–シャンノ法　205
ニュートン法　183
ニュートン–ラフソン法　183
ニューラルネットワーク　252

熱力学的エントロピー　111
ネルダー–ミード法　201

ノンパラメトリック　144
ノンリスク金利　240

は　行

パウエルの共役方向法　204
箱ひげ図　267
バックプロパゲーション　259
パラメータ　5
パラメトリック検定　164
バリュー・アット・リスク　244
半構造化データ　77
反転　210

1つ抜き交差検証　169
ビンパッキング　210

ファジー論理　208
フィードフォワード　258
フォン・ノイマン　30, 222
復元抽出　156
複合確率　63
ブートストラッピング　154
ブラウン，ロバート　230
ブラウン運動　231
ブラック–ショールズモデル　239

平均二乗誤差　170
ベイズの定理　63, 64
平方採中法　30
ベゾス，ジェフ　234
ベルヌーイ，ヤコブ　24
ベルヌーイ過程　24
ベルマン，リチャード　135
ベルマンの最適化原理　136
ベルマン方程式　136
変異　210
変動係数　149

報酬関数　123
ポートフォリオ管理　243
ホランド　210
ポリシー　123
ボルツマン定数　197
ボルツマン分布　197
ポワソン　26
ポワソン過程　26

ま　行

マイルストーン　287
マルコフ意思決定過程　121
マルコフ過程　119, 289
マルコフ連鎖　125
マルチエージェントシステム　137
マルチクラス分類　311

モデル化　4

モデル検証　11
モデルベース方式　308
モンテカルロシミュレーション　97

や　行

有限状態マシン　14
ユークリッド距離　140

予測変数　267
予防システム　310

ら　行

ライフゲーム　224
ラグ付きフィボナッチ法　33
ランダムパスワード生成器　51
ランダムウォーク　25, 127

リカレントニューラルネットワーク　276
離散イベントシミュレーション　12
離散モデル　7
リスクモデル　243
リソース　14
隣接行列　279

ルールベース　309
ルンゲ–クッタ法　19

レッヒェンベルク　209
連続モデル　7

ロジスティック回帰　316
ロトカ，アルフレッド　19
論理関係　14

わ　行

ワイエルシュトラスの定理　176
割引累積報酬　124

訳者略歴

黒川利明（くろかわ としあき）

1948年　大阪府に生まれる
1972年　東京大学教養学部基礎科学科卒業
　　　　東芝（株），新世代コンピュータ技術開発機構，日本IBM（株），
　　　　（株）CSK（現 SCSK（株）），金沢工業大学を経て
現　在　デザイン思考教育研究所主宰
　　　　IEEE SOFTWARE Advisory Board メンバー
　　　　2015年より町田市介護予防サポーター，高齢者を中心とした「次世代サポーター」グループで地域の小学生の教育支援に取り組む

［著書］『Scratchで学ぶビジュアルプログラミング―教えられる大人になる』（朝倉書店）など

［翻訳書］『Python 時系列分析クックブックⅠ・Ⅱ』『データ構造とアルゴリズム―上達のための基本・常識』『PythonとQ#で学ぶ量子コンピューティング』『Transformerによる自然言語処理』『データビジュアライゼーション―データ駆動型デザインガイド』『事例とベストプラクティス Python 機械学習―基本実装と scikit-learn/TensorFlow/PySpark 活用』『pandas クックブック―Pythonによるデータ処理のレシピ』（朝倉書店），『実践 AWS データサイエンス―エンドツーエンドのMLOpsパイプライン実装』『EffectivePython 第2版―Pythonプログラムを改良する90項目』『問題解決のPythonプログラミング―数学パズルで鍛えるアルゴリズム的思考』『データサイエンスのための統計学入門第2版―予測，分類，統計モデリング，統計的機械学習とR/Pythonプログラミング』『Rではじめるデータサイエンス』『Effective Debugging―ソフトウェアとシステムをデバッグする66項目』『Python 計算機科学新教本―新定番問題を解決する探索アルゴリズム，k平均法，ニューラルネットワーク』『PythonによるWebスクレイピング第2版』『Modern C++ チャレンジ―C++17プログラミング力を鍛える100問』『Optimized C++―最適化，高速化のためのプログラミングテクニック』『Pythonによるファイナンス第2版―データ駆動型アプローチに向けて』（オライリー・ジャパン）など多数

Pythonによるシミュレーションモデリング　定価はカバーに表示

2024年11月1日　初版第1刷

訳　者　黒　川　利　明
発行者　朝　倉　誠　造
発行所　株式会社　朝　倉　書　店

東京都新宿区新小川町6-29
郵便番号　162-8707
電　話　03(3260)0141
FAX　03(3260)0180
https://www.asakura.co.jp

〈検印省略〉

© 2024〈無断複写・転載を禁ず〉　　　　中央印刷・渡辺製本

ISBN 978-4-254-12301-2　C 3004　　Printed in Japan

JCOPY〈出版者著作権管理機構 委託出版物〉
本書の無断複写は著作権法上での例外を除き禁じられています．複写される場合は，そのつど事前に，出版者著作権管理機構（電話03-5244-5088, FAX 03-5244-5089, e-mail: info@jcopy.or.jp）の許諾を得てください．

学習物理学入門

橋本 幸士 (編)

A5 判／200 頁　978-4-254-13152-9 C3042　定価 2,200 円（本体 2,000 円＋税）

物理学と人工知能・機械学習のコラボレーションを学ぶ入門テキスト。物理系学生がスムーズに機械学習に入門し，物理学と機械学習の関係・協働を知ることができる。〔内容〕イントロダクション／線形モデル／ニューラルネットワーク・対称性と機械学習／古典力学と機械学習／量子力学と機械学習／トランスフォーマー／他

Python による実務で役立つデータサイエンス練習問題 200+　[全 3 巻]

久保 幹雄 (著)

1. アナリティクスの基礎・可視化と実践的テクニック
   A5 判／192 頁　978-4-254-12281-7 C3004　定価 2,970 円（本体 2,700 円＋税）
2. 科学計算の基礎と予測・最適化
   A5 判／256 頁　978-4-254-12282-4 C3004　定価 3,630 円（本体 3,300 円＋税）
3. 機械学習・深層学習
   A5 判／192 頁　978-4-254-12283-1 C3004　定価 2,970 円（本体 2,700 円＋税）

実践 Python ライブラリー　Python による流体解析

河村 哲也・佐々木 桃 (著)

A5 判／224 頁　978-4-254-12902-1 C3341　定価 3,740 円（本体 3,400 円＋税）

数値流体解析の基礎を理解し，Python で実装しながら学ぶ。〔内容〕常微分方程式の差分解法／線形偏微分方程式の差分解法／非圧縮性ナビエ・ストークス方程式の差分解法／熱と乱流の取扱い（室内気流の解析）／座標変換と格子生成／いろいろな 2 次元流れの計算／ MAC 法による 3 次元流れの解析

データ構造とアルゴリズム ―上達のための基本・常識―

Jay Wengrow(著)／黒川 利明 (訳)

A5 判／384 頁　978-4-254-12287-9 C3004　定価 4,950 円（本体 4,500 円＋税）

データ構造とアルゴリズムの基本を解説。式や変数はほぼ使わず，初学者でも直観的にわかるように具体的な数値やデータ，図，グラフを使って説明。初学者に最適な入門書〔内容〕データ構造やアルゴリズムの重要性／ O 表記／ハッシュテーブル／スタック／キュー／再帰／動的計画法／連結リスト／ヒープ／二分木／グラフ／領域計算量。

Python と Q#で学ぶ量子コンピューティング

S. Kaiser・C. Granade(著)／黒川 利明 (訳)

A5 判／344 頁　978-4-254-12268-8 C3004　定価 4,950 円（本体 4,500 円＋税）

量子コンピューティングとは何か，実際にコードを書きながら身に着ける。〔内容〕基礎（Qubit ／乱数／秘密鍵／非局在ゲーム／データ移動）／アルゴリズム（オッズ／センシング）／応用（化学計算／データベース探索／算術演算）

上記価格は 2024 年 10 月現在